SYNOPSIS ANALYTIQUE

DE

LA FLORE DU GARD.

Nîmes, Typ. Soustelle-Gaude, boulevart
Saint-Antoine, 9

SYNOPSIS ANALYTIQUE

DE

LA FLORE DU GARD

ou

MÉTHODE FACILE POUR
ARRIVER AU NOM DE TOUTES LES PLANTES VASCULAIRES DE
CE DÉPARTEMENT.

Ouvrage utile pour les Herborisations.

PAR M. L'ABBÉ J. G.

Florete flores, quasi lilium, et date odorem, et frondete in gratiam, et collaudate canticum, et benedicite Dominum in operibus suis. Eccl. xxxix. 19.

Fleurissez comme les fleurs du lis, exhalez une douce odeur, parez-vous de vos rameaux; chantez des cantiques et bénissez le Seigneur dans ses œuvres.

A NIMES,

CHEZ ISIDORE WATON, LIBRAIRE-ÉDITEUR,

BOULEVART SAINT-ANTOINE.

A PARIS,

CHEZ AUGUSTE WATON, RUE DU BAC, 46.

1847.

OBSERVATIONS PRÉLIMINAIRES.

Le département du Gard, si riche en plantes, est enfin sur le point d'avoir sa *Flore locale*. M. de Pouzolz, qui, depuis bien des années, s'occupe à recueillir et à coordonner les matériaux de cet important ouvrage, sera bientôt à même de faire jouir les impatients amateurs de la Botanique, du fruit de ses pénibles et constants travaux.

Par la connaissance que nous avons du mérite distingué de l'auteur et du plan qu'il se propose d'adopter, nous croyons pouvoir promettre que cette *Flore* des plantes *vasculaires* du Gard renfermera tout ce qui peut intéresser le botaniste dans une *Flore* locale.

Descriptions exactes et très-détaillées; époque de la floraison; localités; vertus médicales et économiques; rien, en un mot, ne sera négligé pour rendre cet ouvrage aussi utile qu'intéressant.

Toutefois, comme la Flore de M. de Pouzolz ne s'adresse qu'à ceux qui sont déjà initiés à la science de la Botanique, nous avons cru faire une chose utile et agréable aux commençants, et surtout aux élèves de nos maisons d'éducation, en composant pour eux une *clef analytique* tirée des meilleurs auteurs, qui fût tout à la fois et une *méthode* sûre et facile pour arriver au nom de toutes les plantes *vasculaires* qui naissent spontanément dans le Gard, et un *vade-mecum* pour les promenades et les herborisations. Une première analyse leur fera connaître la *famille* de la plante qu'ils auront à déterminer; une seconde analyse les conduira à son nom générique, et, si le *genre* renferme plusieurs *espèces*, une troisième analyse leur en donnera le nom spécifique.

Les noms des *genres* et des *espèces* sont en *latin* et en *français*, en faveur des personnes qui ne connaîtraient pas la première de ces deux langues. C'est encore en faveur de ceux qui n'auraient point fait une étude préalable des principes de la botanique, que nous avons fait précéder nos *analyses* de quelques notions élémentaires et d'un *dictionnaire* des termes les plus usités dans le langage des fleurs.

Nous avons évité cependant, autant du moins que nous l'avons pu, de nous servir d'expressions trop scientifiques; notre désir étant de rendre l'étude des fleurs aussi facile et aussi populaire que possible.

C'est pour la même raison qu'ordinairement, nous n'avons point pris nos caractères distinctifs des plantes dans des organes qui, comme la graine, par exemple, auraient pu nous en fournir de plus sûrs, mais aussi d'une étude trop difficile pour des commençants : les caractères les plus saillants et les plus faciles à saisir, sont ceux que nous avons constamment préférés et nous n'avons employé les autres qu'à défaut de ceux-ci.

Lorsque nous avons trouvé, dans les nombreux ouvrages que nous avons consultés et dont nous avons amplement profité, des analyses sûres et bien faites, nous n'avons pas hésité à les adopter; le plus souvent toutefois nous les avons corrigées, modifiées et complétées les unes par les autres ; nous en avons même refait plusieurs entièrement.

Néanmoins, bien que nous n'ayons rien négligé pour rendre notre *méthode* sûre et facile, nous ne croyons pas avoir surmonté toutes les difficultés, ni les avoir toutes aplanies, surtout pour des commençants ; ce n'est que par l'usage, par la connaissance exacte de la valeur des termes et par la confrontation réitérée des caractères que l'on parviendra à se rendre cette méthode familière et par suite extrêmement facile.

Lorsqu'on veut analyser une plante, on doit la cueillir dans un état parfait, avec ses racines, ses feuilles et surtout avec des fleurs épanouies, et, si la chose est possible, avec son fruit et ses graines.

On la confrontera ensuite avec les caractères décrits dans chaque accolade en commençant par la première ; ces accolades renferment toujours au moins deux séries de caractères, dont les uns ou les autres doivent convenir à la plante que l'on analyse. Lorsqu'on aura constaté que les caractères de la plante sont dans la première ou la seconde série, on ira à l'accolade indiquée par un numéro qui suit cette série, et ainsi pour les autres, de numéro en numéro, jusqu'à ce qu'on arrive au nom de la *famille* : ce nom de famille est suivi d'un numéro qui renvoie à un pareil numéro d'ordre placé au haut des pages des analyses des *genres*, depuis 1 jusqu'à 115, selon la classification des familles que nous avons adoptée.

En tête de chaque *famille* se trouve une analyse de tous les *genres* qu'elle renferme ; chaque nom de *genre* est suivi d'un numéro en chiffres romains qui désigne l'ordre dans lequel les *genres* sont classés à la suite de l'analyse, on y aura recours pour connaître le nom spécifique de la plante. Si l'on connaissait déjà la *famille* ou le *genre* d'une plante, il ne serait pas nécessaire de commencer par la première analyse, mais il suffirait de chercher la *famille* ou le *genre*, au moyen des tables qui sont à la fin de l'ouvrage.

La classification que nous avons adoptée est celle qui est aujourd'hui le plus généralement suivie, et peut servir à la formation d'un herbier.

Nous avons fait entrer dans la *Flore du Gard* quelques plantes dont l'existence, dans ce département, n'est pas bien constatée, mais dans le doute nous n'avons pas cru devoir les en exclure.

NOTIONS

ÉLÉMENTAIRES DE BOTANIQUE,

A L'USAGE DE CEUX QUI
IGNORERAIENT LES PREMIERS PRINCIPES DE CETTE
SCIENCE.

1. On distingue, dans une plante, quatre parties principales, la *racine*, la *tige*, les *feuilles* et la *fleur*.

2. La fleur est cette partie de la plante qui renferme le pistil et les étamines.

3. L'enveloppe extérieure d'une fleur complète est appelée *calice*; l'enveloppe intérieure, le plus souvent remarquable par l'éclat, la vivacité et la variété de ses couleurs, s'appelle *corolle*.

4. Lorsque la fleur n'a qu'une seule enveloppe florale, cette enveloppe prend le nom de *périgone*.

5. Le pistil occupe ordinairement le centre de la fleur, et se compose, le plus souvent, de trois parties, d'un *ovaire*, qui contient les graines, d'un *style* qui surmonte l'ovaire, et d'un *stigmate* placé au sommet du style.

6. Quelquefois le style manque et alors le stigmate est *sessile* sur l'ovaire : exemple, le *pavot*.

7. Il y a des fleurs qui ont plusieurs pistils, ou un seul ovaire et plusieurs styles ou plusieurs stigmates.

8. Les étamines sont ordinairement placées autour du pistil ou sur le pistil ; elles sont composées d'un *filet* qui manque quelquefois et d'une *anthère*.

9. Le filet est cette petite colonne qui supporte l'anthère.

10. L'anthère est un petit corps en capsule qui ren-

ferme la poussière fécondante appelée , *pollen* , ordinairement jaune.

11. Il y a des fleurs *hermaphrodites* , c'est-à-dire qui ont des pistils et des étamines et des fleurs qui n'ont ou que des pistils ou que des étamines, les premières sont dites *pistillées* et les secondes *staminées*.

12. Les plantes qui portent les fleurs pistillées sur un pied et les fleurs staminées sur un autre sont dites *dioïques*, ainsi que leurs fleurs : exemple , le *chanvre ;* les plantes qui portent sur le même pied , des fleurs staminées et des fleurs pistillées sont dites , *monoïques* , ainsi que les fleurs : exemple , le *melon* , le *ricin*. Les plantes qui portent sur le même pied des fleurs hermaphrodites et des fleurs staminées ou pistillées sont dites ainsi que les fleurs *polygames*.

13. La corolle est *monopétale* lorsqu'elle est d'une seule pièce entière ou plus ou moins divisée : exemple, les *campanules ;* elle est polypétale , si les divisions ou pétales ne sont nullement soudés ensemble : exemple, l'*œillet* , la *rose*.

14. Elle est régulière lorsque toutes ses parties sont égales ou au moins symétriques.

15. Elle est irrégulière lorsque ses parties sont d'une grandeur ou d'une forme différentes , ou qu'elles ne sont nullement symétriques.

16. Dans les *orchidées* , le pétale inférieur, souvent très-différent des autres , est appelé *labelle* ou *tablier*.

17. Les fleurs *labiées* ont ordinairement leur corolle divisée en deux parties principales appelées *lèvre* supérieure et *lèvre* inférieure : exemple , la *sauge*.

18 Les *papillonacées* , ou *légumineuses* , ont un pétale supérieur appelé *étendard* , deux pétales latéraux appelés *ailes* , et un pétale inférieur appelé *carène* , à cause de sa forme en bateau : exemple , les *pois*.

19. Le calice est *monosépale* ou *monophylle* , lorsqu'il est d'une seule pièce entière ou plus ou moins divisée.

20. Il est *polysépale* ou *polyphylle* lorsque ses divisions sont libres et nullement soudées.

21. Dans les fleurs *conjointes* , *synanthérées* ou *composées* , plusieurs petites fleurs sont réunies dans un calice commun, appelé *involucre* : exemple, le *pissenlit*.

22. Dans les *ombellifères* , on trouve ordinairement à la base de l'ombelle , quelques folioles dont l'ensemble se nomme *involucre*; celles qui sont sous les ombellules forment ce qu'on appelle l'*involucelle* : exemple , la *carolte*.

23. Il y a une espèce de calice appelé *spathe* , c'est une enveloppe membraneuse qui s'ouvre par côté en cornet : exemple , le *gouet pied de veau*.

24. Dans certaines fleurs le calice et la corolle sont remplacés par des écailles ou autres organes ; dans les *graminées* , les écailles qui sont à la base des épillets s'appellent *glumes ;* celles qui environnent les organes de la fleur *glumelles*.

25. Les épis et épillets sont *hermaphrodites* lorsqu'ils portent des fleurs à pistils et à étamines ;

Ils sont *pistillés* lorsqu'ils ne portent que des fleurs à pistils ;

Ils sont *staminés* lorsqu'ils ne portent que des fleurs à *étamines* ;

Ils sont *polygames* lorsqu'ils portent et des fleurs hermaphrodites et des fleurs ou staminées ou pistillées ;

Ils sont *monoïques* lorsqu'ils portent et des fleurs pistillées et des fleurs staminées.

26. L'ovaire est *adhérent* , *infère* ou *sous* la corolle , lorsqu'il se confond avec le calice et porte toutes les autres parties de la fleur : exemple , la *rose* ;

Il est libre, *supère* ou *dans* la corolle, lorsqu'il n'adhère pas au calice de manière à se confondre avec lui : exemple , l'*amandier* , l'*œillet* , la *mauve*.

27. La queue d'une fleur se nomme *pédoncule*, et celle d'une feuille *pétiole*.

28. Dans les fleurs *synanthérées* ou *composées* , on distingue deux espèces de fleurs , des *fleurons* , petites fleurs en tube plus ou moins dentés ou divisés , et des *demi-fleurons* qui s'élargissent en languette.

29. La réunion des *fleurons* , au centre d'une fleur radiée , s'appelle *disque* , et les *demi-fleurons* de la circonférence , *rayons*.

30. L'extrémité du pédoncule qui est élargi et qui porte les fleurons et les demi-fleurons , prend le nom de *réceptacle*.

Il est couvert de poils ou de paillettes , lorsque les graines étant ôtées , il y reste encore des poils ou des paillettes.

Il est *nu* lorsque les graines , étant ôtées , il ne reste ni poils ni paillettes.

Il est *alvéolé et mamelonné*, selon que les graines , étant ôtées , on aperçoit , sur sa surface, de petits trous ou des mamelons.

Pour le reste , voir le *Dictionnaire* qui suit.

VOCABULAIRE

DES TERMES LES PLUS USITÉS ET LES PLUS DIFFICILES POUR LES COMMENÇANTS.

A

ACÉRÉ-ACICULAIRE, en forme d'épingle ou d'aiguille : exemple, *feuilles du pin*.

ACUMINÉ, terminé en pointe aiguë.

ADHÉRENT, soudé à un autre corps, confondu avec lui.

AGGLOMÉRÉS, réunis et serrés.

AGRÉGÉES (fleurs), fleurettes à corolle et à calice réunies sur un réceptacle commun : exemple, la *scabieuse*.

AIGRETTE, poil ou duvet couronnant une graine : exemple, la graine du *seneçon*, du *pissenlit*.

AIGUILLON, espèce d'épine qui naît de l'écorce et non du bois : exemple, le *rosier*.

AILE, membrane mince qui borde une graine, une tige.

AILÉ, qui est bordé d'une *aile* ou de plusieurs ailes.

AILÉES (feuilles), composées de folioles qui partent de chaque côté de la côte : exemple, le *rosier*, l'*acacia*.

AILES, pétales latéraux des fleurs papillonacées.

ALÈNE (en) terminé en pointe fine, allongée et très-aiguë.

ALTERNES (feuilles), placées des 2 côtés de la tige à des hauteurs différentes.

ALTERNE AVEC, se dit de parties de la fleur placées alternativement avec d'autres.

ALVÉOLÉ, marqué de petites fossettes ou trous.

AMPLEXICAULE, qui embrasse la tige.

ANDROGYNE (épillet), formé de fleurs pistillées et de fleurs staminées.

ANTHÈRE, partie de l'étamine renfermant le *pollen*, et

placée au sommet du *filet* lorsqu'elle n'est pas ses-
sille sur l'ovaire.

ANTHÉRIDIE , fleur staminée des *characées.*

APPENDICE , petit corps accessoire ajouté à quelque organe.

ARÊTE , pointe filiforme et raide : exemple , la *barbe du
blé.*

ARISTÉ , muni d'une arête.

ARTICULÉ, muni d'articulations ou de parties adhérentes
et pouvant se séparer sans rupture : exemple, la
prêle.

ARTICULÉE (silique), composée de parties séparées par
des étranglements.

ASCENDANT , qui est courbé à sa base et se redresse ensuite verticalement.

ATTÉNUÉ , aminci , retréci.

AURICULÉ, muni d'oreillettes.

AXE , pédoncule central d'une grappe , d'un chaton ,
d'un épi, etc.

AXILLAIRE , qui est placé dans l'aisselle , ou des feuilles,
ou des rameaux , etc.

B

BACCIFÈRE, qui porte des baies.

BAIE, fruit mou, charnu et ne s'ouvrant pas spontanément : exemple, le *raisin*, la *groseille.*

BARBE, poil raide , allongé.

BASE , partie des feuilles, des fruits , etc., par laquelle
ils tiennent à la plante.

BASILAIRE , partant de la base ou situé à la base.

BI, devant un mot, signifie 2 ou 2 fois.

BIFIDE, profondément fendu en deux.

BIFURQUÉ; divisé en 2 branches , partant d'un même
point.

BIPINNÉE (feuille), composée de folioles, qui sont elles-
mêmes ailées ou pinnées.

BOUQUET (en), groupe ovoïde de fleurs plus ou moins
lâches , le long d'un axe commun.

BRACTÉES, feuilles situées près des fleurs et différant
souvent des autres par la forme et la couleur.

Bulbe, espèce d'ognon formé d'écailles ou de tuniques : exemple, l'*ognon*, le *lys*, etc.

Bulbeux, qui porte des bulbes à sa racine ou ailleurs.

Bulbifère, voyez bulbeux.

Bulbilles, petites bulbes florales ou radicales.

C

Caduc (calice, pétale, etc.), qui tombe à l'épanouissement de la fleur ou bientôt après.

Caduques (feuilles), qui tombent en automne.

Calice, enveloppe florale extérieure, ord. verte.

Calicinal, qui tient ou appartient au calice, ou ayant la nature, la forme, la couleur du calice.

Caliculé, muni à sa base d'un petit calice ou d'un petit involucre : exemple, le *pissenlit*.

Canaliculé, creusé d'un canal ou sillon profond.

Cannelé, marqué de sillons parallèles et verticaux.

Capillaire, mince comme un cheveu ou à peu près.

Capitule, groupe serré, conique ou arrondi de petites fleurs.

Capsule, fruit sec, s'ouvrant diversement, et renfermant les graines.

Carène, pétale inférieur des *papillonacées*, —dos aigu des *glumes* ou *glumelles*.

Caréné, qui imite, par sa forme, la carène d'un vaisseau.

Carpel, fruit.

Caulinaire, qui appartient à la tige ou qui est placé sur la tige.

Charnu, qui contient une pulpe succulente : exemple, la *pêche*.

Chaton, réunion de petites fleurs incomplètes sur un axe commun, et tombant toutes ensembles avec l'axe : exemple, le *saule*, le *peuplier*, le *noyer*.

Chaume, tige des plantes *graminées* et autres.

Cilié, bordé de cils ou de poils.

Cils, poils sur un rang comme ceux des paupières.

Coin (en) ou *cunéiforme*, en triangle, plane au sommet et pointu ou rétréci à la base.

Collet, point de jonction de la tige et de la racine.

Commun, qui appartient à plusieurs organes, ou qui en renferme plusieurs.

Composées (feuilles) formées de plusieurs folioles.

Composées (fleurs), formées de plusieurs fleurettes à anthères soudées, réunies, sans calice propre, dans un involucre commun : exemple, le *souci*, le *senecon*, etc.

Comprimé, légèrement applati ou offrant deux angles.

Cône, fruit à écailles ligneuses membraneuses, imbriquées : exemple, la *pomme de pin*.

Conglomeré, réuni en petites têtes ou pelotons.

Conique, ou en cône, en pain de sucre droit.

Connivent, organes rapprochés par leur sommet.

Convergent, tendant ou aboutissant au même point, en se rapprochant.

Cordé, *cordiforme*, en forme de cœur.

Corolle, enveloppe florale intérieure, environnant les organes de la fructification, et ord. colorée.

Corymbe, réunion de fleurs dont les pédoncules, partant de points différents, arrivent à la même hauteur : exemple, la *tanaisie*, l'*achillée mille feuilles*.

Côte, prolongement du pétiole au milieu de la feuille.

Cotonneux, à poils blanchâtres, confus, doux au toucher.

Cotylédons, partie de la graine qui se développe ord. en forme de feuilles séminales : exemple, les *deux lobes d'un haricot*.

Couronnée (graine) surmontée de poils ou appendices quelconques.

Crénelé, bordé de *crénelure*.

Crénelures, dents obtuses, arrondies.

Crépu, bordé de petits plis onduleux et serrés.

Croissant (en) en forme de lune en son premier ou dernier quartier.

Crustacé, dur, corriace.

Cryptogame, plante sans pistil et étamines, à fructification peu connue et invisible.

Cunéiforme, en forme de coin.

Cupule, calice ou involucre corriace, ou à godet : exemple, l'enveloppe extérieure du gland.

Cylindrique, rond dans sa longueur, et a peu près de même grosseur.

Cyme, réunion de fleurs dont les pédoncules partent du même point, se ramifient irrégulièrement et s'élèvent à la même hauteur : exemple, le *sureau*.

D

Décombant, ne pouvant se soutenir et se laissant tomber.

Décomposée (feuille), divisée en segments ou folioles plusieurs fois incisés.

Découpé, à incisions profondes.

Décurrent, se prolongeant sur la tige.

Déhiscent, qui s'ouvre spontanément à la maturité.

Deltoïde, en triangle, large en bas et pointu en haut.

Demi-fleurons, fleurettes des fleurs composées, à tube déjeté en languette unilatérale : exemple, les fleurons du *souci*.

Demi-flosculeuses, fleurs composées de demi-fleurons.

Diadelphes (étam.), soudées en deux corps ord. l'un de neuf étam. et l'autre de une.

Dichotome, divisé et subdivisé en 2 branches partant du même point.

Digité, à plusieurs folioles étroites partant du même point.

Dioïques, dont les fleurs à pistils et les fleurs à étamines sont séparées, et sur des individus différents : exemple, le *chanvre*. — (Epillets) n'ayant que des fleurs pistillées ou des fleurs staminées sur le même individu.

Disque, partie centrale des fleurs radiées : exemple, *l'héliante tourne-sol*.

Disséqué : incisé, divisé.

Distinct, isolé, séparé, — visible à l'œil nu.

Distique, disposé irrégulièrement ou régulièrement sur deux rangs opposés.

Divariqué, *divergent*, formant un angle très-ouvert, en s'écartant.

Divisé, à divisions ou coupures profondes.

Division, portion d'un organe.

Dorsal, qui naît sur le dos d'un autre organe.

Drupe, fruit charnu à noyau : ex., la *prune*, *l'amande*.

b *

Duvet, poils très-fins, soyeux et confus.

Dycotylédone, qui a deux cotylédons : exemple, le *haricot* dont la graine est à deux lobes ou cotylédons.

E

Ecailles, petites lames membraneuses, sèches ou cor-riaces.

Ecailleux, couvert ou muni d'écailles.

Echancré, organe un peu fendu et comme à deux lobes peu marqués.

Effilé, long et mince.

Elliptique, en ovale élargi, obtus à ses deux bouts.

Emarginé, un peu échancré.

Embrassantes (feuilles), qui entourent en partie la tige.

Emoussé, à pointe obtuse ou morcellée.

Endogène, croissant par le dedans : exemple, les *graminées.*

Engainant, qui enveloppe la tige ou le fruit dans un étui ou long anneau : exemple, les feuilles de gra-minées.

Ensiforme, pointu et à deux tranchants.

Epars, disposés en grand nombre et sans ordre.

Eperon, prolongement tubuleux de la corolle ou du cal. sous la fleur : exemple, la *violette*, l'*ancolie*.

Eperonné, muni d'un éperon.

Epi, réunion allongée, oblongue ou cylindrique, de fleurs où d'épillets, sur une axe commun : exemple, le *blé.*

Epillet, petit épi secondaire, sessile ou pédonculé sur l'axe commun.

Epine, pointe dure, aiguë, piquante.

Etalé, ouvert, épanoui.

Etamine, organe de la fructification composée de l'an-thère, et d'un filet qui manque quelquefois.

Etendard, pétale supérieur des corolles *papillona-cées.*

Etoilé, à parties ouvertes en forme d'étoile.

Exogène, croissant par le dehors : exemple, presque tous les arbres indigènes.

F

Faisceau, réunion semblable à celle de plusieurs petites branches.

Fasciculé, rapproché en faisceaux.

Fère, à la fin des mots, signifie, *qui porte : Fructifère*, qui porte les fruits.

Fertile, qui produit ou peut produire ; *étamine fertile*, celle qui porte une anthère.

Fibreuses (racines), composées de filaments menus.

Fide, **bi-fide**, **trifide**, etc., découpé en 2, 3, 4, etc. lobes profonds.

Filament et **Filet**, partie de l'étam. qui porte l'anthère.

Filiforme, mince comme un fil, allongé, cylindrique et grèle.

Fistuleux, creux en dedans.

Flèche (en fer de), en cœur pointu et à deux angles inférieurs aussi aigus, et tournés en bas.

Fleurette, petites fleurs parfaites concourant à former des fleurs composées.

Fleuron, fleurette de fleurs composées, tubuleuse, non terminée en languette.

Flexueux, en zig-zag.

Floraison, époque de l'épanouissement des fleurs.

Floral, qui accompagne les fleurs ou leur appartient.

Florifère, qui porte des fleurs.

Flosculeuses, fleurs composées de seuls fleurons : ex. les *chardons*.

Foliacé, de la nature des feuilles ou leur ressemblant.

Folioles, petites feuilles partielles d'une feuille composée ou ailée, — écailles d'involucre, parties du calice.

Frisé, à bords plissés et onduleux.

Fugace, qui tombe ou se détache facilement.

Fusiforme, racine charnue, longue et cylindrique, plus ou moins.

G

Gaine, anneau ou étui que forment autour de la tige certaines feuilles : exemple, les *graminées*.

Gazonnant, à plusieurs petites tiges stériles tapissant le sol.

Géminés, rapprochés 2 à 2.

Géniculé ou Genouillé, tige ou chaume plié ou coudé.

Glabre, sans aucun poil ou duvet.

Glandes, petites verrues ou tubercules d'où suinte une espèce de liqueur.

Glanduleux, muni ou couvert de glandes.

Glaucescent, qui approche d'une couleur verte grisâtre ou bleuâtre.

Glauque, d'un vert bleu de mer, mat et grisâtre.

Glomérés, rassemblés en petits pelotons.

Glomérules, petites têtes ou petits pelotons.

Glume, involucre ord. composé de deux petites folioles ou valves à la base des épillets des *graminées*.

Glumelles, enveloppe immédiate des fruits ou des fleurs dans les graminées, consistant en deux folioles ou écailles opposées.

Godet (en), offrant la forme d'un petit verre.

Gorge, ouverture du tube de la corolle ou du calice.

Gousse, capsule à une loge à deux valves.

Gouttière (en), creusé d'un sillon dont les bords se relèvent ou s'arrondissent.

Granulé, couvert de petits grains ou tubercules.

Grappe, réunion de fleurs ou de fruits, dont les pédicelles diminuent de longueur de la base au sommet, ord. pendante.

Grêle, fluet, mince.

Grimpant, s'élevant ou s'appuyant sur les corps voisins : exemple, la *vigne*.

H

Hameçon, petite pointe à crochet épineux.

Hampe, pédoncule ou tige de certaines plantes : exemple, le *pissenlit*.

Hasté, en forme de fer de lance ou de hallebarde, à oreillettes divergentes.

Hémisphérique, offrant la moitié d'une boule.

Herbacé, de consistance molle, de la nature des herbes.

Hérissé, parsemé ou couvert de poils ou de soies rudes.

Hérissonné, hérissé de pointes piquantes.

Hermaphrodites, fleur ayant des étamines et des pistils.

Hile, point d'insertion de la graine, marqué par une petite cicatrice.

Hispide, garni de poils raides et rudes au toucher.

I

Imbriqué, à parties se couvrant les unes les autres comme les tuiles.

Impair, à 3, 5, 7, 9, etc., folioles.

Incisé, coupé et taillé profondément.

Incomplètes (fleurs), privées de calice, ou de corolle, ou de pistils, ou d'étamines.

Indéfini, au-dessus de 10, et en nombre indéterminé.

Indéhiscent, ne s'ouvrant pas à la maturité.

Indivis, qui n'est pas divisé.

Infère ou Inférieur, calice ou corolle insérés sous l'ovaire.

Infère (ovaire ou fruit), placé sous la corolle et adhérent avec le calice.

Infléchi, courbé en dedans.

Inséré, attaché ou prenant naissance.

Insertion, point d'attache.

Involucelle, petit involucre ou bractées des ombellules.

Involucre, folioles ou bractées disposées en verticille sous une ombelle, — calice formé de folioles ou d'écailles, dans les *composées*, *etc.*

Irrégulier, offrant quelque partie différente de toutes les autres : exemple, la *violette*.

L

Labié, divisé en deux lobes principaux, l'un supérieur et l'autre inférieur, appelés *lèvres* : exemple, la *sauge*.

Lacinié, à découpures fines et irrégulières.

Laineux, à duvet épars et grossier.

Lancéolé, en pointe de lancettes, plus ou moins aiguë, — oblong et rétréci aux deux bouts.

Languette, partie prolongée des fleurons, des semi-flosculeuses : exemple, la *chicorée*, — appendice membraneux des graines — des feuilles des *graminées*, appliqué contre la tige.

Lanière, segment étroit et long.

Latéral, des côtés, ou placé sur le côté.

Lèvre, segments supérieurs ou inférieurs des corolles ou des calices des *labiées, etc.*

Libre, non adhérent, non soudé.

Ligneux, de la nature du bois, consistant.

Limbe, partie dilatée de la corolle, des feuilles, etc.

Linéaire, également étroit dans toute sa longueur.

Lisse, doux au toucher et sans protubérances.

Lobes, découpures assez larges et plus profondes que les dents.

Lobé, offrant des *lobes*.

Loculaire (bi-tri-etc.), qui a 1, 2, 3, etc., loges ou qui tient aux loges.

Loges, petites cellules formées dans les fruits, et renfermant les graines.

Lyrée ou en **lyre**, feuille à lobes *inférieurs* latéraux droits et plus petits, les supérieurs beaucoup plus grands.

M

Marcescent, qui se dessèche sur place sans tomber.

Membraneux, ayant la nature et l'aspect des membranes.

Monadelphe, étamines réunies en un seul faisceau ou corps.

Mono, devant un mot, signifie *un seul, monopétale*, qui n'a qu'un pétale.

Monoïques (fleurs), à étamines et fleurs à pistils sur le même pied, quoique séparées — (épillets), portant des fleurs pistillées et des fleurs staminées.

Monophylle, d'une seule pièce.

Mucroné, à petite pointe.

Multi, devant un mot, signifie, *nombreux; mutiloculaire*, à plusieurs loges.

Mutique, qui ne se termine ni en pointe ni en arête.

N

Neutre, fleurs sans pistil ni étamines.

Noyau, partie ligneuse et osseuse, occupant le milieu des drupes ou fruits.

Nu, dépourvu de ses accessoires ordinaires, de ses enveloppes, de poils, d'aigrette, etc.

O

Obcordé, en cœur renversé, la pointe en bas.

Oblong, allongé et obtus aux deux bouts.

Obovale, Obové, ovale et plus large au sommet *qu'à* la base.

Obtus, arrondi à l'extrémité.

Ombelle, fleurs en parasol dont les pédoncules partant du même point se divisent en pédicelles égaux et portent des fleurs à la même hauteur : exemple, la *carotte*.

Ombellule, petite ombelle faisant partie d'une ombelle générale.

Ombiliqué, marqué d'une forte cavité au milieu : exemple, les *pommes*.

Onglet, partie rétrécie et inférieure d'un pétale.

Onguiculé, muni d'un onglet.

Opposé, placé en regard, vis-à-vis et à la même hauteur.

Orbiculaire, à surface platte et arrondie en sa circonférence.

Oreillettes, petits lobes latéraux et arrondis ou pointus, vers la base d'une feuille.

Ovaire, partie du carpel ou fruit renfermant les graines.

Ovale, oblong et arrondi aux deux bouts.

Ovoïde, de la forme à peu près d'un œuf.

Ovules, graines non fécondées.

P

Paillettes, petites écailles séparant les fleurettes dans les composées.

Paléacé, garni de paillettes.

PALAIS, partie renflée de la lèvre inférieure d'une corolle.

PALMÉES (feuilles) , composées de cinq folioles, ou plus , partant du bout du pétiole : exemple, le *marronnier.*

PALMÉES (nervures), nervures se partageant dans le limbe , dès sa naissance , en 3-5 , et autres nervures secondaires : exemple, la feuille du *platane.*

PANICULE , réunion de fleurs éparses sur des pédoncules plus ou moins ramifiés.

PAPILLONACÉES , fleurs irrégulières des *légumineuses* , composées de 4-5 pétales, le supérieur est l'*étendard,* l'inférieur ou les inférieurs , plus ou moins soudés , la *carène,* et les deux latéraux , les *ailes* : exemple , le *haricot* , les *pois.*

PARASITE, qui croit sur un autre et se nourrit à ses dépens.

PAUCIFLORE , qui porte peu de fleurs.

PECTINÉ, à lanières ou folioles étroites, opposées sur deux rangs et rapprochées.

PÉDALÉE (feuille) , découpée, dont le pétiole se divise en deux branches qui renferment entre-deux plusieurs segments de feuilles linéaires et parallèles : exemple , la *serpentaire.*

PÉDICELLE, **PÉDICULE**, support mince ou division du pédoncule principal , portant immédiatement la fleur ou le fruit.

PÉDICELLÉ, **PÉDICULÉ**, porté sur un pédicelle ou pédicule.

PÉDONCULE, petit rameau portant la fleur ou le fruit.

PELTÉE (feuille) , dont le limbe tient au pétiole par le milieu : exemple, la *capucine.*

PENDANT, penché tout-à-fait vers la terre.

PERFOLIÉ (feuille) , traversée ou paraissant traversée par la tige.

PÉRIGONE, unique enveloppe florale des fleurs qui n'ont pas , tout à la fois, corolle et calice : exemple, la *tulipe.*

PERSISTANT , survivant à la fleur ou à l'hiver.

PÉTALE , partie d'une corolle polypétale.

PÉTALOÏDAL ou **PÉTALOÏDE** , ayant la nature, la couleur, la forme , etc. , des *pétales.*

Pétiole, support ou queue d'une feuille, alors dite *pétiolée*.

Phanérogames, plantes à organes de la fructification visibles.

Pinnatifide, divisé en découpures latérales et profondes.

Pinnées, voyez *ailées*; on dit bi, tri-pinnée pour 2, 3 fois ailées.

Pinnule, foliole d'une feuille pinnée ou ailée.

Pistil, organe de la fleur composé de l'ovaire et du *stigmate* ord. au sommet du *style*.

Pistillées (fleurs), qui n'ont que des pistils sans étamines.—Épillets, ne portant que des fleurs pistillées.

Pivotante, racine qui s'enfonce perpendiculairement (la *carotte*).

Plumeux, à petits poils rangés sur 2 rangs, comme les barbes d'une plume ou du duvet.

Poly, devant un mot, signifie plusieurs, nombreux; *polypétale*, à plusieurs pétales.

Polygames, fleurs à étamines ou à pistils seulement sur un individu qui porte également des fleurs hermaphrodites.

Polygone, à plusieurs angles.

Polypétale, à plusieurs pétales non soudées ensemble.

Polyphylle, à plusieurs pièces distinctes, folioles ou divisions libres.

Polysperme, à plusieurs graines.

Ponctué, marqué de petits points.

Prismatique, à plusieurs côtés planes, au moins à 3.

Pubescent, à duvet court, mou et peu fourni.

Pulpeux, rempli de pulpe, substance molle et succulente : exemple, la *prune*.

Pulvérulent, couvert ou *paraissant* couvert de poussière.

Q

Quadrangulaire, à 4 angles.

R

Radical, partant de la racine ou du collet de la tige.

Radicante, tige couchée ou grimpante et émettant des racines : exemple, le *lierre*, le *fraisier*.

c

RADIÉES (fleurs) ayant des fleurons au disque, et des demi-fleurons à la circonférence : exemple, la *paquerette*.

RAMPANT, couché sur la terre et y poussant des racines : exemple, le *fraisier*.

RAYONS, pédoncules des ombelles portant les ombellules. — Demi-fleurons des *radiées*.

RÉCEPTACLE, sommet renflé du pédoncule ou du pédicelle qui porte les parties qui constituent la fleur, surtout dans les *composées*.

RECOUVREMENT (en); dispositions des feuilles ou des écailles imbriquées.

RÉFLÉCHI, courbé en dehors.

RÉGULIER, à parties égales et semblables ou à parties rangées symétriquement.

RÉNIFORME, en forme de rein, presque orbiculaire, mais échancré à sa base.

RÉSEAU (en), en forme de mailles de filet.

RÉTICULÉ, en réseau.

RHOMBOÏDAL, en losange ou à 4 angles dont les 2 latéreaux obtus et les 2 autres aigus.

RONCINÉES (feuilles), profondément divisées, à lobes aigus et tournés vers la base : exemple, le *pissenlit*.

RONGÉ, entamé irrégulièrement.

ROTACÉE et en ROUE, corolle à tube très-court, et à segments ouverts, ou à limbe étalé.

RUDE, dur, scabre au toucher.

RUGUEUX, rude au toucher.

S

SAGITTÉ, en forme de fer de flèche.

SAILLANT, dépassant les autres organes ou parties.

SAMARE, fruit sec, comprimé, muni souvent d'ailes.

SARMENTEUX, tige ligneuse, faible, flexible, décombante ou grimpante : exemple, la *vigne*.

SCABRE, muni d'aspérités sensibles au toucher.

SCARIEUX, mince, sec, craquant comme du parchemin, jamais vert.

SEGMENTS, lobes profonds et étroits.

SEMENCE, graines.

Semi-flosculeuses, voir *demi-flosculeuses*.

Sépales, folioles du calice ; parties ord. vertes dont il est composé.

Sessile, privé de support, de pédoncule, ou de pétiole.

Sétacé, raide, filiforme, ressemblant à une soie de porc.

Silicule, silique courte, presque aussi large ou plus large que longue ; *fruit des crucifères*, etc.

Silique, capsule beaucoup plus longue que large et à cloison médiane, *fruit des crucifères*, etc.

Sillonné, marqué de raies parallèles et profondes.

Simple (aigrette), dont les poils ne sont pas ramifiés — (tige, pédoncule, etc.) qui n'a pas de rameaux.

Simple (feuille) dont le limbe est continu, qui n'a pas de folioles.

Sinué, à échancrures peu profondes et à saillies ou lobes arrondis.

Soies, poils raides, semblables aux soies de porc, ou plus fins.

Solitaire, qui est seul, isolé.

Sommet, partie supérieure des organes opposée à leur point d'insertion.

Soudé, adhérent, qui tient à un autre.

Sous-arbrisseau, plante ligneuse assez basse, et privée de bourgeons écailleux.

Soyeux, couvert de poils brillants, fins, serrés, luisants comme la soie.

Spadice, assemblage de fleurs, sessiles sur un axe commun et entouré d'une *spathe*.

Spathe, involucre membraneux, de 1-2 pièces, protégeant plusieurs fleurs : exemple, l'*ail*, l'*ognon*, le *gouet*.

Spatule (en), oblong, s'amincissant à la base, s'élargissant et finissant presque carrément au sommet.

Sperme, graine.

Spiciforme, en forme d'épi.

Sporanges, fruit des *characées*.

Staminées (fleurs), fleurs n'ayant que des étamines — (épillets) n'ayant que des fleurs staminées.

Staminifère, qui porte les étamines.

Stigmate, extrémité du pistil, il est sessile ou porté sur un style.

Stipité, porté sur un tout petit pied ou pédicille.

Stipule, appendice foliacé ou membraneux, rar. épineux, situé à la base de certaines feuilles, ou folioles, dites alors *stipulées*.

Stries, sillons peu profonds et parallèles

Strié, marqué de stries.

Strobile, fruit conique. à écailles ligneuses ou membraneuses en recouvrement : voir *cône*.

Style, filet surmontant l'ovaire et portant le stigmate.

Sub, devant un mot, signifie, *presque, un peu*.

Subulé, en forme d'alène, étroit et pointu.

Succulent, tendre, aqueux.

Supère et supérieur (fruit), libre et placé au-dessus du cal. ou dans le calice et la corolle. — (Calice) placé sur l'ovaire, et adhérent, ou soudé avec lui.

Surcomposé, plusieurs fois divisé, subdivisé.

T

Tablier, division inférieure des fleurs *orchidées*.

Tégument, enveloppe.

Terminal, situé au sommet.

Terné, au nombre de 3.

Ternées (folioles), 3 folioles partant du sommet du pétiole commun.

Tête, fleurs groupées en boule au sommet des tiges ou des rameaux.

Tétragone, à 4 angles.

Thyrse, grappe de fleurs dont les pédicelles du milieu sont plus longs que les autres.

Tige, partie de la plante qui s'élève et porte les feuilles, les fleurs, les rameaux, etc.

Tomenteux, couvert d'un duvet cotonneux.

Tortillé, roulé en spirale.

Toupie (en), en cône renversé, la pointe en bas.

Traçant, s'étendant horizontalement en poussant des rejets à racines : exemple, le *fraisier*.

Tri, devant un mot, signifie, 3 ou 3 fois.

Trichotomes, pédoncules divisés en 3 pédicelles en regard.

TRIGONE, triangulaire, à 3 angles.

TRONQUÉ, terminé brusquement et plus ou moins carrément.

TUBE, cylindre creux, et s'évasant au sommet plus ou moins ; — partie infér. d'une corol. ou d'un cal.

TUBERCULES, corps charnus, petits grains ou petites aspérités saillantes.

TUBERCULEUX, garni de tubercules ou de petites aspérités saillantes.

TUBÉREUSES (racines), corps charnus unis entr'eux par les ramifications des racines.

TUBULÉ ou TUBULEUX, ayant un tube à sa base, ou en offrant la forme.

U

UNI, devant un mot, signifie *un*, *un seul*.

UNILATÉRAL, d'un seul côté.

UTRICULE, petit fruit monosperme, indéhiscent, libre : exemple, le *carex*.

V

VALVES, écailles ou battants des loges ou des capsules qui portent les graines ; une des glumes ou des glumelles, dans les *graminées*.

VELU, à poils épars plus ou moins longs.

VENTRU, renflé à sa base ou vers le milieu.

VERRUES, petites excroissances ou petits corps saillants.

VERRUQUEUX, offrant comme des verrues.

VERTICAL, parallèle ou presque parallèle à la tige.

VERTICILLES, anneaux formés autour de la tige et des rameaux par des feuilles ou des fleurs, au nombre au moins de 3 en regard et sur le même plan.

VERTICILLÉ, rangé en verticilles ou muni de verticilles.

VISQUEUX, gluant.

VIVACE, qui vit plus de 2 ans par ses racines.

VOLUBILE, qui s'environne à quelque corps voisin : exemple, les *liserons* des haies.

VRILLES, appendices filiformes se roulant autour des corps voisins : exemple, la *vigne*.

c*

ABRÉVIATIONS.

Aigret. — Aigrette.
Anth. — Anthère.
Bract. — Bractées.
Cal. — Calice.
Caps. — Capsule.
Corol. — Corolle.
Digit. — Digitations.
Divis. — Divisions.
Epill. — Epillet.
Etam. — Etamines.
Etend. — Etendard.
Ex. — Exemple.
Exter. — Externe ou extérieur.
Famil. — Famille.
Feuil. — Feuille.
Fol. — Folioles.
Hermaph. — Hermaphrodite.
Infér. — Inférieur.
Inter. — Interne ou intérieur.
Invol. — Involucre ou involucelle.
Irrégul. — Irrégulier.

Ombel. — Ombelle ou ombellule.
Ord. — Ordinairement.
Panic. — Panicule.
Péd. — Pédoncule.
Pédic. — Pédicelle.
Pét. — Pétale.
Pist. — Pistil.
Radic. — Radical.
Rar. — Rarement.
Récept. — Réceptacle.
Stig. — Stigmate.
Stipul. — Stipule.
Styl. — Style.
Supér. — Supérieur.
Var. — Varie, variété.
Verticil. — Verticille ou verticillé.
1. un, mono.
2. bi — di — deux.
3. trois — tri.
4. quatre—quadri—tétra.
1-2 un ou deux.
1-4. de un à quatre.
4-10. de quatre à dix.

ADDITIONS

De quelques plantes nouvelles.

PAGE 22. — *Remplacez l'accolade* 2 *du* ranunculus *par la suivante.*

2 {
Capsules lisses ; plante des lieux humides . . 3

Capsul. ridées ; plante aquatique, haute de 2-4 cent.; feuilles petites, toutes à 3-5 lobes. . . . . *Hederaceus*. à feuilles de Lierre.

Capsul. ridées ; plante nageante, bien plus haute ; feuilles submergées, très-découpées en lanières capillaires. *Aquatilis*. Aquatique.

PAGE 36. — XIV BARBARÆA. — *Changez l'acolade par la suivante.*

{
Siliques raides, serrées contre la tige ; feuilles supér. ondulées-crénelées . . . . *Stricta*. A Siliques serrées.

Siliques étalées ; feuilles infér. à 8-10 paires de lobes ; les supér. pinnatifides . . . . *Præcox*. Précoce.

Siliques étalées ; feuilles infér. à moins de lobes ; les supér. sinuées-anguleuses. . . . . *Vulgaris*. A Siliques étalées.

PAGE 283. — 99.ᵉ *Famille.*

1 {
Fleurs paraissant après les feuilles ; styles très-courts ; segments du périgone sur un seul rang 2

Fleurs sortant de terre en automne avant les feuilles ; 3 styles libres très-longs, ainsi que le tube du périgone à segments sur 2 rangs. . . . . COLCHICUM. I

Fleurs paraissant au printemps avec les feuilles ; 1 style très-long, trifide au sommet ; périgone à segments sur 2 rangs. BULBOCODIUM (bulbocode) . . . . . *Vernum*. Du printemps.

Errata.

—

Pag.   4 lig. 11. 1-4 , lisez : 8-10.
—   3 — 13. 5-10 , lisez : 1-5.
—   7 — 13. *Convolvalacées* , lisez : *Convolvulacées.*
—   12 — 24. *Orehidées* , lisez : *orchidées.*
—   13 — 9. Agones , lisez : pistillés.
—   16 — 35. Pédonculé , lisez : rar. pédonculé.
—   17 — 31 et 40. 71, lisez : 61.
—   28 —   Accolade 6 , 1.re série, ajoutez : ou presque cylindrique , mais alors non anguleuse et à valves uninervées.
—   30 — 32. Ajoutez à la fin : i.
—   32 — 18. 4 graines , lisez : 4 graines ou plus.
—   41 — 6. Ajoutez à la fin : 3.
—   46 — 8. 1 , lisez : 4.
—   67 — 32. Ajoutez à la fin : 2.
—   67 —   LÉGUMINEUSES , accolade 4 ; après partagée , *ajoutez :* par des cloisons transversales.
—   92 — 17. Ajoutez à la fin : II.
—   *id.* — 36. Ajoutez à la fin : XI.
— 103 — 16. Ajoutez à la fin : IV.
— 109 — dernière ligne. SEMPERVIRUM , lisez : SEMPERVIVUM.
— 111 — 29. SEMPERVIRUM , lisez : SEMPERVIVUM.
— 115 — 31. XXIV , lisez : XXIX.
— 169 — 10. CHICORIUM , lisez : CICHORIUM.
— 173 — 8. AUDRYALA (audriale) lisez : ANDRYALA (andriale).
— 277 — 25. Mianthème , lisez : maïanthème.
— 301 — 4. Persistantes , lisez : non persistantes.
— 302 — 18. 28 , lisez : 27.
— *Id.* — 20. 27 , lisez : 28.

Les autres fautes seront facilement corrigées par les Lecteurs.

CLEF DES FAMILLES.

N. B. Les chiffres enfermés entre deux ( ) indiquent l'ordre des Familles , et correspondent à ces mêmes chiffres placés au haut des pages de l'analyse des genres.

<table>
<tr><td>23</td><td>Feuilles alternes , imbriquées ou radicales. .
Feuilles opposées entr'elles et aux pédoncules.
Feuilles verticillées. . . , ...</td><td>24
40
50</td></tr>
<tr><td>24</td><td>4 pétales ou moins ou nuls . . . .
Plus de 4 pétales. . . . .</td><td>25
29</td></tr>
<tr><td>25</td><td>Suc jaune ou laiteux 4 étam. , ovaire libre. .
. . . . Papavéracées (3).
Suc ni jaune ni laiteux. 2-10 étam. . . . .</td><td>

26</td></tr>
<tr><td>26</td><td>6 étam. , dont 4 plus longues. Crucifères (5).
2-4 ou 8-10 étam. égales. . . . .</td><td>
27</td></tr>
<tr><td>27</td><td>Feuilles stipulées. . . . Paronychiées (43).
Feuilles sans stipules . . . .</td><td>
28</td></tr>
<tr><td>28</td><td>Ovaire libre; stigmate simple. Lythrariées (40).
Ovaire adhérant au calice ; stig. en tête ou di-
visé . . . . Onagraires (37).</td><td></td></tr>
<tr><td>29</td><td>Moins de pétales que d'étamines. . . . . .
Autant ou plus de pétales que d'étamines.</td><td>30
34</td></tr>
<tr><td>30</td><td>Feuilles ternées, folioles en cœur. Oxalidées(21).
Feuilles non ternées. . . . .</td><td>
31</td></tr>
<tr><td>31</td><td>Plusieurs pistils ou stigmates. . . . . . .
Un seul pistil ou stigmate. . Ericinées (59).</td><td>32
</td></tr>
<tr><td>32</td><td>Feuilles plus ou moins charnues. . . . . .
Feuilles non charnues. . . . .</td><td>33
39</td></tr>
<tr><td>33</td><td>Capsule à 2 pointes. 2-5 styles ; calice à 4-5 sé-
pales. . . . . Saxifragées (47).
Capsules sans pointes; style unique ou nul. plu-
sieurs stigmates ; calice ordinairement à 2-3
sépales . . . . Portulacées (42).</td><td></td></tr>
<tr><td>34</td><td>Feuilles toutes radicales ou une seule caulinaire;
fleurs en tête ou en épi. . . . .
Plus d'une feuille sur les tiges. . . . . .</td><td>
35
36</td></tr>
<tr><td>35</td><td>Capsule à une graine ; feuilles et pétales sans
cils glanduleux. . . . Plombaginées. (75).
Capsules à plusieurs graines ; feuilles ou pétales
avec des cils glanduleux. . Droséracées (10).</td><td></td></tr>
<tr><td>36</td><td>Fleurs en ombelles véritables. Ombellifères (48).
Fleurs non en ombelles. . . . .</td><td>
37</td></tr>
<tr><td>37</td><td>Tige munie de vrilles; fleurs n'ayant que des étam.
ou des pistils (unisexuelles).Cucurbitacées(36).
Tige sans vrille ; fleurs hermaphrodites, à étam.
et pistil . . . .</td><td>

38</td></tr>
</table>

<table>
<tr><td>38</td><td>Feuilles succulentes ; 3 à 12 étam. et plus ; sépales de 2-3. . . . . . . Portulacées (42).
Feuilles non succulentes ; 5 étam. ou de 8 à 10, mais alors la moitié stérile . . . .</td><td>39</td></tr>
<tr><td>39</td><td>Feuilles sans stipules , fleurs très-apparentes. . . . . Linées (14).
Feuilles stipulées ; pétales peu apparents. . . . . Paronychiées (43).</td><td></td></tr>
<tr><td>40</td><td>Feuilles très-entières ou seulement dentées. . .
Feuilles lobées , incisées ou pinnées. . . . .</td><td>41
49</td></tr>
<tr><td>41</td><td>Capsules à 1-4 loges. étam. soudées à la base. . . . . Linées (14).
Capsules à 5-10 loges. étam. libres. . . . . .</td><td>42</td></tr>
<tr><td>42</td><td>Pas de stipules aux feuilles . . . .
Feuilles stipulées . . . .</td><td>43
47</td></tr>
<tr><td>43</td><td>Ovaire à une seule graine. . Paronychiées (43).
Ovaire à plus d'une graine. . . . .</td><td>44</td></tr>
<tr><td>44</td><td>Un seul style à un ou plusieurs stigmates. . .
Plusieurs styles. . . . Caryophyllées (13).</td><td>45</td></tr>
<tr><td>45</td><td>Capsules à une loge ; fleurs jamais purpurines. . . . . Paronychiées (43).
Capsules à une loge ; fleurs purpurines . . . . Frankeniacées (12).
Capsules à 2-4 loges. . . . .</td><td>46</td></tr>
<tr><td>46</td><td>2 à 5 pétales ; calice nul ou à 2-5 segments ; Ovaire adhérent , stigmate en tête ou divisé. . . . . Onagraires (37).
4-7 pétales ; calice à 5-12 dents ; ovaire libre, stig. simple . . . . . Lythrariées (40).</td><td></td></tr>
<tr><td>47</td><td>5 styles. . . . . . . Caryophyllées (13).
Moins de 5 styles. . . . .</td><td>48</td></tr>
<tr><td>48</td><td>Feuilles simplement opposées ; sépales non carénés . . . . Caryophyllées (13).
Feuilles quaternées sur la tige ; sépales concaves et carénés. . . . . . Paronychiées (43).</td><td></td></tr>
<tr><td>49</td><td>Capsule à long bec ; feuilles lobées ou pinnées avec impaire . . . . . . Géraniées (22).
Capsule épineuse ou tuberculeuse ; feuilles pinnées sans impaire . . . Zygophyllées (26).</td><td></td></tr>
<tr><td>50</td><td>Calice presque nul , 2 pistils. Rubiacées (52).
Calice à 4-5 sépales. 1 pistil , style trifide ; fleurs purpurines. . . . . Frankeniacées (12).
Calice très-marqué, 4 pistils. Caryophyllées (13).</td><td></td></tr>
</table>

1*

MONOPÉTALÉES.

90 { 4 ovaires ou 2 et les rudiments des deux autres avortés . . . . *Borraginées* (66).
Jamais 4 ovaires , ni 2 avec les rudiments des 2 autres. 91

91 { Etamines en nombre double des divisions de la corolle. . . . . *Ericinées* (59).
Etamines en nombre égal à celui des divisions de la corolle. 92

92 { Tige nue ou garnie de gaînes à la base ; calice scarieux ; fleurs bleues. *Commelinacées* (103).
Tige feuillée. 93

93 { Capsule à 1-4 graines ; tige ord. volubile. . . . . *Convolvalacées* (65).
Capsule à graine nombreuse. Tige rar. volubile. 94

94 { Etam. insérées sur les écailles de la gorge de la corol. ; ovaire à 3 loges. stigmate trifide. . . . . *Polémoniacées* (64).
Etam. insérées à la base de la corol ; ovaire à 2-3 loges ; stigmate simple ou bifide. *Solanées* (67).
Etam. décurrentes dans le tube de la corol. Ovaire à une loge ou à 2 fausses loges formées par les bords des valves ; 2 stigmates. *Gentianées* (63).

95 { Fleurs nocturnes ; calice large ; fleurs grandes à long tube (cult.). . *Nyctaginées* (74 bis).
Fleurs diurnes 96

96 { Etam. de 1 à 3, ovaire adhérent. *Valérianées* (53).
Etamines de 4 à 15. 97

97 { 4 ovaires ; fleurs en verticilles. . *Labiées* (71).
1-2 ovaires. 98

98 { Etamines opposées ou correspondant au milieu des lobes de la corolle. . *Primulacées* (73).
Etamines alternes avec les lobes de la corolle. 99

99 { Ovaire libre ou dans la corole. 100
Ovaire adhérent ou sous la corolle. . . . . *caprifoliacées* (50).

100 { Ovaire unique 101
2 ovaires plus ou moins réunis , en forme de silique . . . . *Apocynées* (62).

101 { Pistil ou stigmate unique mais trifide , capsule à 3 valves ou 3 loges ; étamines insérées sur les écailles de la gorge de la corol. Feuilles ord. ailées. . . . . *Polémoniacées* (64).
Pistils ou stigmates multiples ; capsule à 2 valves et 1-2 loges ; étam. décurrentes dans le tube de la corol. Feuilles jamais ailées. *Gentianées* (63).

102 { 2 ou 4 étamines. 103
1 ou 3 ou 5 étamines , jamais 2 ou 4. 107
10 étamines ; corolle à étendard , ailes et carène. . . . . *Légumineuses* (32).

103 { Un seul ovaire à 4 loges et à 4 graines , fleurs bleues ou bleuâtres. . . *Verbenacées* (72).
Un seul ovaire à 2 loges. 104
4 ovaires, distincts ou géminés, ou réunis sous une légère enveloppe. 1C6

104 { Tige feuillée. . . . . . . *Personnées* (68).
Tige nue ; feuilles radicales. 105

105 { 2 étamines ; corolle éperonnée plus ou moins bleue. . . . . . . *Lentibulariées* (69).
4 étamines ; corolle blanche à une lèvre ; feuilles grandes pinnatifides. . *Acanthacées* (70).

106 { 4 ovaires ou un seul à 4 lobes du milieu desquels s'élève le style. . . . . . *Labiées* (71).
4 ovaires réunis sous une enveloppe, en un seul fruit surmonté du style à son sommet. . . . . *Verbénacées* (72).

107 { Feuilles alternes. 108
Feuilles opposées. 110

108 { Un seul ovaire. 109
4 ovaires. . . . . . . *Borraginées* (66).

109 { Feuilles charnues ; calice ord. à 2-3 sépales. . . . . *Portulacées* (42).
Feuilles non charnues ; calice à 5 divisions ou plus. . . . . *Solanées.* (67).

110 { Feuilles charnues ; calice ord. à 2-3 sépales , fruit presque libre ; étam. de 3-12 soudées au moins à la base. . . . *Portulacées.* (42).
Feuilles non charnues ; fruit adhérent au calice ; 1-3 étamines libres. . . *Valérianées.* (53).

111 { Feuilles alternes 112
Feuilles opposées ou verticillées. 116

INCOMPLÈTES.

PÉTALOIDALES.

CALICINALES.

184 { Feuilles alternes , fasciculées ou imbriquées. . 185
{ Feuilles opposées. 191

185 { Feuilles acérées , toujours vertes ; Fruit en cône
ou baie ; arbres résineux. . *Conifères* (90).
Limbe des feuilles étalé, plus ou moins large ; arbres très-peu ou point résineux 186

186 { Feuilles simples. 187
{ Feuilles pinnées ou ternées 190

187 { Fleurs disjointes, plus ou moins isolées ; 3-12
étamines. 188
Fleurs conjointes ou réunies en paquets ou chatons ou enfermées dans un involucre pyriforme,
charnu et fermé 189

188 { Calice à 4 , rarement 5 lobes ; étam. 8 , rar. 10.
. . . . *Thymélées* (80).
Corolle ou calice à 4-6 divisions ; étam. 6 ou 9
ou 12 ; feuilles et toute la plante aromatiques .
. . . . *Laurinées* (81).

189 { Fruit en chaton court et succulent , ou formé
par un involucre charnu , gros et pyriforme
. . . . *Artocarpées* (87).
Fruit sec , dur , membraneux ou osseux. . .
. . . . *Amentacées* (89).

190 { Fleurs en chaton cylindrique ; fruit charnu ,
renfermant une noix dure , grosse , à 2-4 loges . . . . *Juglandées* (88).
Fleurs en grappes , en thyrse ou axillaires ; fruit
petit. . . . . *Térébinthacées* (31).

191 { Feuilles pinnées ou à nervures palmées. . . 192
{ Feuilles simples et entières. 193

192 { 2 étamines. . . . . *Jasminées* (71).
{ Plus de 2 étamines. . . . . *Acerinées* (18).

193 { 5 capsules et 5 pistils. . . *Coriariées* (28).
{ 1-2 ovaires ; 1-3 pistils 194

194 { 3 styles ou pistils ; ovaire pédonculé. . . .
. . . . *Euphorbiacées* (86).
1-2 pistils. 195

195 { Fruit ailé . . . . *Acerinées* (18).
{ Fruit non ailé. 196

196 { 2 étamines. . . . . *Jasminées* (71).
{ Plus de 2 étamines. . . . . . *Urticées* (87).

CRYPTOGAMES.

CELLULAIRES.

2*

ANALYSES

DES GENRES ET DES ESPÈCES.

Les plantes vasculaires , qui font seules l'objet de ce travail , se partagent en deux grandes *Classes* , selon qu'elles ont deux *Cotyledons* ou un seul , ou qu'elles prennent leur accroissement du dedans au dehors , *Exogènes ;* ou du dehors en dedans ; *Endogènes*.

I.re CLASSE. — DYCOTYLÉDONES *ou* EXOGÈNES.

Les plantes de cette *Classe* se divisent en quatre SECTIONS : les THALAMIFLORES , les CALICIFLORES , les COROLLIFLORES et les MONOCHLAMYDÉES.

I.re SECTION : THALAMIFLORES.

Les plantes de cette section ont les étamines et les pétales insérés sur le réceptacle (*Thalamus*) et non sur le calice.

I.re *Famille*. RENONCULACÉES.

<table>
<tr><td rowspan="2">1</td><td>Tige sarmenteuse ; feuilles opposées et pinnées. . . . . CLÉMATIS.</td><td>1</td></tr>
<tr><td>Tige herbacée ; feuilles alternes ou radicales. .</td><td>2</td></tr>
<tr><td rowspan="2">2</td><td>Fleurs régulières ou au moins symétriques . .</td><td>3</td></tr>
<tr><td>Fleurs tout-à-fait irrégulières. . . . . . .</td><td>19</td></tr>
<tr><td rowspan="3">3</td><td>Fleurs à calice et à corolle; cal. à segments entiers.</td><td>4</td></tr>
<tr><td>Fleurs seulement à corolle ou seulement à calice.</td><td>11</td></tr>
<tr><td>Fleurs à corolle et calice caducs , ne présentant ord. que des étam. et des carpels. THALICTRUM.</td><td>II</td></tr>
<tr><td rowspan="2">4</td><td>Pétales de 5 à 20. . . . .</td><td>5</td></tr>
<tr><td>Pétales et sépales 4 ; un seul ovaire charnu ; calice caduc . . . . ACTÆA.</td><td>XVII</td></tr>
<tr><td rowspan="2">5</td><td>Calice à 5 sépales. . . . .</td><td>6</td></tr>
<tr><td>Calice à 3 sépales. . . . .</td><td>10</td></tr>
</table>

6 { Sépales inégaux ; 2-5 carpels gros ; pétales très-grands. . . . . Pæonia. XVIII
Sépales égaux ; carpels petits et nombreux. . 7

7 { Sépales prolongés en dessous ; pétales à onglet tubuleux , plus long que le limbe ; réceptacle filiforme . . . . Myosurus. VI
Sépales non prolongés sous le point d'insertion ; onglet des pétales court ; réceptacle non filiforme. 8

8 { 5 pétales marqués sur l'onglet d'une écaille ou d'une fossette. 9
5-16 pétales rar. 3 ; pétales marqués d'une tache noire sur l'onglet . . . . Adonis. V

9 { Capsules prolongées en corne longue, comprimée, recourbée en faucille. Ceratocephalus. VII
Capsules ovales, plus ou moins comprimées, mucronées , non recourbées en faucille. . . . . Ranunculus. VIII

10 { Fleurs jaunes ; feuilles plus ou moins anguleuses. . . . . Ficaria. IX
Fleurs jamais jaunes ; feuilles trilobées , radicales. . . . . Hepatica. IV

11 { Corolle nulle, par avortement 12
Corolle ou calice naturellement nul 13

12 { Capsules prolongées en cornes comprimées et en faucille . . . . . Ceratocephalus. VII
Capsules ovales ou comprimées , mais non recourbées en faucille . . . . Ranunculus. VIII

13 { Feuilles à segments plus ou moins profonds. . 11
Feuilles entières , en cœur arrondi ; 5 pétales ou sépales jaunes . . . . Caltha. X

14 { Pas d'éperon se prolongeant sous la corolle. . 15
5 pétales à éperon , et 5 autres pétales ou sépales étalés . . . . Aquilegia XIV

15 { Pétales ou sépales uniformes. 16
Second rang de la fleur formé par des petits cornets, ou par des pétales ou sépales frangés. 17

16 { Une collerette foliacée , séparée de la fleur. . . . . Anemone III
Collerette nulle ou sous les fleurs ord. bleues ; ovaire unique, à 3-6 carpels soudés. Nigella. XIII
Pas de collerette foliacée ; fleurs jaunes. . . . . Thalictrum. II

17 { Feuilles à segments plus ou moins larges ; plusieurs ovaires peu ou point soudés ; feuilles digitées ou palmées. 18
{ Feuilles à segments capillaires ; ovaire unique, composé de plusieurs carpels soudés. Nigella XIII

18 { Calice à 5 sépales persistants ; fleurs verdâtres ou rougeâtres. . . . . Helleborus XII
{ Calice à 14-15 sépales colorés, caducs, connivents ; fleurs jaunes. . . . . Trollius. XI

19 { Fleurs à pétales éperonnés ; ovaires de 1 à 3, rar. 5. . . . . Delphinium. XV
{ Fleurs en casque ; ovaires de 3 à 5 ; pétales non éperonnés . . . . Aconitum. XVI

Ire Tribu Renonculées.

a. Clématidées.

I Clematis. (Clématite.)

1 { Plante droite, ni sarmenteuse, ni grimpante. . . . . *Erecta.* Droite
{ Plante sarmenteuse ou grimpante. 2

2 { Folioles cordées à la base ; sépales ou pétales finement velus des deux côtés, au moins sur toute la surface extérieure ; carpels de 10-20 . . . . *Vitalba.* des Haies
{ Foliol. ovales ; sépales glabres en dedans, un peu velus au dehors, à la marge ; carpels peu nombreux . . . . *flammula.* Flammule. *

* *Varie,* **a**, *vulgaris.* Commune. — **b**, à feuilles linéaires. *maritima.* Maritime.

b. Anémonées

II Thalictrum. (Pigamon.)

1 { Capsule non striée, un peu pédicellée, à 3 angles ailés ; folioles glauques, arrondies, à trois lobes obtus. . . *Aquilegifolium.* à Feuilles d'Ancolie.
{ Capsule striée, sessile, ovale-oblongue. . . . 2

2 { Fleurs penchées. 3
{ Fleurs droites ou étalées, non penchées. . . 6

3 { Tige lisse et glabre 4
{ Tige pubescente. 5

$\left\{\begin{array}{l} \text{Tige de 1-5 déc. glauque ; fleurs jaunâtres en} \\ \text{panicule nue.} \ldots \text{. . . . . } \textit{Minus.} \text{ Mineur.} \\ \text{Tige de 9-13 déc. verte ; fleurs vert-rougeâtres ,} \\ \text{en panicule feuillée. . . . . } \textit{Majus.} \text{ Majeur.} \end{array}\right.$

4

$\left\{\begin{array}{l} \text{Tige toute pubescente, visqueuse, fétide ; folio-} \\ \text{les planes ; fleurs jaunâtres . } \textit{fœtidum.} \text{ Fétide.} \\ \text{Tige peu pubescente, visqueuse ; folioles roulées} \\ \text{en-dessous ; fleurs blanc-rougeâtres. . . .} \\ \text{. . . . . } \textit{Pubescens.} \text{ Pubescent.} \end{array}\right.$

5

$\left\{\begin{array}{l} \text{Toutes les folioles cuneïformes , trifides , bifi-} \\ \text{des ou entières . . . . . } \textit{Flavum.} \text{ Jaune.} \\ \text{Folioles , au moins les supérieures , linéaires ou} \\ \text{lancéolées. . . . . , \quad 7} \end{array}\right.$

6

$\left\{\begin{array}{l} \text{Toutes les fol. linéaires ; la terminale plus ou} \\ \text{moins lobée. } \textit{Angustifolium.} \text{ à Feuilles étroites.} \\ \text{Les seules fol. supérieures linéaires ou lancéo-} \\ \text{lées . . . . \quad 8} \end{array}\right.$

7

$\left\{\begin{array}{l} \text{Fleurs tout-à-fait redressées ; tige raide ; folioles} \\ \text{infér. entières ou à 2-3 lobes. } \textit{Nigricans.} \text{ Noirâtre.} \\ \text{Fleurs étalées ; tige un peu flexueuse ; folioles in-} \\ \text{fér. glauques en-dessous , incisées à 3-5-7} \\ \text{dents . . . . } \textit{Saxatile.} \text{ des Rochers.} \end{array}\right.$

8

III ANEMONE. (Anémone.),

$\left\{\begin{array}{ll} \text{Capsules terminées par une arête longue et velue.} & 2 \\ \text{Capsules terminées par une petite pointe. . .} & 3 \end{array}\right.$

1

$\left\{\begin{array}{l} \text{Involucre à folioles sessiles ; fleurs violettes.} \\ \text{. . . . . } \textit{Pulsatilla.} \text{ Pulsatille.} \\ \text{Invol. à fol. pétiolées ; fleurs jamais violettes.} \\ \text{. . . . . } \textit{Alpina.} \text{ des Alpes.} \end{array}\right.$

2

$\left\{\begin{array}{ll} \text{Involucre à fol. sessiles . . } \textit{Hortensis.} \text{ Etoilée.} \\ \text{Invol. à fol. pétiolées . . . .} & 4 \end{array}\right.$

3

$\left\{\begin{array}{ll} \text{Fleurs jaunes. } \textit{Ranunculoïdes.} \text{ à Fleur de renoncule.} \\ \text{Fleurs jamais jaunes. . . . .} & 5 \end{array}\right.$

4

$\left\{\begin{array}{l} \text{Feuilles 2-3 fois ternées ; fol. bi-trilobées , inci-} \\ \text{sées . . . . } \textit{Nemorosa.} \text{ Sylvie.} \\ \text{Feuilles toutes ternées ; fol. ovales , lancolées ,} \\ \text{dentées. . . . . . . } \textit{Trifolia.} \text{ à trois Feuilles.} \end{array}\right.$

5

IV HEPATICA. (Hépatique.) *Triloba.* à trois Lobes.

V ADONIS. (Adonide.)

$\left\{\begin{array}{ll} \text{Corolle de 5-8 pétales ; fleurs rouges . . .} & 2 \\ \text{Corolle de 8-16 pétales ; fleurs jaunes. . . .} \\ \text{. . . . . } \textit{Vernalis.} \text{ Printanière.} \end{array}\right.$

1

2 { Fleurs rouges ; style ascendant ; pétales oblongs, plans, étalés . . . . . . *Æstivalis.* d'Eté.
Var. quelquefois à 3 pétal. *Tripetala* à trois Pétales.
Fleurs rouges-noirâtres ; style horizontal ; pétales obovales , concaves , connivents . . . .
. . . . *Autumnalis.* d'Automne.

c. RENONCULÉES *vraies.*

VI MYOSURUS. (Ratoncule.) *Minimus.* Nain.

VII. CERATOCEPHALUS. (Cératocéphale.) *Falcatus.* en Faucille.

VIII RANUNCULUS. (Renoncule.)

1 { Fleurs blanches. 2
Fleurs jaunes ou de toute autre couleur. . . . 4

2 { Capsules ridées ; plantes aquatiques, nageantes dans les fossés. . . . *Aquatilis.* Aquatique. *
Capsules lisses , plantes des lieux humides . . 3

* *Varie* a. Feuilles hors de l'eau à 3-5 lobes ou en bouclier. *Heterophyllus.* Hétérophylle.

b. Feuilles toutes submergées, Capillaires. *Capillaceus.* Filiforme

c. Feuilles toutes hors de l'eau ; tige courte ; feuilles sessiles et pétiolées sur les mêmes tiges. *Cæspitosus.* on Gazon.

d. Tige de 12-26 déc. ; feuilles plusieurs fois dichotomes. *Peucedanifolius.* à Feuilles de peucédane.

3 { Feuilles entières. *Amplexicaulis* . Embrassante.
Feuilles découpées. . . . . . *Aconitifolius,* var. *Platanifolius.* Aconit var. à feuilles de Platane.

5 { Capsules hérissées 5
Capsules lisses. 9

5 { Feuilles entières. *Ophioglossifolius.* Ophioglosse.
Feuilles découpées 6

6 { Calice réfléchi sur le pédoncule, capsule plus ou moins couverte de tubercules. 7
Calice étalé ; capsules hérissées de pointes . . 8

7 { Feuilles cordées à la base , arrondies , à 3-7 lobes ; cal. égalant ou dépassant la corolle. . .
. . . . *Parviflorus.* à petites Fleurs.
Feuilles non cordées à la base , à 3 fol. ou 3 lobes ; cal. plus court que la corolle. . . . .
. . . . *Philonotis.* des Mares.

8 { Feuilles infér. simples ; les caulinaires à 3 lobes ; les super. découpées-linéaires. . . . . *Arvensis.* des Champs.
Feuilles glabres, un peu cordées à la base, arrondies, à trois lobes obtus, grossièrement dentées . . . . *Muricatus.* Hérissée.

9 { Capsules comprimées, en épi ; racines gromuleuses ou bulbeuses, rar. fibreuses 10
Capsules presque globuleuses, en tête arrondie ; racines fibreuses, rar. bulbeuses. 13

10 { Plante de jardin, de couleurs diverses ; fleurs ord. pleines-doubles. . . . *Asiaticus.* d'Asie.
Plantes sauvages, toujours jaunes et simples. . 11

11 { Hampe de 10-22 centi. presque simple et nue ; racines un peu tuberculeuses ou bulbeuses ; feuilles rad. dentées ou trilobées, les autres très découpées . . . . *Chærophyllos.* Cerfeuil.
Plante de 2-5 déci. feuillée, rameuse au sommet ; racines fibreuses 12

12 { Tige un peu rameuse au sommet ; feuilles rad., à 3 lobes trifides ; 2-4 fleurs au sommet. . . . . *Monspelliacus.* de Montpellier.
Tige très-rameuse au sommet ; feuilles rad. en cœur, arrondies, incisées-dentées . . . . *Creticus.* de Crète.

13 { Feuilles entières ou dentées. 14
Feuilles découpées. 16

14 { Capsules réticulées ; racines bulbeuses, fasciculées ; feuilles graminées ; plantes des lieux secs. . . . . *Gramineus.* Graminée.
Capsules lisses ; feuilles légèrement dentées, rar. entières, plus ou moins larges ; plantes des lieux humides 15

15 { Tige de 6-13 déci. dressée ; feuilles demi-embrassantes, dentelées en scie, toutes longuement lancéolées. . . . . *Lingua.* Langue.
Tige d'environ 5 déci. ou moins, inclinée ou couchée ; feuilles rad. pétiolées, ovales-lancéolées ; celles de la tige linéaires lancéolées, peu ou point dentées . . . . . . *Flammula.* Flammette

16 { Calice réfléchi sur le pédoncule ; racines bulbeuses ; fleurs solitaires . . . *Bulbosus* Bulbeuse.
Calice réfléchi ; racines non bulbeuses ; fleurs nombreuses. . . . . *Sceleratus.* Scélérate.
Cal. étalé, non réfléchi. 17

17 { Feuilles glabres 18
{ Feuilles plus ou moins velues. 19

18 { Cal. velu ; feuilles infér. réniformes, entières ou lobées, pédonculées ; capitule des carpels ne dépassant pas la corolle *Auricomus* Tête d'Or.
Cal. glabre ; feuilles infér. palmées ; fleurs nombreuses ; capitules des carpels saillants. . . . . *Sceleratus.* Scélérate.

19 { Pédoncules cylindriques , non sillonnés . . . 20
{ Pédoncules sillonnés 23

20 { Tige très-fistuleuse ; feuilles peu velues ; styles très-courts . . . . *Acris.* Acre.
Tige peu ou point fistuleuse, feuilles plus ou moins velues ; styles très-longs 21

21 { Tige pleine ; racines grosses, cylindriques; feuilles simplement velues ; style simplement recourbé . . . . . . *Tuberosus.* Tubéreuse.
Tige presque fistuleuse ; feuilles lanugineuses ; style recourbé en spirale. *Lanuginosus.* Laineuse.

22 { Tige presque fistuleuse, sans rejets rampants ; Feuilles à 3-5 divisions : style en spirale. . . *Nemorosus, var. Multiflorus.* des Bois, var. multiflore.
Tige pleine, trainante , à rejets rampants ; feuilles ternées, l'impaire pétiolée ; style un peu courbé . . . . *Repens.* Rampante.

IX FICARIA. (Ficaire.) *Ranunculoides.* Renoncule.

d. HELLÉBORÉES.

X CALTHA. (Populage.) *Palustris.* des Marais.

XI TROLLIUS. (Trolle.) *Europœus.* Boule d'or.

XII HELLEBORUS. (Hellébore.)

{ Feuilles caulinaires sessilles ou presque sessiles ; fleurs' verdâtres. . . . . . *Viridis.* Vert.
Feuilles caulinaires longuement pétiolées ; fleurs vertes-rougeâtres. . . . . *Fœtidus.* Fétide.

XIII NIGELLA. (Nigelle.)

{ Fleurs sans involucre ; capsules 5-7 soudées au-delà de la moitié . . . *Arvensis.* des Champs.
Fleurs à invol. découpé; capsules 5 , tout-à-fait soudées . . . . . . *Damascena.* de Damas.

XIV AQUILEGIA. (Ancolie.)

{ Tige garnie au sommet de poils visqueux ;
styles inclus . . . . . *Viscosa.* Visqueuse.
Tige pubescente au sommet, mais non visqueuse;
styles saillants . . . . . *Vulgaris.* Commune.

XV. Delphinium. (Dauphinelle.)

1 { Une seule capsule 2
3 capsules ou plus 3

2 { Tige presque glabre ; capsules glabres, rar. un
peu pubescentes. . . *Consolida.* des Champs·
Tige grisâtre-pubescente ; capsules pubescentes.
. . . . *Pubescens.* Pubescente.

3 { Fleurs entièrement glabres ; bractées insérées à
la base. des pédicelles. *Staphysagria.* Staphysaigre.
Pétales inférieurs barbus ; bractées insérees près
des fleurs . . . . *Hybridum.* Hybride.

XVI Aconitum. (Aconit.)

1 { Fleurs jaunes . . . . *Lycoctonum.* Tue-loup.
Fleurs bleues ou blanches 2

2 { Racines en navet ; fruit jeune penché ; casque
hémisphérique . . . . . *Napellus.* Napel.
Racines tubéreuses; fruit dressé; casque allongé.
. . . . *Paniculatum.* Paniculé

2.me **Tribu. Péoniacées. e. Actées.**

XVII Actæa. (Actée.) *Spicata.* en Épi.

f. Péoniées

XVIII Pæonia. (Pivoine.)

1 { Capsules divergentes dès leurs bases ; fibres des
racines filiformes ; segments des feuilles entiers. . . . . *Corallina.* Coralline.
Caps. ne divergeant qu'au sommet ; fibres des
rac. tubériformes ; segments des feuilles ord.
lobés ou incisés 2

2 { Tige anguleuse au sommet ; feuilles un peu glauques en dessus ; foliol. presque toutes incisées
ou lobées. . . . . . *Peregrina.* Pubescente.
Tige très peu ou point anguleuse ; feuilles bril-
lantes en dessus ; fol. terminales incisées ou
lobées, les autres entières. *Officinalis.* Officinale.

2.me *Famille.* **BERBÉRIDÉES.**

I Berberis. (Epine-vinette.) *Vulgaris.* Commune.

3.me *Famille.* PAPAVÉRACÉES.

1 { Capsule ovale , ovoïde. . . . . . . PAPAVER.
{ Capsule allongée , plus ou moins en forme de si-
{ lique. 2

2 { Capsule à 3-4 valves . . . . ROEMERIA. II
{ Capsule linéaire à 2 valves. 3

3 { Capsules noueuses ou articulées en travers ; pé-
{ tales inégaux . . . . HYPECOUM. V
{ Capsules ni noueuses, ni articulées; pétales égaux. 4

4 { Capsule à 2 loges ; graines sur un rang ; fleurs
{ grandes , presque solitaires. . . GLAUCIUM. III
{ Capsule à une loge, graines sur 2 rangs ; fleurs
{ petites, en ombelles pauciflores. CHELIDONIUM. IV

I PAPAVER. (Pavot.)

1 { Hampe nue portant des fleurs jaunâtres. . . .
{ . . . . *Pyrenaïcum.* Orangé.
{ Tiges feuillées 2

2 { Capsules hérissées. 3
{ Capsules glabres. 4

3 { Capsule oblongue , en massue , à soies droites ;
{ fleurs rougeâtres. . . . . *Argemone.* Argémone
{ Capsule globuleuse , à soies crochues , arquées;
{ fleurs rouges-purpurines. *Hybridum.* Hybride.

4 { Plante Glabre 5
{ Plante hérissée de poils étalés 6

5 { Dents des feuilles presque obtuses ; rayons du
{ stigmate de 8-12. . . *Somniferum.* Somnifère.
{ Dents des feuilles terminées par une soie raide ;
{ rayons du stygmate de 6-8. . . . .
{ . . . *Somniferum. var. Setigerum.* Porte-Soie.

6 { Capsule oblongue , en massue ; rayons des stigm.
{ de 6-8. . . . . *Dubium.* Douteux.
{ Capsule ovoïde ; rayons des stig. de 8-15 . . . 7

7 { Plante de 3-7 déci. ; feuilles pinnatifides. . .
{ . . . . *Rhœas.* Coquelicot.
{ Plante de 2 déc. au plus : feuilles bipinnatifides.
{ . . . . *var. Roubiœi* de Roubieu.

II ROEMERIA. (Rémérie.) *Hybrida.* Hybride.

III GLAUCIUM. (Glaucière.)

> Plante glauque ; silique rude , tuberculeuse ;
> fleurs jaunes . . . . *Flavum.* Jaune.
> Plante hérissée ; silique garnie de soies ; fleurs
> rouges-ponceau , noires aux onglets. . . .
> . . . . *Corniculatum.* Cornue.

IV Chelidonium. (Chélidoine.) *Majus.* Éclaire.

V Hypecoum. (Cumin.)

> Tige tombante ; lanières des feuilles courtes , un
> peu dilatées ; siliques comprimées , arquées ,
> redressées , longues . . *Procumbens.* Couché.
> Tige redressée; lanières longues, très-fines ; sili-
> ques cylindriques, pendantes. *Pendulum.* Pendant.

4.me *Famille.* CORYDALÉES.

> Fruits polyspermes; corolle grande; éperon long;
> racine bulbeuse . . . . . . CORYDALIS   I
> Fruits monospermes; corolle petite; éperon court;
> racine fibreuse . . . . FUMARIA.   II

I Corydalis (Coridale.) *Bulbosa.* (à bractées lancéolées.

II Fumaria. (Fumeterre.)

1 {
> Silicule ovale, comprimée ; fleurs purpurines , à
> lèvre tachée de jaune, en épi serré ; plante très-
> glauque. *Spicata.* en Epi. *var.* Plante hybride
> du *Spicata* et du *Parviflora;* à épi serré et blan-
> châtre. . . . . *Hybrida.* Hybride.
> Silicule globuleuse ou presque globuleuse. . .   2

2 {
> Sépales suborbiculaires , débordant largement la
> base de la corolle ; pétiole un peu contourné en
> vrille . . . . *Media.* Intermédiaire
> Sépales ovales , lancéolés ou linéaires , plus
> étroits que la corolle ou la débordant peu. .   3

3 {
> Sépales n'atteignant pas le tiers de la corolle
> dans sa longueur ; fruit ridé , grenu.   4
> Sépales atteignant ou dépassant le tiers de la lon-
> gueur de la corolle; fruit lisse ou presque lisse.   5

4 {
> Fruit terminé au sommet en pointe conique ; sé-
> pales plus larges que le pédicelle ; fleurs blan-
> châtres; tige grimpante. *Parviflora.* à petites Fleurs.
> Fruit non terminé en pointe à la maturité ; sé-
> pales plus étroits que le pédicelle ; plante dres-
> sée ou diffuse; fleurs ord. purpurines. . . .
> . . . . *Vaillantii.* de Vaillant.

5 {
Fruit sub-globuleux, lisse; tige grimpant; epétiol.
en vrilles . . *Capreolata.* à Pédicelles recourbés.
Fruit plus large que long , un peu émarginé au
sommet , presque lisse ; plante dressée ou dif-
fuse . . . . *Officinalis.* Officinale.
Plante hybride du *Vaillantii* et de l'*Officinalis.*
. . . . *Intermedia.* Intermédiaire.

5.me *Famille.* CRUCIFÈRES.

1 {
Silique ou fruit 4 fois, au moins, aussi long que
large 2
Silique ou fruit moins de 4 fois aussi long que
large 25

2 {
Silique articulée , à étranglement. 3
Silique non articulée 4

3 {
Silique à 2 articles, le supérieur à une graine ;
calice égal à la base . . . . RAPISTRUM. XX
Silique à articles nombreux ; 2 sépales bossués à
la base . . . . RAPHANUS. I

4 {
Graines ovales ou globuleuses , non bordées. . 5
Graines comprimées , souvent bordées. . . . 18

5 {
Calice dressé ou fermé. 6
Calice étalé ou ouvert. 16

6 {
Silique comprimée. 7
Silique plus ou moins cylindrique ou tétragone. 12

7 {
Style conique , vide ou à 2 graines à la base ; grai-
nes ord. sur 2 rangs dans chaque log. DIPLOTAXIS VI
Style presque nul 8

8 {
Graines globuleuses. 9
Graines ovales ou allongées 10

9 {
Silique presque cylindrique , à bec nul ou conique ; graines sur 1 rang. . . . . BRASSICA. III
Silique ovale , oblongue , bec à peine plus court
que les valves ; style en forme d'épée. ERUCA. II

10 {
2 stigmates distincts ou connivents en pointe au
sommet, ou en tête 11
Stigmate simple , très-aigu. . . MALCOMIA. XI

11 {
Calice égal à la base ; stigmates 2 , distincts ou
en tête 12
Calice à 2 bosses à la base ; stigmates 2 , conni-
vents en pointe , de chaque côté du style . .
. . . . HESPERIS X

12 { Silique presque cylindrique ou hexagone. . . 13
Silique tétragone, comprimée, en alène ou, à la fin, presque tétragone 14

13 { Silique hexagone-cylindrique, à valves convexes, à 3 nervures ; fleurs jaunes.. . Sisymbrium. IV
Silique cylindrique-prismatique, relevée de lignes saillantes ; fleurs blanches. . Alliaria. IX

14 { Fleurs jaunes ; silique tétragone. Erysimum. VII
Fleurs blanches ou blanchâtres ; silique cylindrique ou presque tétagrone. 15

15 { Feuilles grandes, pétiolées, en cœur, crénelées, à odeur d'ail. . . . . . Alliaria IX
Feuilles ni larges-crénelées, ni en cœur ; ou, si en cœur, non pétiolées. . . . Conringia. VIII

16 { Graines sur 2 rangs dans chaque loge ; style conique vide ou à 2 graines à la base ; calice lâche, non étalé ; fleurs jaunes. Diplotaxis. VI
Graines sur un seul rang ; calice étalé ; fleurs jaunes. 17
Graines sur un seul rang ; calice dressé ; fleurs, à peu près, blanches. . . . . Alliaria. IX

17 { Graines globuleuses ; style très-long. Sinapis. }
Graines globuleuses noires ; silique tétragone ; style court . . . . Sinapis. } V
Graines ovales ou oblongues ; silique hexagone-cylindrique ; style court. . . Sisymbrium. IV

18 { Calice à 2 bosses à la base ; fleurs jaunes ou purpurines ; grandes feuilles non ailées. . . . 19
Calice égal à la base ou, si un peu inégal, alors feuilles ailées ou digitées 20

19 { Plante verte ; feuilles glabres, lancéolées, entières, fleurs jaunes . . . . Cheiranthus. XIII
Plante verte ; feuilles lyrées ou pinnatifides ; fleurs jaunes . . . . Barbarea. XIV
Plante cotonneuse, blanchâtre, ainsi que les feuilles ; fleurs purpurines ou d'un jaune pourpre-sale. . . . . Matthiola. XII

20 { Graines sur un rang dans chaque loge. . . . 21
Graines sur deux rangs, dans chaque loge. . 24

21 { Fleurs jaunes. . . . . Barbarea XIV
Fleurs jamais jaunes ou seulement un peu jaunâtres. 22

22 { Valves de la silique à une nervure au milieu ; fleurs blanchâtres, rar., rosées ou bleuâtres. Arabis. XVI
Valves sans nervures 23

3*

2 {
Toutes les feuilles glabres , sinuées ou lobées ;
Fleurs blanchâtres ou jaunes pâles. . . .
. . . . *Oleracea.* Cultivé.
Feuilles presque glabres , toutes profondément
pinnatifides; cal. à la fin , étalé en croix ; fleurs
jaunes ou veinées. *Erucastrum.* fausse Roquette.
Feuilles sinuées-pinnatifides , les jeunes garnies
de poils épars ; cal. toujours fermé ; fleurs
jaunes veinées. . . . *Cheiranthus.* Giroflée.
}

3 {
Feuilles vertes 4
Feuilles glauques 5
}

4 {
Plante de 6-10 décim. . . . *Rapa.* à Feuilles rudes.
Plante de moins d'un décim. *Humilis.* Humble.
}

5 {
Feuilles radicales presque entières , incisées seu-
lement à la base. . . . . . *Oleracea.* Cultivé.
Feuilles radicales profondément incisées ou lyrées. 6
}

6 {
Feuilles infér. pinnatifides , crénelées , glabres ;
les supér. amplexicaules, en cœur , lancéolées.
. . . . *Napus.* Navet.
Feuilles infér. lyrées-dentées , un peu hérissées
ou ciliées ; les supér. amplexicaules, en cœur ,
acuminées . . . . . *Campestris.* des Campagnes.
}

IV. **Sisymbrium.** (Sisymbre).

1 {
Fleurs axillaires , presque sessiles , et ayant des
bractées ; plante fétide. *Polyceratum.* Corniculé.
Fleurs pédonculées , sans bractées. 2
}

2 {
Siliques en alène , appliquées contre l'axe ; feuilles infér. lyrées ou lobées ; les supér. souvent
en flèche , entières ou dentées. *Officinale.* Officinal.
Siliques cylindriques, plus ou moins écartées de
l'axe ; feuilles pinnatifides 3
Siliques presque cylindriques; feuilles toutes entières ou simplement dentées. . . . . . .
. . . . . . *Strictissimum.* à Feuilles lancéolées.
}

3 {
Cloison de la silique parcourue par 3 nervures;
pédicelle 4 fois plus long que le calice , celui-
ci plus grand que les pétales. *Sophia.* Sophie.
Cloison de la silique non nervée ; pétales dépassant le calice. 4
}

4 {
Silique rude, tuberculeuse; pédicelle très-court.
. . . . *Asperum.* Rude.
Silique glabre et lisse. 5
}

5 { Plante très-glabre, au moins dans le bas. *Irio.* Irio.
{ Plante plus ou moins pubescente ou hérissée dans
{   le bas. 6

6 { Feuilles à lobes aigus ; tige ord. pubescente,
{   blanchâtre à la base. . . *Colomnæ.* de Columna.
{ Feuilles à lobes obtus ; tige hérissée à la base.
{   . . . . *Obtusangulum,* à Lobes obtus.

V Sinapis. (Moutarde.)

1 { Siliques très serrées contre l'axe ; style court ou
{   ovale 2
{ Siliques plus ou moins écartées de l'axe ; style
{   conique ou en épée 3

2 { Siliques tétragones ; style court ; feuilles vertes ;
{   les supér. entières . . . . . *Nigra.* Noire.
{ Siliques cylindriques ou à peu près ; style ovale.
{   feuilles toutes blanchâtres et lyrées . . .
{   . . . . *Incana.* Blanchâtre.

3 { Siliques glabres ; feuilles hérissées, un peu lobées
{   ou dentées. . . . . . . *Arvensis.* des Champs.
{ Siliques hérissées ; feuilles presque glabres, ly-
{   rées-pinnatifides. . . . . . *Alba.* Blanche.

VI Diplotaxis. (Double rang.)

1 { Fleurs blanches ou rayées de pourpre. . . . .
{   . . . . *Erucoïdes.* Fausse-Roquette.
{ Fleurs jaunes 2

2 { Tige feuillée, à feuilles glabres ; silique pédicel-
{   lee sur le réceptacle ; pédicelle 1-3 fois plus
{   long que la fleur épanouie ; cal. glabre, au moins
{   en bas ; pétales presque ronds, dépassant lon-
{   guement le calice. *Tenuifolia.* à Feuilles menues.
{ Tige presque nue ; silique sessile sur le récep-
{   tacle ; pédicelle à peu près égal aux fleurs épa-
{   nouies 3

3 { Tige glabre ; feuilles lisses ; pétales à limbe
{   oblong, dépassant peu le calice glabre. . .
{   . . . . *Viminea.* des Vignes.
{ Tige un peu poilue ; feuilles rudes ; pétales pres-
{   que ronds, dépassant longuement le calice hé-
{   rissé. *var.* a *Muralis.* des Murs. b. à feuilles
{ profondément lobées. *Erucastrum.* Roquette sauvage.

VII Erysimum. (Velar.)

1 {
Fleurs jaunes ; feuilles non amplexicaules . . 2
Fleurs jaunâtres-blanchâtres ; feuilles de la tige embrassantes; les radicales, ovales, très-entières; silique quadrangulaire (*Conringia Orientalis.*) . . . . *Perfoliatum* Enfilé.
Fleurs blanches; feuilles de la tige embrassantes; les radicales en spatule, un peu dentées; silique comprimée, aplanie. (*Arabis Brassicæfolia.*) . . . . *Alpinum.* des Alpes.
}

2 {
Plante à poils tous semblables et trifides : pédicelles des fleurs 2-3 fois plus longs que le cal. stigmate obtus . . *Cheiranthoides.* Girofl.
Plante à poils tous ou presque tous simples ; pédicelles plus courts que le cal. ou à peu près égaux 3
}

3 {
Poils presque tous simples; pédicelles égalant environ le cal. ; siliques étalées : stigm. échancré ou bilobé . . . . . . *Canescens.* Diffus.
Poils tous simples; pédicelles 2-3 fois plus courts que le calice ; siliques droites. . . . . *Lanceolatum.* Lancéolé.
}

VIII Conringia (Conringie.)

1 {
Plante très-lisse; feuilles radicales ovales ; les caulinaires embrassantes, en cœur; silique de 5-9 cent . . . . . *Orientalis.* du Levant.
Feuilles velues; les radicales en rosette, ovales-spatulées; les caulinaires-oblongues, linéaires ; silique de 2 cent. au plus. *Thaliana.* de Thalius.
}

IX Alliaria. (Alliaire.) *Officinalis.* Officinale.

X Hesperis. (Julienne.)

1 {
Feuilles ovales-lancéolées, simplement dentées; pédicelle égalant ou dépassant la longueur du cal. *Matronalis* var. *Sylvatica.* des Dames. var. des Bois
Feuilles infér. en spatule, incisées sinnuées à la base ; pédicelle plus court que le calice. . . . . *Laciniata.* Découpée.
}

XI Malcomia. (Malcomie.)

1 {
Pédicelle sensiblement plus court que le calice ; style très-court . . . . *Africana.* d'Afrique.
Pédicelle à peu près de la longueur du calice ; style de 4-9 mil. 2
}

9 | Feuilles elliptiques, obtuses; silique pubescente, de moins de 5 cent. . . . *Maritima*. Maritime.
Feuilles lancéolées linéaires; silique blanchâtre, de plus de 5 centi. . . . *Littorea* des Rivages.

XII **Mathiola.** (Mathiole.)

Fleurs purpurines ; tige herbacée , de 3-7 décim. . . . . *Sinuata*. Sinuée.
Fleurs ferrugineuses ; tige un peu ligneuse, de 22 centim. au plus. . . . . *Tristis*. Triste.

XIII. **Cheiranthus.** (Giroflée.) *Cheiri*. Violier.

XIV **Barbaræa.** (Barbarée.)

Feuilles infér. à moins de 8 paires de lobes ; les supér. ailées-pinnatifides: silique de 5-9 centim. . . . . *Præcox*. à Siliques serrées.
Feuilles infér. à 8-10 paires de lobes ; les supér. sinuées-anguleuses; silique de 3 cent. ou moins. . . . . *Vulgaris*. à Siliques étalées.

XV **Turritis.** (Tourrette.) *Glabra*. Glabre.

XVI **Arabis.** (Arabette.)

1 | Fleurs jaunâtres ; graines bordées d'une aile large , membraneuse ; silique recourbée-pendante. . . . . *Turrita*. Tourrette.
Fleurs non jaunâtres ; graines à rebord nul ou très-petit. 2

2 | Limbe des pétales très-étalé , bien distinct de l'onglet 3
Pétales ovales, à limbe non distinct de l'onglet. . 6

3 | Feuilles de la tige un peu pétiolées ou sessiles , mais non embrassantes 4
Feuilles de la tige en cœur, embrassantes. . . 5

4 | Fleurs blanches. (*Conringia Thaliana*.). . . . . *Thaliana*. de Thalius.
Fleurs rosées ; feuilles toutes pétiolées. . . . . *Cebenensis*. des Cevennes,

5 | Pédicelle 1-2 fois plus long que le calice ; fleurs blanches ou blanchâtres ; silique plus ou moins droite. . . . . . . *Alpina*. des Alpes.
Pédicelle plus court que le calice ; fleurs purpurines. . . . . *Verna*. Printanière.

6 | Siliques écartées de l'axe; pédicelle un peu plus long que le cal. ; feuilles supér. en cœur, embrassantes 7
Siliques dressées contre l'axe; pédicelle plus court que le calice. 8

7 {
Tige très-glabre et glauque , de 6-7 déc. . . .
. . . . . *Brassicæformis.* à Feuilles de Chou.
Tige hérissée , flexueuse, de 2-4 décim. ; feuilles
infér. ovales ; siliques étalées-divergentes. .
. . . . *Auriculata.* à Oreillettes.

8 {
Feuilles de la tige plus ou moins embrassantes ;
tige velue ou hérissée , au moins en bas. . .   9
Feuilles de la tige simplement sessiles , non embrassantes ; tige glabre. . *Muralis.* des Murs.

9 {
Siliques 3 fois longues comme les pédicelles; feuil-
les de la tige sessiles ou demi-embrassantes. .
. . . . *Hirsuta.* Velue.
Siliques 4 fois longues comme les pédicelles ;
feuilles de la tige embrassantes. . . . .
. . . . . . *Sagittata.* en fer de flèche.

var. **a**. le type. *Gerardiona.* de Gérard. **b**. siliques très-
grêles très-nombreuses en grappes éffilées. . . .
. . . .*Subglabrata.* Glabre.

XVII. Dentaria. (Dentaire.)

1 {
Feuilles digitées , à 5 segments . . . . . .
. . . . *Digitata.* à Feuilles digitées.
Feuilles ailées ou pinnées. . . . . . .
. . . . *Pinnata.* à feuilles ailées.

XVIII Cardamine. (Cardamine.)

1 {
Feuilles de la tige lobées à 3-7 lobes ; pétiole auriculé ou prolongé à la base en 2 oreillettes aigües. . . . *Resedifolia.* à Feuilles de Réséda.
Feuilles de la tige ailées-pinnatifides , pour la
plupart.   2

2 {
Pétales grands, à limbe étalé, distinct de l'onglet,
2-3 fois plus grands que le calice   3
Pétales presque nuls ou oblongs-linéaires; à limbe
peu distinct de l'onglet   5

3 {
Feuilles supér. à segments linéaires , entiers ;
siliques à pointe obtuse ; fleurs ord. lilas. .
. . . . *Pratensis.* des Prés.
Feuilles sup. à segments larges, anguleux-dentés;
siliques à pointe aigüe; fleurs blanches . . .   4

4 {
Folioles glabres . . . . *Amara.* Amère.
Folioles ciliées , ou toutes velues-pubescentes.
. . . . var. *Umbrosa.*

4

5 { Plante plus ou moins velue ; tige ord. fistuleuse.
. . . . *Hirsuta.* Velue.
Plante glabre.   6

6 { Folioles entières . . *Parviflora.* à petites Fleurs.
Folioles incisées-dentées . *Impatiens.* Impatiente.

XIX Nasturtium. (Cresson.)

1 { Fleurs blanches. . . . *Officinale.* Officinale.
Fleurs jaunes   2

2 { Fruits en siliques linéaires ou cylindriques .   3
Fruits en vraies silicules , ovales, oblongues ou
elliptiques   4

3 { Pétales plus longs que le calice ; tige finement
poilue . . . . *Sylvestre.* Sauvage.
Pétales égaux ou plus courts que le calice ; tige
glabre. . . . . . . *Palustre.* des Marais.

4 { Plante des prés secs et montueux. . . . .
. . . . *Pyrenaïcum.* des Pyrénées.
Plante amie des eaux ; tige très-fistuleuse ; fleurs
en grappes très-longues. . . . .
. . . . *Amphibium.* Amphibie. *

* *Varie.* a. Feuilles toutes presque entières ou dentées
en scie. . . . . . *Indivisum.* à Feuilles entières.

b. Feuilles les unes dentées en scie , d'autres pinnatifides , et d'autres capillaires , découpées en lanières.
. . . . *Variifolium.* à Feuilles variables.

XX Rapistrum. (Rapistre.) *Rugosum.* Ridé.

XXI Crambe. (Crambé.) *Pinnatifida.* Pinnatifide.

XXII Cakile. (Caquillier.) *Maritima.* Maritime.

XXIII Calepina. (Calépine.) *Corvini.* Faux-Cranson.

XXIV Myagrum. (Myagre.) *Perfoliatum.* Perfolié.

XXV Isatis. (Pastel.) *Tinctoria.* des Teinturiers.

XXVI Neslia. (Neslie.) *Paniculata.* Paniculée.

XXVII Bunias. (Bunias.) *Erucago.* Fausse-Roquette.

XXVIII Camelina. (Cameline.) *Sativa.* Cultivée
var. a. Velue. *Pilosa.* b Glabre. *Glabrata.*

XXIX Cochlearia. (Cranson.)

1 { Feuilles de la tige simplement sessiles , non embrassantes, ou dilatées à la base, mais sans oreillettes. . . . . . . *Saxatilis.* des Rochers.
Feuilles de la tige à 2 oreilettes , embrassantes.   2

2 { Tige de moins de 3 déc. ; silicule à valves dures ; stig. échancré ; feuilles vertes, linéaires à la tige, les autres ovales-spatulées, entières, dentées, incisées ou pinnatifides. *Auriculata.* à Oreillettes.
Tige de 3 à 6 déc. ; silicule à val. presque charnues ; stig. entier ; feuilles glauques, lancéolées, très-entières. *Glastifolia.* à Feuilles de Pastel.

XXX ALYSSUM. Alysson.

1 { Fleurs d'un très-beau jaune, en bouquet ; tige sous-ligneuse à la base ; style environ égal à la silicule un peu échancrée . . . .
. . . . *Montanum.* des Montagnes
Fleurs d'un jaune pâle ; tige toute herbacée. . . 2
Fleurs blanches 3

2 { Silicule un peu échancrée ; style dépassant à peine l'échancrure ; pétales presque entiers, égalant presque le calice persistant ; feuilles en spatule, blanchâtres en dessous . . . .
. . . . . . *Calycinum* à Calice persistant.
Silicule très-entière, 6 fois aussi longue que le style ; pétales tronqués-échancrés, dépassant le cal. caduc ; feuilles oblongues, vertes. . .
. . . . *Campestre.* des Campagnes.

3 { Tige peu ligneuse, sans épines ; silicule ovale, petite. . . . . . *Maritimum.* Maritime.
Arbuste plus ou moins épineux ; silicule orbiculaire ou en cœur renversé et grande . . . 4

4 { Arbuste à la fin épineux ; silicule orbiculaire ; graines à rebord calleux . *Spinosum.* Epineux.
Arbuste peu ou point épineux ; silicule en cœur renversé ; graines sans rebord calleux. . . .
. . . . *Macrocarpum.* à gros fruits.

XXXI FARSETIA. (Farsétie.) *Clypeata.* . en Bouclier.

XXXII CLYPEOLA. (Clypéole.) *Jonthlaspi.* Jonthlaspi.

XXXIII LUNARIA. (Lunaire.) *Biennis.* Bisannuelle. *Cultivée dans les jardins,*

XXXIV DRABA. (Drave.) et *Erophila.* Erophile.

1 { Pétales profondément bifides. (*Erophila vulgaris.*) . . . . *Verna.* Printanière
Pétales entiers ou à peine échancrés 2

2 { Fleurs blanches . . . . *Muralis.* des Murs
Fleurs jaunes. . . . . . *Aizoïdes.* Faux-Aizoon

XXXV Capsella. (Capselle.) et, Hutchinsia. Hutchinsie.

Silicule triangulaire, en cœur renversé. . .
. . . . . *Bursa-Pastoris.* Bourse-à-Pasteur.
Silicule ovale, obtuse aux 2 bouts (*Hutchinsia.*)
. . . . *Procumbens.* Couchée.

XXXVI Æthionema. (Ethionème.) *Saxatile.* des Rochers.

XXXVII Lepidium. (Passerage.) et, Hutchinsia. Hutchinsie.

1 Silicule à 2 ou plusieurs graines, dans chaque
loge (*Hutchinsia.*). 9
Silicule à une graine dans chaque loge. . . - 3

2 Tige du milieu dressée, nue, sans feuilles; les
autres feuillées et couchées. . . . . . .
. . . . *Procumbens.* Couchée.
Toutes les tiges feuillées. *Petræum.* des Pierres.

3 Feuilles caulinaires sagittées-embrassantes . . 4
Feuilles caulinaires non sagittées-embrassantes. 6

4 Silicule triangulaire cordée à la base, presque
aigüe et non échancrée au sommet. *Draba.* Drave.
Silicule ovale-oblongue, échancrée au sommet. 5

5 Plante pubescente, droite; silicule ponctuée-
glanduleuse; style dépassant à peine l'échancrure . . . . . *Campestre.* des Campagnes.
Plante ascendante, velue blanchâtre; silicule
très-velue, non ponctuée; style dépassant de
2 mil. l'échancrure. . . . *Hirtum.* Hérissé.

6 Feuilles caulinaires ovales-lancéolées, entières
ou dentées; silicule arrondie aux deux bouts.
. . . . *Latifolium.* à larges feuilles.
Feuilles caulinaires linéaires ou pinnatifides, à
lobes linéaires; silicule pointue ou échancrée
au sommet. 7

7 Silicule terminée en pointe, non échancrée au
sommet . . . . *Iberis.* Ibéride.
Silicule plus ou moins échancrée au sommet,
non terminée en pointe. 8

8 Silicules serrées contre l'axe; pétales dépassant
longuement le cal. . . . *Sativum.* Cultivé.
Silicules plus ou moins étalées; pétales très courts
ou presque nuls. . . *Ruderale.* des Décombres.

XXXVIII Senebiera. (Senebière.) *Coronopus.* Corne de cerf.

XXXIX Thlaspi. (Tabouret.)

1 { Silicule très-grande , largement ailée tout autour , presque plane , à 5-6 graines striées
Feuilles à oreillettes aiguës. *Arvense*. des Champs.
Silicule non ailée ou seulement ailée au sommet ,
l'aile disparaissant presque à la base. . . . 2

2 { Silicule à 4 graines. . . . .
Silicule à 6-12 graines 4

3 { Calice vert ; feuilles de la tige en flèche ; silicule
arrondie , en cœur renversé ; fleurs blanches.
. . . . *Montanum*. des Montagnes
Cal. violet ; feuilles de la tige oblongues , embrassantes ord. violettes; authères violettes ; silicule triangulaire , en cœur renversé . . .
. . . . *Præcox*. Précoce.

4 { Silicule à 8-12 graines; pétales doubles du calice;
style assez long ; étamines dépassant plus ou
moins les pétales ; authères violettes. . . .
. . . . *Alpestre*. des Alpes.
Silicule à 6-8 graines ; pétales dépassant peu le
cal. ; style presque nul ; silicule renflée d'un
côté, concave de l'autre ; feuilles de la tige à
oreillettes obtuses.. . . *Perfoliatum*. Enfilé.

XL. TEESDALIA. (Teesdalie.)

{ Pétales égaux ; feuilles entières ou trifides. .
. . . . *Lepidium*. Réguliéro.
Pétales inégaux ; feuilles pinnatifides. . . .
. . . . *Nudicaulis*. Irréguliéro.

XLI. IBERIS. (Ibéride.)

1 { Tige herbacée. 2
Tige ligneuse. 4

2 { Feuilles pinnatifides, à lobes linéaires. . . .
. . . . *Pinnata*. ailée.
Feuilles non pinnatifides 3

3 { Feuilles linéaires : les inférieures dentées ; les
autres entières ; fleurs ord. purpurines , en corymbe. . . . . . . *Linifolia*. à Feuilles de lin.
Feuilles lancéolées, presque cunéiformes , obtuses , entières ou bi-tridentées; fleurs blanches,
en grappes. . . . . . . *Amara*. Amère.

4 { Feuilles linéaires, presque charnues, un peu aigües ; silicules à lobes obtus. . . . . *Saxatilis.* des Rochers.
Feuilles oblongues, rétrécies à la base, obtuses, glabres. 5

5 { Silicules obtuses-arrondies, en cœur renversé ; fleurs en corymbe. *Garrexiana.* . de Garroxia.
Silicules presque bifides, à lobes aigus ; fleurs en grappes allongées à la fin . . . . *Sempervirens.* toujours Verte.

XLII **Biscutella.** (lunetière.) *Variabilis.* Variable

6.me *Famille.* CAPPARIDÉES.

I **Capparis** (Caprier.) *Spinosa.* Epineux.

7.me *Famille.* CISTÉES.

{ Calice à 5 sépales, rar. 3, presque égaux ; capsule à 5-10 valves. . . . . . . *Cistus.* I
Cal. à 3 sépales ou à 5, dont 2 très-petits ; capsule à 3 valves. . . . . *Helianthemum.* II

I **Cistus** (Ciste.)

1 { Sépales ou bractées fructifères auriculés en cœur à la base ; fleurs très-caduques, en cyme presque unilatérale ; capsule ovale, velue-soyeuse au sommet. . . . . . *Pouzolzii.* de Pouzol.
Sépales ou bractées fructifères non auriculés en cœur à la base. 2

2 { Fleurs roses ou purpurines 3
Fleurs blanches ou jaunâtres. 4

3 { Feuilles oblongues-lancéolées, ondulées, frisées sur les bords. . . . . . *Crispus* Crépu.
Feuilles oblongues, elliptiques, planes, ni ondulées, ni crispées sur les bords ; arbrisseaux cotonneux. . . . . . *Albidus.* Blanchâtre

4 { Calice à 3 sépales. *Laurifolius.* à Fueilles de Laurier
Calice à 5 sépales. 5

5 { Feuilles pétiolées, ovales, ridées, crénelées, obtuses, cotonneuses en dessous . . . . *Salvifolius.* à Feuilles de Sauge.
Feuilles sessiles, linéaires-oblongues, velues des deux côtés , *Monspeliensis.* de Montpellier

II HELIANTHEMUM. (Helianthème.)

1 { Fleurs blanches 2
{ Fleurs jaunes. 7

2 { Feuilles stipulées. 3
{ Feuilles sans stipules , cotonneuses-visqueuses :
{ fleurs sup. en ombelle. *Umbellatum.* à Ombelle.

3 { Calice peu velu ou presque glabre , strié-luisant
{ ou non ; feuilles tout-à-fait blanchâtres ou co-
{ tonneuses des deux côtés. 4
{ Cal. très-hérissé ou mollement pubescent , ou co-
{ tonneux ; feuilles plus ou moins verdâtres en
{ dessus 5

4 { Feuilles linéaires ou linéaires-oblongues, cotonneu-
{ ses des 2 côtés : calice nerveux , strié ; rameaux
{ cotonneux. *Pilosum.* Poilu. *var.* Fleurs en grappe.
{ . . . . *Racemosum.* Rameux.
{ Feuilles ovales-oblongues , tout-à-fait blanchâ-
{ tres , obtuses ; cal. luisant , strié : pétales den-
{ tés. . . . . . *Polifolium.* à Feuilles de Polium.

5 { Tige dressée : cal. très-hérissé-blanchâtre ; feuil-
{ les ovales-oblongues, un peu aiguës, pétiolées ,
{ glauques, hérissées par dessus ; stipules soyeu-
{ ses , en alène . . . .
{ . . . . *Majoranæfolium.* à Feuilles de marjolaine.
{ Tige étalée ou couchée , cal. mollement pubes-
{ cent ou cotonneux. 6

6 { Fleurs grandes de plus de 2 cent. ; tige couchée ;
{ cal. un peu aigu ; feuilles linéaires-oblongues ;
{ rameaux pulvérulents et cotonneux . . . .
{ . . . . *Pulverulentum.* Poudreux.
{ Fleurs de moins de 2 cent.; tige étalée ; cal. un
{ peu obtus ; feuilles lancéolées ; rameaux d'un
{ vert blanchâtre . . *Apenninum.* des Apennins.

7 { Feuilles, au moins les infér. sans stipules . . 8
{ Feuilles toutes stipulées 17

8 { Tige presque simple ; stigmates presque sessiles;
{ styles plus courts que les stigmates. . . . 9
{ Tige très-rameuse , diffuse 10

9 { Grappe de fleurs munie de bractées ; calice gla-
{ bre . . . . *Tuberaria.* Tubéraira.
{ Grappe privée de bractées ; pétales tachetés.
{ *Guttatum.* Taché. *Var.* plante très-hérissée. .
{ . . . . *Eriocaulon.* à Tige laineuse.

10 { Feuilles plus ou moins roulées en dessous à leurs bords, éparses, linéaires; pédoncules uniflores. 10 *b*.
Feuilles planes 11

10 *b*. { Feuilles visqueuses, cotonneuses; fleurs comme en ombelle . . . . *Umbellatum.* en Ombelle.
Feuilles glabres; fleurs non en ombelle. *Fumana.* Fumana. *var.* à tige couchée. . . . .
. . . . *Procumbens.* Couché.

11 { Fleurs tachetées de pourpre sur leurs bords. .
. . . . *Alyssoïdes.* Faux Alisson.
Fleurs non tachetées 12

12 { Feuilles vertes des deux côtés. 13
Feuilles blanches ou cotonneuses en dessous. . 16

13 { Fleurs à disque plus foncé; calice poilu, blanchâtre; tige peu ligneuse . . *Italicum.* d'Italie
Fleurs d'un jaune égal; plante ligneuse. . . 14

14 { Pétales à peine plus grands que le cal.; feuilles ovales, pétiolées; fleurs en grappe courte, terminale. . . *Origanifolium* à Feuilles d'Origan
Pétales ord. une fois plus longs que les sépales; feuilles oblongues elliptiques, ciliées et rétrécies à la base plus ou moins pétiolées; grappe lâche 15

15 { Feuilles presque glabres ou à cils des feuilles non réunis en pinceau. . . . .
. *Ælandicum.* d'Æland. *var. Alpestre.* des Alpes.
Cils des feuilles réunis en pinceau. . . . .
. *Ælandicum. var. Penicillatum.* à Pinceaux.

16 { Tige couchée; feuilles oblongues, rétrécies en pétioles; blanchâtres-cotonneuses des 2 côtés; cal. soyeux, blanchâtre . . . *Canum.* Blanc.
Tige à rameaux ascendants; feuilles pétiolées, vertes en dessus, arrondies ou presque en cœur à la base; cal. velu. *Marifolium.* à Feuilles de Marum.

17 { Plante presque simple, dressée. 18
Plante très-rameuse, diffuse 20

18 { Feuilles à peu près ou tout-à-fait glabres; pédoncules plus courts que le calice; fleurs solitaires . . . . *Ledifolium.* à Feuilles de Ledon.
Feuilles presque cotonneuses; pédoncules plus longs que le calice; fleurs en grappe. . . 19

19 { Feuilles florales incisées-dentées . . . . . .
. . . . . . *Denticulatum.* à Fouilles dontées.
Feuilles florales ni incisées, ni dentées . .
. . . . . *Salicifolium.* à Feuilles do Saulo.

20 { Plante visqueuse. . . *Glutinosum.* Glutineux.
Plante non visqueuse. . . . . · 21

21 { Feuilles glauques en dessus ; fleurs en grappe
unilatérale. . . . . . . *Lœvipes.* Grêle
Feuilles plus ou moins verdâtres, non glauques ;
grappe diffuse 22

22 { Calice très-hérissé-blanchâtre ; plante toute
cendrée, cotonneuse ; feuilles à nervures très-
saillantes ; stipules très-étroites, plus longues
que les pétioles. . . . . *Hirtum.* Hérissé.
Cal. simplement velu, à poils doux. . . . ·
. . . . *Vulgare.* Commun. *

* *Var.* **A.** à feuilles vertes des deux côtés et parse-
mées de poils en faisceaux, distincts, non
étoilés . . . . . *Obscurum.* Obscur.

B. à feuilles blanchâtres en dessous, pubescentes, à poils étoilés en dessous. *

** **a.** Feuiles à poils étoilés des deux cotés. . . .
. . . . *Vulgare.* Commun

b. Feuilles à poils en faisceaux en dessus et à poils
étoilés en dessous. . . . .
. . . *Nummularium.* à Feuilles do Nummulaire.

c. Feuilles presque glabres en dessus et blanchâtres
en dessous. . . . *Tomentosum.* Cotonneux

8.me *Famille.* VIOLACÉES. .

I Viola. (Violette.)

1 { Stigmate aigu et recourbé en crochet ; pétales
supérieurs dirigés en haut ; les latéraux en bas. 2
Stigm. droit, en forme de godet ou en tête ; pétales supér. et latéraux dirigés en haut, l'infér.
en bas. . . . . . . *Tricolor.* Pensée. *

* *Var.* **a.** Corolle très-grande, veloutée; pétale supér.
violet-pourpre, les latéraux blancs ou jau-
nes ; l'infér. jaune-violet rayé . . . .
. . . . *Hortensis.* des Jardins.

b. Fleur d'un beau jaune, rayée de violet à la
base. . . . . *Alpestris.* des Alpes.

c. Corolle lilas . . . . . *Sabulosa.* des Sables.

d. Corolle d'un blanc jaunâtre . . . .
. . . . *Arvensis.* des Champs.

e. Feuilles radicales ; corolle bleuâtre ou blanchâtre . . . *Bellioïdes.* Fausse Paquerette.

2 { Tige nulle ; pédoncules radicaux ; capsule velue. | 3
{ Tige feuillée portant les fleurs ; capsule glabre. | 5

3 { Feuilles radicales, cordiformes et pubescentes. | 1 B
{ Feuilles radicales ; réniformes, glabres, créne-
lées, obtuses ; fleurs inodores. . . . . . .
. . . . *Palustris.* des Marais.

4 { Sépales sans cils ; plante stolonifère ; fleurs odorantes. . . . . *Odorata.* Odorante.
{ Sépales ciliés; feuilles très-velues; plante non stolonifère ; fleurs inodores. . *Hirta.* Hérissée.

5 { Tige rougeâtre ; sépales presque 1 fois plus longs
que l'éperon ; fleurs bleu clair ; stipules ord.
dentées . . . . . . *Canina.* des Collines
{ Tige ascendante ; sépales 1 fois plus [longs que
l'éperon ; fleurs bleuâtres ; pétales latéraux
très-barbus; stipules ciliées. *Riviniana.* de Rivin.
{ Tige grêle, dressée ; sépales plus courts que l'é-
peron ; fleurs lilas-pâle. . *Ruppii.* de Ruppius.

9.me *Famille.* RÉSÉDACÉES.

{ 3-6 Capsules soudées en une seule anguleuse,
à 1 loge ; graines nombreuses . . RÉSÉDA. | I
{ 4-6 capsules étalées en étoiles ; 1-2 graines par
capsule . . . . ASTROCARPUS. | III

I RESEDA. (Reseda.)

1 { 4-5 sépales. . . . . | 2
{ 6 sépales ; feuilles indivises ou à 3 lobes. . . | 3

2 { Fleurs blanches ; 5 sépales. . . *Alba.* Blanc.
{ Feurs jaunâtres ; 4 sépales. . *Luteola.* Gaude.

3 { Cal. égal à la corolle ; fleurs odorantes, des
jardins . . . . *Odorata.* Odorant
{ Cal. plus grand que la corolle, fleurs des champs.
. . . . *Phyteuma.* Raiponce.

II ASTROCARPUS (Étoile.) *Sesamoïdes.* Faux-Sésame.

10.me *Famille.* DROSÉRACÉES.

1 ⎰ 1 style filiforme ; capsule à 5 loges. PYROLA. .' IV
　⎱ 3-5 styles , ou 4 stigmates sessile. 2

2 ⎰ Style à peu près nul ; 4 stigmates sessiles. . .
　⎰ . . . . PARNASSIA. III
　⎱ 3-5 styles 3

3 ⎰ Feuilles alternes ou radicales en rosette. . .
　⎰ . . . . DROSERA. I
　⎱ Feuilles verticillées de 6-9, en coin, renflées
　　 en vessie. . . . . . . ALDROVANDA. II

I DROSERA. (Rossolis.) *Rotundifolia.* à Feuilles rondes.

II ALDROVANDA. (Aldrovande.) *Vesiculosa.* à Vessies.

III PARNASSIA. (Parnassie.) *Palustris.* des Marais.

IV PYROLA. VOIR AUX ERICINÉES. *Famille.* 59.

11.me *Famille.* POLYGALÉES.

I POLYGALA. (Polygala.)

1 ⎰ Ailes du cal. à une nervure verte, plus longues
　⎰ et plus étroitès que la capsule en cœur renversé.
　⎰ . . . . *Exilis.* à petites Fleurs.
　⎱ Ailes à 3 nervures 2

2 ⎰ Ailes plus longues et aussi larges que la caps. ;
　⎰ feuilles lancéolées , acuminées ; racines grêles.
　⎰ . . . . *Monspeliaca.* de Montpellier.
　⎰ Ailes plus longues et plus larges ou plus étroites
　⎱ que la caps. ; racines ligneuses. 3

3 ⎰ Ailes plus longues et plus étroites que la caps.' ;
　⎰ tige de 8-9 cent. . . . *Alpestris.* des Alpes.
　⎱ Ailes plus longues et plus larges que la capsule. 4

4 ⎰ Veines des ailes se réunissant au sommet ; feuil-
　⎰ les supérieures lancéolées , aiguës . . . .
　⎰ . . . . *Vulgaris.* Commune. A.
　⎰ Veines ne se réunissant pas au sommet ; quelques
　⎱ feuilles supérieures obtuses. *Amara.* Amère B.

A. *Var.* a. Tiges droites ; fleurs bleues. . . . .
. . . . *Elata.* Élévé.

b. Tiges droites ; fleurs roses. . . . . .
. . . . *Angustifolia.* à Feuilles étroites.

B. *Var.* à tiges couchées et Gazonnantes . . . . . .
. . . . *Cœspitosa.* en Gazon.

12.me *Famille.* FRANKÉNIACÉES.

1 **Frankenia** (Frankénie.) *Pulverulenta.* Poudreuse.

13.me *Famille.* CARYOPHYLLÉES.

1 {
Calice tubuleux ou à sépales soudés , au moins à moitié 2
Calice à sépales libres ou seulement soudés un peu à la base. 9

2 {
Calice entouré à sa base d'un calicule ; onglet des pétales filiforme ; capsule cylindrique. . . . . Dianthus. III
Calice entouré à sa base d'un calicule ; pétales sans onglet ; capsule globuleuse ou ovale. . . . . Gypsophila. I
Calice dépourvu de calicule. 3

3 {
2 styles. 4
3-5 styles. 6

4 {
5-6 étamines ; capsule cylindrique, s'ouvrant par des dents . . . . Velezia. II
10 étamines 5

5 {
Calice campanulé ; capsule globuleuse ou ovale, s'ouvrant par 4-5 dents ; pétales sans-onglet ; tige filiforme. . . . . Gypsophila. I
Cal. Tubuleux ; capsule oblongue ; pétales à onglet long ; tige grosse ou couchée. Saponaria. IV

6 {
3 Styles. 7
5 styles 8

7 {
Fruit en baie, à 1 loge, indéhiscent ; calice campanulé ; plante rampante. . . Cucubalus V
Fruit en capsule à 2-3 loges, s'ouvrant au sommet par 6 valves ; cal. tubuleux. . Silene. VI

8 {
Capsule s'ouvrant par 5 valves ; fleurs hermaphrodites. . . . . Lychnis. VII 1
Capsule s'ouvrant par 10 valves ; fleurs dioïques. . . . . Melandrium. VII 2

9 {
2 styles. 10
3-5 styles 11

10 {
4 étamines ; capsule à 2 valves. . Buffonia. VIII
8 étamines ; capsule à 4 valves. Moeringia. IX

11 { Valves de la capsule en nombre double des styles. 12
Valves en nombre égal aux styles, et bifides ; capsule non saillante. . . . MALACHIUM. xv
Valves de la capsule en nombre égal aux styles, et non bifides. 15

12 { Capsule s'ouvrant par 10 rar. 8 dents égales, ou alternativement inégales . . . CERASTIUM. xvii
Capsule s'ouvrant par 4-6 dents égales. . . . 13

13 { Pétales bifides . . . . STELLARIA. xi
Pétales entiers, ou irrégulièrement denticulés. 14

14 { Pétales entiers ; étamines ord. 10 rar. 3-5. . . . . ARENARIA. xii
Pétales irrégulièrement denticulés ; fleurs en ombelle ; étam. ord. 5, rar. 10 ou 3-4. HOLOSTEUM. x

15 { Feuilles sans stipules. 16
Feuilles stipulées. 17

16 { 4-5 styles ; capsule s'ouvrant par 4-5 valves. . . . . SAGINA. xiv
3 styles ; capsule à 3 valves ou à 6 dents. . . . . ARENARIA. xii

17 { Feuilles obovales-oblongues. . POLYCARPON. xviii
Feuilles linéaires ou subulées 18

18 { 5 styles ; feuilles presque verticillées. SPERGULA. xvi
3 styles ; feuilles nullement verticillées. . . . . LEPIGONUM. xiii

I.re TRIBU. SILÉNÉES.

I GYPSOPHYLA. (Gypsophile.)

1 { Calice dépourvu de Calicule. *Muralis.* des Murs.
Calice muni d'un petit calicule. *Rigida.* Raide.

II VELEZIA (Vélèze.) *Rigida.* Raide.   1

III DIANTHUS. (OEillet.)

1 { Fleurs solitaires ou en panicule. 2
Fleurs agglomérées ou agrégées. 6

2 { Pétales simplement dentés ou un peu incisés. 3
Pétales frangés ou finement découpés, palmés. . . . . . . *Monspessulanus.* de Montpellier.

3 { Ord. 2 écailles à la base du cal ; plante de 16-17 cent. ascendante, un peu pubescente ; fleurs ponctuées . . . . . . *Deltoïdes.* Deltoïde.
Toujours 4 écailles à la base du calice, ou plus. 4

4 { Tige cylindrique ; écailles du cal. égalant environ la moitié du tube ; pétales un peu velus.
. . . . *Asper..* Rude.
Tige tétagrone ; écailles courtes , égalant au plus le tiers du tube 5

5 { Tige de 3-7 déc. ; feuilles glabres, non piquantes, assez larges , en gouttières ; fleurs odorantes
. . . . *Caryophyllus.* Giroflée. *
Tige de 1-2 déc. ; feuilles presque trigones ; dentelées en scie , un peu piquantes. . . .
. . . . *Virgineus.* Virginal.

* *Var.* à plus de 4 écailles. . . *Imbricatus.* Imbriqué.

6 { Ecailles du cal. ovales , obtuses, arrondies ; bractées dépassant le calice. . *Prolifer.* Prolifère.
Ecailles lancéolées , aiguës ou aristées , rar. échancrées. 7

7 { Cal. strié , velu ; écailles linéaires , très-aiguës, herbacées . . . . *Armeria.* Velu.
Cal. glabre, à peine strié ; écailles aristées plus courtes que le calice. 8

8 { Tige presque cylind.; feuilles de 18 mil. au plus, à 3 nervures. . *Carthusianorum.* des Chartreux.
Tige tétragone ; feuilles de 18 mil. au moins , à 1 nervure. . . *var. Atrorubens.* Noirâtre.
Tige presque cylind.; feuilles pâles-lancéolées-étroites, à 5 nervures . *Collinus.* des Collines.

IV Saponaria. (Saponaire.)

1 { Calice pentagone , presque ailé , glabre. . . .
. . . . *Vaccaria.* à Fleurs roses.
Calice cylindrique , velu. 2

2 { Cal. jaunâtre ; tige droite ; Feuilles à 3 nervures
. . . . *Officinalis.* Officinale.
Cal. purpurin; tige tombante ; feuilles à 1 nervure. . . . . *Ocymoïdes.* Basilic.

V Cucubalus. (Cucubale.) *Bacciferus.* Porto-Baies.

VI Silene. (Silène.)

1 { Fleurs verticillées, en épi. *Otites.* à petites fleurs.
Fleurs solitaires, en panicule ou épi, mais non verticillées. 2

2 { Calice en vessie, ou en forme de cône. . . . 3
Calice tubulé, cylindrique, ou en cloche. . . 4
Calice en massue renflée au sommet. 11

3 { Calice renflé en vessie, glabre. *Inflata.* à Calice enflé.
   { Calice ovale, conique, velu et court, à 30 ner-
     vures. . . . . *Conica.* Conique.

4 { Fleurs en épi non verticillé   5
   { Fleurs solitaires ou en panicule.   9

5 { Plante toute hérissée; pétales entiers   6
   { Plante velue au moins à la base; pétales bifides.   7

6 { Pétales couleur de chair-pâle. *Gallica.* de France.
   { Limbe des pétales rouge ou pourpre noir au
     milieu, pâle ou blanchâtre au bord . . . .
     . . . . *Quinquevulnera.* à cinq taches.

7 { Calice hérissé . . . , . . *Anglica.* d'Angleterre.
   { Calice glabre   8

8 { Pétales saillants, étroits; fleurs nombreuses, en
     épi serré . . . . . . *Nocturna.* Nocturne.
   { Pétales très-petits, ord. inclus; 2-3 fleurs axil-
     laires . . . . *Brachypetala* à pétales courts.

9 { Calice glabre 10
   { Calice velu; plante visqueuse . *Nutans.* penché.

   { Plante verte-glauque; fleurs blanches . . .
     . . . . *Rupestris.* des Rochers.
   { Plante pubescente; fleurs purpurines . . . .
10 { . . . . *Clandestina.* Clandestin.
   { Plante glabre; fleurs rougeâtres en dessous; cap-
     sule à la fin grossie au sommet en tête presque
     ronde; feuilles linéaires; pétales bifides. . .
     . . . . *Portensis.* Bicolore.

11 { Calice velu ou pubescent 12
   { Calice glabre 13

   { Dents du cal. égalant presque le tube; fleurs
     entièrement blanches . . *Noctiflora.* de Nuit.
12 { Dents du cal. égalant environ le 1/4 du tube;
     fleurs grisâtres en dessous . *Italica.* d'Italie.

   { Corolle à peine saillante, toujours fermée, toute
     blanche; feuilles ayant à leurs aisselles d'autres
     feuilles très fines et en faisceau. *Inaperta* Fermé
13 { Corolle étalée, rougeâtre, au moins en dessous;
     pas de faisceaux de feuilles aux aisselles des au-
     tres. 14

   { Feuilles supérieures un peu en cœur; glauques.
14 { . . . . *Armeria.* Armeria.
   { Feuilles supérieures nullement en cœur, vertes. 15

15 {
Fleurs rougeâtres en dessus . . . .
. . . . *Muscipula.* Attrape-Mouche.
Fleurs blanches en desssus, rougeâtres en des-
sous 161

16 {
Plante un peu velue ; cal. sensiblement en massue ;
tige ord. uniflore ; feuilles infér. dentées en scie ;
pétales bifiles, roulés en dedans. . . . .
. . . . *Saxifraga.* Saxifrage.
Plante glabre ; cal. presque cylindrique, à la fin
grossi au sommet ; tige pluriflore, un peu visqueuse ; feuilles linéaires ; pétales bifides. .
. . . . . . *Bicolor.* ou *Portensis.* Bicolore.

VII Lychnis. (Lychnide.)

1 {
Cal. herbacé, membraneux, nerveux . . . 9
Calice corriace, à segments dépassant la corolle ;
pétales à peine échancrés. . . *Githago.* Nielle.

2 {
Calice cylindrique, en massue ; pétales à peine
échancrés ; caps. à 5 loges. *Viscaria.* Visqueuse.
Cal. ovale ou en cloche ; pétales très-découpés,
ou à 2 lobes ; capsule à 1 loge 3

3 {
Pétales très-découpés en plusieurs lanières. . .
. . . . *Floscuculi.* Laciniée.
Pétales à 2 lobes ; fleurs dioïques, à 10 valves. .
. . . . *Melandrium.* VII 2

VII 2 Melandrium. (Mélandrie.)

{
Lobes des pétales larges ; capsule ovale-conique,
à dent dressée ; feuilles toutes vertes ; fleurs
ord. blanches, rar. rosées . *Dioïcum* Dioïque.
Lobes étroits ; capsule en godet, à dents sèches
recourbées ; feuilles supér. rougeâtres ; fleurs
rouges ou roses . . . *Sylvestre.* des Forêts.

2.me Tribu. Alsinées.

VIII Buffonia. (Buffonie.) *Annua.* Annuelle.

IX Moeringia. (Meringie.) *Muscosa.* Mousse.

X Holostrum. (Holostée.) *Umbellatum.* en Ombelle.

XI Stellaria. (Stellaire.)

1 {
Calice beaucoup plus court que les pétales . . 2
Calice à peu près égal aux pétales, ou les dé-
passant 4

2 {
Feuilles infér. pétiolées, en cœur à la base ; pé-
tales une fois plus longs que le calice . . .
. . . . *Nemorum.* des Bois.
Feuilles sessiles, non cordées à la base . . . 3

3 { Tige couchée, étalée ; sépales obtus, nervés ; capsules à 6 dents . . *Cerastoïdes.* Faux-Ceraiste.
Tige ascendante ; sépales aigus, sans nervures ;
capsule à 6 valves . . . *Holostea.* Holostéa.

4 { Feuilles linéaires, étroites, en alène ; pétales
égaux au calice, ou le dépassant à peine . .   5
Feuilles ovales-oblongues ; sépales plus longs que
les pétales ; tige garnie d'une ligne de poils sur
sa longueur . . . . . . *Media.* Morgeline.

5 { Bractées ciliées ; feuilles rudes au bord, raides,
linéaires ; panicule terminale . . . . . .
. . . . *Graminea.* Graminée.
Bractées non ciliées ; feuilles lisses au bord,
molles, ciliées à la base, oblongues-lancéolées ;
panicule un peu latérale. *Dilleniana.* de Dillénius.

XII ARENARIA. (Sabline.)

1 { Feuilles stipulées   2
Feuilles sans stipules   5

2 { Tiges dressées, glabres ; sépales uninervés, en
carène ; fleurs blanches. *Segetalis.* des Moissons.
Tiges diffuses, ou ascendantes, ou couchées ;
sépales sans nervure   3

3 { Styles soudés à la base ; sépales ayant un point
noir à la base . . . . . *Marina.* Marine.
Styles tout-à-fait libres ; pas de point noir à la
base des sépales   4

4 { Fleurs blanches, en panicule glanduleuse ; feuilles demi-cylindriques, charnues ; graines arrondies, aplanies, ord. ailées. . . . . .
. . . . *Media.* à Graines bordées.
Fleurs ord. rougeâtres, rar. blanches, en panicule glabre, rar. pubescente ou glanduleuse ;
feuilles planes, filiformes ; graines en poire, anguleuses, non ailées . . . . . *Rubra.* Rouge.

5 { Capsules à 5-8 dents   6
Capsules à 3-6 valves 12

6 { Sépales très-inégaux ; imbriqués   7
Sépales égaux   8

7 { Corolle à 4 pétales ; 8 étam. ; fleurs solitaires. .
. . . . *Tetraquetra.* à 4 rangs.
Corolle à 5 pétales ; 10 étam. ; fleurs de 5-10 en
tête. . . . . . . *Agregata.* à Fleurs agrégées.

8 { Sépales sans nervure dorsale en carène ; sépales bien plus courts que la corolle , et égaux à la capsule. . . . . *Montana.* des Montagnes.
Sépales à nervure dorsale en carène 9

9 { Sépales une fois plus courts que la corolle , et un peu plus longs que la capsule ; fleurs grandes. . . . . *Grandiflora.* à grandes Fleurs.
Sépales plus longs que la corolle très-petite et quelquefois nulle. 10

10 { Feuilles à bords non ciliés ; capsule à 6 valves roulées en dehors ; 5 étam. fertiles ; corolle souvent nulle . . . . *Pentandra.* à 5 Etamines.
Feuilles à bords ciliés ; capsule à 6 dents ; 10 étam. 11

11 { Feuilles pétiolées , assez grandes ; fleurs axillaires, à longs pédoncules. *Trinervia.* à trois Nervures.
Feuilles sessiles , courtes : fleurs en panicule. . . . . . . *Serpyllifolia.* à feuilles de Serpolet.

12 { Sépales au plus égaux à la corolle , ordin. plus courts qu'elle 13
Sépales plus longs que la corolle 17

13 { Feuilles sans nervures ; sépales obtus. . . . 14
Sépales aigus. 16

14 { Corolle 2 fois plus longue que les sépales. *Laricifolia.* var. *Multiflora.* à feuilles de Meléze var. Multiflore.
Corolle environ une fois plus longue que les sépales 15

15 { Calice cylindrique , blanchâtre ; sépales membraneux aux bords , rougeâtres au sommet , presque aussi longs que la capsule ; pétales striés à la base. . . . .
Laricifolia. var. *Striata.* à feuilles de Meléze. v. Striée.
Cal. à sépales très-pubescents , glanduleux , un tiers plus courts que la capsule ; pétales déjetés nerveux jusqu'au sommet; fleurs larges d'environ 2-3 cent. . var. *Liniflora.* var. à fleurs de Lin.

16 { Capsule à 3 valves ; feuilles linéaires , planes , à 3 nervures ; pédoncules longs ; sépales trinervés. . . . . . . *Austriaca.* d'Autriche.
Capsule à 6 val. ; feuilles linéaires , en alène ; plante hérissée de poils blancs épars ; sépales hispides. . . . . . . *Hispida.* Hérissée.

15 { Sépales striés ou à 2 raies colorées , plus longs que la corolle ; feuilles glabres.   18
{ Sépales à 3-5 nervures.   19

18 {
Feuilles plus longues qne les pédoncules , fasciculées en partie , ainsi que les fleurs ; sépales non mucronés', 3 fois plus longs que la corolle. . . . . *Fasciculata.* en Faisceaux.
Feuilles plus courtes que les pédoncules ; sépales longuement mucronés par une pointe acérée , plus longue d'un tiers que la corolle. . . . . *Mucronata.* à Calice pointu.

19 {
Corolle nulle ; 5 étamines fertiles ; tige et rameaux pubescents ; sépale à 3-5 nervures. . . . . *Pentandra.* à 5 étamines.
Corolle petite ; étam. ord. 10 ; plante presque glabre ou visqueuse ; sépales à 5 nervures. . .   20

20 {
Plante presque glabre , non visqueuse. . . . . *Tenuifolia.* à Feuilles menues.
Plante toute ou en partie seulement, pubescentevisqueuse   21

21 {
Calice un peu plus long que la corolle et la capsule . . *Tenuifolia.* var. *Hybrida.* Hybride.
Calice plus long que la corolle et plus court que la capsule. *Tenuifolia.* var. *Viscidula.* Visqueuse.

XIII Lepigonum. (Lepigone.) (Ce sont les Arenaria. *Rubra et Segetalis.*)

{
Pétales roses-purpurins : sépales scarieux au bord seulement. . . . *Rubrum.* Rouge.
Pétales blancs ; sépales presque tous scarieux. . . . . *Segetale.* des Moissons.

XIV Sagina (Sagine.)

1 {
Capsule à 8 dents ; plante glauque , droite , très-glabre. . . . . *Erecta.* Droite.
Capsule à 4 valves ; plante verte.   2

2 {
Feuilles très-glabres ; fleurs à la fin penchées. . . . . *Procumbens.* Couchée.
Feuilles ciliées à la base ; fleurs toujours droites. . . . . *Apetula.* sans Pétales.

XV Malachium. (Malachie.) *Aquaticum.* Aquatique.

XVI Spergula. (Spargoute.)

1 {
Feuilles opposées, sans stipules : les jeunes fasciculées aux aisselles. *Saginoïdes.* Fausse-Sagine.
Feuilles verticillées et stipulées.   2

2 { Plante de moins de 17 cent., presque glabre, d'un vert noir : feuilles sans sillon longitudinal en dessous ; 5 étam. rar. 10 ; graines largement ailées . . . . . *Pentandra.* à 5 Etamines.
Plante de plus de 21 cent., pubescente-glanduleuse au sommet ; feuilles ayant un sillon longitudinal en-dessous ; graines brièvement ailées. . . . . - *Arvensis.* des Champs.

XVII CERASTIUM. (Ceraiste.)

1 { Plante amie des eaux, des fossés; feuilles presque toutes sessiles en cœur ; capsule globuleuse ; pétales profondément divisés ; dents du cal. alternativement inégales. *Aquaticum.* Aquatique.
Plante des lieux secs. 8

2 { Fleurs ord. à 5 étam. ; pétales plus courts que le cal. ou le dépassant peu ; pédoncule une fois plus long que le cal. *Semidecandrum.* à 5 Anthères.
Fleurs ord. à plus de 5 et à moins de 10 étam. ; plante toute glanduleuse-visqueuse. . . . . *Glutinosum.* Gluant.
Fleurs toujours à 10 étamines. 3

3 { Pétales bien plus longs que le calice 4
Pétales plus courts que le cal. ou presque égaux. 6

4 { Plante toute couverte d'un duvet blanc, court épais ; pétales à deux lobes profonds. . . . . *Tomentosum.* Cotonneux.
Plante simplement velue ou pubescente. . . 5

5 { Bractées bordées, membraneuses, ciliées; pédoncule trichotome; fleurs en panicule. . . . . *Arvense* des Champs.
Bractées herbacées, pubescentes ; pédoncules simples à 1-3 fleurs. *Latifolium.* à larges Feuilles.

6 { Pédicelles beaucoup plus longs que les bractées. 7
Pédicelles plus courts que les bractées herbacées ou les dépassant à peine 10

7 { Sépales à sommet longuement dépassé par les poils qui les couvrent. . . *Brachypetalum.* Barbu.
Sépales à sommet non dépassé par les poils. 8

8 { Sépales aigus . . *Semidecandrum.* à 5 anthères.
Sépales obtus 9

9 { Plante tombante, radicante. *Vulgatum.* Commun.
Tiges dressées, un peu raides. *Murale.* des Murs.

10 {
Tiges peu nombreuses; pédoncules plus courts que le calice; pétales égalant le calice . . . . *Viscosum.* Visqueux.
Var. à fleurs agglomérées : plante peu ou point visqueuse . . . . *Glomeratum.* Aggloméré.
Tiges, très-rameuses, dichotomes et divariquées; pédoncules égaux au calice, réfléchis; pétales 2 fois plus courts que le cal. . . . . *Ramosissimum.* très-Rameux.
}

XVIII POLYCARPUM. (Polycarpe.)

1 {
3 étamines; feuilles quaternées sur la tige, les autres opposées . . . . *Tetraphyllum.* à Feuilles quaternées.
5 étam.; feuilles opposées . . . . *Alsinæfolium.* à feuilles de Morgeline.
}

14.me *Famille.* LINÉES.

1 {
5 sépales entiers; 5 pétales; 5 étam. fertiles; 3 où 5 pistils . . . . LINUM. 1
4 sépales bi-trifides; 4 pétales; 4 étam. fertiles; 4 pistils . . . . RADIOLA. II
}

I LINUM. (Lin.)

1 {
Feuilles toutes opposées; fleurs blanchâtres. . . . . *Catharticum.* Purgatif.
Feuilles toutes ou presque toutes éparses . . 2
}

2 {
Fleurs bleues, rougeâtres, ou blanchâtres . . 3
Fleurs jaunes. 9
}

3 {
Fleurs rougeâtres, ou rosées, ou blanchâtres. . 4
Fleurs bleues, plus ou moins foncées . . . 5
}

4 {
Tige un peu ligneuse à la base, de 8-17 cent.; feuilles ciliées-rudes; fleurs couleur de chair, plus foncées à la base. *Salsoïdes.* Fausse-Soude.
Tige de 21 cent. et plus; feuilles dentelées en scie; fleurs blanchâtres ou rosées . . . . *Tenuifolium.* à Feuilles menues.
}

5 {
Pétales de 9-10 mil., à peine 2 fois longues comme les sépales; fleurs d'un bleu pâle . . . . *Angustifolium.* à Feuilles étroites.
Pétales plus de 2 fois aussi longs que les sépales. 6
}

6 {
Fleurs bleues, rayées, grandes de plus de 21 c. *Montanum* : des Montagnes *var.* feuilles linéaires très-étroites. . . . . . *Alpinum.* des Alpes.
Fleurs tout-à-fait bleues 7
}

V { Pétales arrondis-crénelés ; sépales ciliés ; tige de 6-10 déc. ; fleurs et anthères d'un bleu de ciel. . . . . *Usitatissimum.* Cultivé.
Pétales entiers ou échancrés ; tige de moins de 4 déc. 8

8 { Sépales intérieurs obtus, les extérieurs aigus; tige de 8 12 cent., décombante ; 1-2 fleurs longues de 11-12 mil. . . . *Alpinum.* des Alpes.
Sépales tous aigus ; tige de 21 cent. et plus ; fleurs larges presque en corymbe, de 6 à 12, longues de 3 cent. au moins, d'un beau bleu . . . . *Narbonense.* de Narbonne.

9 { Sépales égalant environ les pétales, et plus longs que les pédoncules . . . . . *Strictum.* Raide.
Sépales au moins une fois plus courts que les pétales. 10

10 { Pétales tronqués, environ une fois plus longs que les sépales ; feuilles dentelées en scie, crénelées, cartilagineuses . *Gallicum.* de France.
Pétales 2-3 fois plus grands que les sépales, et arrondis ou oblongs ; feuilles entières, ou à peine dentées au sommet 11

11 { Feuilles inférieures opposées, les autres alternes ; pédoncules bien plus longs que le calice ; pétales libres . . . . . . *Maritimum.* Maritime.
Toutes les feuilles éparses ; pétales cohérents ou en cloche. . . *Glandulosum.* Glanduleux.

* Var. { a. Pétales oblongs, en cloche obliquement contournée ; 2-3 fleurs jaunes terminales ; Sépales non glanduleux-ciliés au bord. . . . . *Campanulatum.* Campanulé.
b. Pétales cohérents, arrondis ; fleurs grandes en panicule, à rameaux dichotomes, ailés ; sépales glanduleux-ciliés au bord. . . . . *Flavum.* Jaunâtre.

II RADIOLA. (Radiole.) *Linoïdes.* Faux-Lin.

13.me *Famille.* HYPERICÉES.

1 { Fruit en baie noire, indéhiscente. ANDROSÆMUM. 1
Fruit en capsule déhiscente . . HYPERICUM. II

I ANDROSÆMUM. (Androsème.) *Officinale.* Officinal.
II HYPERICUM. (Millepertuis.)

1 { Sépales entiers , à bords nus . . . . . . : 2
{ Sépales ciliés ou glanduleux et ciliés. . . . : 4

2 { Tige dressée , raide. 3
{ Tige grêle , étalée , à 2 angles , haute de moins
{ de 17 cent . . . . . . *Humifusum.* Couché.

3 { Tige cylindrique , de plus de 3 déc. , à 2 angles
{ peu sensibles ; style égalant la capsule. . .
{ . . . . *Perforatum.* Perforé.
{ Tige quadrangulaire ; style plus court que la moi-
{ tié de la capsule. . *Quadrangulum.* Tétragone.

4 { Plante velue 5
{ Plante glabre. 7

5 { Feuilles embrassantes , cotonneuses. . . . .
{ . . . . . . *Tomentosum.* Cotonneux.
{ Feuilles sessiles ou un peu pétiolées , velues ,
{ non embrassantes 6

6 { Tige droite , sous-ligneuse ; feuilles ovales , en-
{ tières. . . . . . . *Hirsutum.* Hérissé.
{ Tige faible, herbacée ; feuilles arrondies , échan-
{ crées; peu d'étamines. . . *Elodes.* des Marais.

7 { Feuilles un peu pétiolées , rondes , glauques en
{ dessous . . . . *Nummularium.* Nummulaire.
{ Feuilles sessiles ou embrassantes. 8

8 { Feuilles roulées en dessous. 9
{ Feuilles planes , non roulées en dessous. . . 10

9 { Tige un peu ligneuse , presque dressée ; feuilles
{ infér. oblongues, les supér. linéaires. . . .
{ . . . . . *Hyssopifolium.* à feuilles d'Hyssope
{ Tige grêle ; feuilles en cœur , embrassantes. .
{ . . . . *Pulchrum.* Elégant.

10 { Feuilles non bordées de points noirs , en cœur ,
{ embrassantes. . . . . *Pulchrum.* Elégant.
{ Feuilles ovales , bordées de points noirs . . . 11

11 { Entre-nœuds supérieurs bien plus grands que
{ les infér. ; feuilles à peine ciliées. . . . .
{ . . . . *Montanum.* des Montagnes.
{ Entre-nœuds supér. à peu près comme les in-
{ fér. ; feuilles supérieures dentées. . . . .
{ . . . . *Dentatum.* Denté.

16.me *Famille.* TILIACÉES,

I TILIA. (Tilleul.)

1
Capsules à 5 côtes; fleurs odorantes; feuilles d'un vert gai en dessus, les adultes pubescentes surtout à la surface inférieure. . . . . *Platyphylla.* à grandes Feuilles.
Capsules lisses; fleurs inodores; feuilles d'un vert sombre en dessus, les adultes glabres en dessous, excepté aux angles des ramifications des nervures. . *Microphylla.* à petites Feuilles.

17.me *Famille.* MALVACÉES.

1
Calice simple et nu; fleurs jaunes. . SIDA.   I
Calice double ou entouré d'un involucre. . .   2

2
Involucre ou calice extérieur de 3 sépales libres. MALVA.   II
Involucre adhérent ou soudé, à 3-6 lobes. LAVATERA.   IV
Involucre adhérent ou soudé, à 7-9 lobes. ALTHÆA.   III

I SIDA. (Sida.) *Abutilon.* Abutilon.

II MALVA. (Mauve.)

1
Pédicelles solitaires aux aisselles des feuilles; calice enveloppant entièrement les fruits. .   2
Pédicelles géminés ou plus nombreux aux aisselles des feuilles.   3

2
Fleurs sentant le musc; plante grêle à poils simples; feuilles infér. réniformes-incisées, les supér. à 5 divisions étroites; fruits velus-hérissés. . . . . *Moschata.* Musquée.
Fleurs ne sentant pas le musc; tige de plus de 6 décim.; à poils rameux; toutes les feuilles à peu près semblables, fruits glabres. *Alcea.* Alcée.

3
Plante couchée   4
Plante droite ou presque droite, ou ascendante.   5

4
Corolle blanchâtre. égalant à peine le calice. . . . . *Rotundifolia.* à Feuilles rondes.
Corolle purpurine, rayée de violet, une fois plus grande que le calice. *Vulgaris.* Commune.

5
- Tige droite; feuilles à 5 angles obtus, en cœur à la base; fleurs géminées; corolle à peine saillante . . . . . . *Microcarpa.* à Fruits petits.
- Tige de moins de 7 déc., ascendante; feuilles dentées, à 5 angles; pédoncules 3-4 ensemble, très-courts; fleurs lilas, médiocres . . . . *Nicœensis.* de Nice.
- Tige de plus de 6 déci., presque dressée; feuilles à 5-7 lobes, très-prononcés, les supérieures palmées; fleurs blanches ou purpurines, rayées de violet, 3 fois plus grandes que le calice . . . . *Sylvestris.* Sauvage.

III. Althæa. (Guimauve.)

1
- Plante de 5 déci. au plus, hérissée de longs poils blancs; feuilles en cœur, à 5 lobes crénelés . . . . *Hirsuta.* Hérissée.
- Plante de plus de 6 déc., non hérissée de etc. . 2

2
- Plante rude, pubescente; feuilles infér. palmées, digitées . . . . *Narbonnensis.* de Narbonne.
- Plante mollement pubescente; feuilles infér., ni palmées, ni digitées, mais simplement divisées ou lobées 3

3
- Feuilles infér. à 5-7 divisions n'atteignant pas la côte . . . . *Cannabina.* à Feuilles de Chanvre.
- Feuilles à 5 lobes peu profonds, presque nuls . . . . *Officinalis.* Officinale.

IV Lavatera. (Lavatère.) *Arborea.* en Arbre.

18.me *Famille,* ACÉRINÉES.

1
- Feuilles simples; 5-9 étamines. . . Acer. i
- Feuilles ailées; 2 étamines : *voir la famille des* Jasminées. . . . . *Famille* 61.

I Acer. (Erable.)

1
- Feuilles trilobées, à lobes simples ou peu dentés. . . . . . . *Monspessulanum.* de Montpellier.
- Feuilles palmées ou à lobes incisés. 2

2
- Feuilles à 5 lobes, aigus. 3
- Feuilles à divisions et lobes obtus 4

3
- Pétioles des feuilles cylindriques; feuilles vertes des deux côtés. . . . *Platanoïdes.* Plane.
- Pétioles canaliculés; feuilles blanches en dessous . . . . . *Pseudoplatanus.* Sycomore.

4 { Fleurs en grappes pendantes ; ailes du fruit presque parallèles. . *Opulifolium*. à feuilles d'Obier.
Fleurs en grappes droites ; ailes du fruit très-di-
vergentes. . . . . . . *Campestre*. Commun.

19.me *Famille.* HIPPOCASTANÉES.

I Æsculus. (Marronnier.) *Hippocastanum*. d'Inde.

20.me *Famille.* MÉLIACÉES.

I Melia (Mélie.) *Azédarach*. Azédarach.

21.me *Famille.* AMPÉLOPIDÉES.

I Vitis. (Vigne.) *Vinifera*. et ses variétés cultivées.

22.me *Famille.* GÉRANIACÉES.

1 { 10 étamines fertiles . . . . . . Geranium. I
5 étamines fertiles , les autres sans anthères. .
. . . . Erodium. II

I Geranium. (Geranium.)

1 { Plante vivace ; sommet de la racine recouvert par
les restes des pétioles et des stipules des années
précédentes. 2
Plante annuelle ; pas de reste de pétioles et de
stipules des années précédentes. 8

2 { Capsules glabres. 3
Capsules velues ou pubescentes, au moins sur le
bec. 4

3 { Pétales bifides , égaux au calice ; feuilles arrondies , réniformes , lobées-crenelées , plus
courtes que les pédoncules ; capsule ridée. .
. . . . *Molle*. Mollet.
Pétales arrondis, très-entiers ; feuilles presque
à 3-5 folioles trifides , ou pinnatifides ; plante
rougeâtre ; capsule ridée en réseau. . . .
. . . . *Robertianum*. Herbe à Robert.
Pétales peu échancrés , mucronés, dépassant le
calice ; feuilles à 5 lobes lancéolés . incisés ,
plus courts que les pédoncules ; capsules lisses. . . . . *Columbinum*. Colombin.

4 { Feuilles divisées presque jusqu'aux pétioles en 3 5 folioles. 5
Feuilles à divisions n'atteignant pas la moitié du limbe ou la dépassant à peine. 6

5 { Pétales sensiblement échancrés. *Dissectum*. Découpé.
Pétales arrondis, très-entiers ; plante rougeâtre. . . . . *Robertianum*. Herbe à Robert.

6 { Calice glabre, ridé en travers, à un seul sépale denté ; plante glabre, luisante. *Lucidum*. Luisant.
Cal. velu ; plante pubescente. 7

7 { Pétales échancrés ; fleurs blanches ou lilas-pâle ; feuilles à 7 lobes trifides. . *Pusillum*. Fluet.
Pétales entiers ; fleurs purpurines ; feuilles à 5 lobes. . . . *Rotundifolium*. à Feuilles rondes.

8 { Racine tronquée, oblique, horizontale ; pétales entiers ou échancrés, peu ou point velus vers l'onglet. 9
Racine entière, fusiforme descendante ; pétales bifides, bilobés, très-barbus des 2 côtés vers l'onglet. . . . . . *Pyrenaïcum*. des Pyrénées.

9 { Pédoncules ord. uniflores, rar. biflores ; capsule poilue seulement sur le bec ; divisions des feuilles linéaires ; fleurs belles, pourpres . . . . *Sanguineum*. Sanguin.
Pédoncules biflores ; capsule et bec poilus ; divisions des feuilles non linéaires 10

10 { Feuilles de la tige à 3 lobes dentés ; tige tétragone, renflée aux nœuds ; pétales échancrés. . . . . *Nodosum*. Noueux.
Feuilles de la tige à plus de 3 lobes ; tige ni tétragone, ni renflée aux nœuds. Pétales entiers ou peu échancrés. 11

11 { Pétales toujours entiers ; filets des étam. un peu velus à la base ; pétales seulement ciliés au bord, vers l'onglet ; pédoncules déjetés. . . . . *Pratense*. des Prés.
Pétales ord. tronqués-échancrés ; filets des étam. velus jusqu'à la moitié ; pétales barbus vers l'onglet ; pédoncules dressés. *Sylvaticum*. des Bois.

II Erodium. (Érodie.) *ou* Herodium. (Hérodie.)

1 { Feuilles simples ou seulement lobées. . . . . *Malacoïdes*. Fausse-Mauve.
Feuilles ailées ou pinnées 2

2 { Folioles décurrentes sur le pétiole denté entre les folioles ; tige de 3-7 décim. . . . . *Ciconium.* à bec de Cigogne.
Folioles pétiolulées ou sessilles, non décurrentes; tige basse , nulle ou presque nulle. 3

3 { Folioles pétiolulées ; fleurs purpurines , petites , musquées , égales au cal. *Moscatum.* Musquée.
Folioles tout-à-fait sessiles 4

4 { Pétales égaux entre eux , doubles du cal. ; folioles petites , alternes. . *Romanum.* Romaine.
Pétales inégaux ; corolle plus petite que le cal. ou le dépassant peu. 5

5 { Folioles ovales , incisées , dentées , plus larges à la base ; corol. petite. . . . . *Pimpinellifolium.* à petites Fleurs.
Tige hérissée ; folioles pinnatifides , incisées , dentées. . . . *Cicutarium.* à feuilles de ciguë. *

* *Var.* **a.** Plante presque sans tige ; feuilles étalées-rayonnantes , à lanières presque incisées ; filets stériles bifides au sommet ; nervures des pétales courtes . . *Præcox.* Précoce.

b. Feuilles très-grandes ; longs pétioles ; folioles plus larges à la base. . . . . *Pimpinellifolium.* à petites Fleurs.

c. Tiges nombreuses , diffuses ; fleurs nombreuses , pâles ; lanières pinnatifides. . . . . *Chærophyllum.* à feuilles de Cerfeuil

d. Tiges très-velues , couchées; peu de fleurs ; feuilles très-velues . . . *Pilosum.* Poilue.

23.me *Famille.* TROPÆOLÉES.

I TROPÆOLUM. (Capucine.)

1 { Nervures des feuilles ne dépassant pas le bord ; pétales obtus. . . . . . . *Majus.* Cultivée.
Nervures dépassant le bord par une soie ; pétales acuminées en alène. . . . *Minus.* Mucronée.

24.me *Famille.* BALSAMINÉES.

I BALSAMINA. (Balsamine.) *Hortensis.* des Jardins.

25.me *Famille.* OXALIDÉES.

I Oxalis. (Oxalide.)

1 { Fleurs blanches , rayées de violet ou violettes.
. . . . *Acetosella.* Oseille.
Fleurs jaunes. 2

2 { Tige droite ; pétiole sans stipules. *Stricta.* Raide.
Tige diffuse , radicante ; pétioles stipulés. . .
. . . . *Corniculata.* Cornue.

26.me *Famille.* ZYGOPHYLÉES.

I Tribulus. (Tribule.) *Terrestris.* Terrestre.

27.me *Famille.* RUTACÉES.

1 { Fleurs élégantes , blanches ou rosées ; 5 capsules
en étoile. . . . . DICTAMUS. II
Fleurs verdâtres ou jaunâtres ; 1 capsule ; odeur
très-forte. . . . . RUTA. I

I Ruta. (Rue.)

1 { Pétales longuement ciliés. . . . .
. . . . . . *Angustifolia.* à Feuilles étroites.
Pétales non ciliés. 2

2 { Plante glauque ; segments des feuilles toús linéaires ; fleurs d'un jaune pâle-verdâtre , brièvement pédicellées. . . *Montana.* des Montagnes.
Plante d'un vert-obscur ; segments des feuilles
oblongs , en spatule ; fleurs d'un jaune obscur, longuement pédicellées. *Graveolens.* Fétide.

II Dictamus. (Dictame.) *Albus.* Blanc.

28.me *Famille.* CORIARIÉES.

I Coriaria. (Corroyère.) *Myrtifolia.* à feuilles de Myrte.

II.me Section. CALICIFLORES.

Dans cette Section , les Étamines et les Pétales sont
insérés sur le Calice ou sur la partie du réceptable qui
se lie au Calice et se confond avec lui.

6*

29.me *Famille.* CÉLASTRINÉES.

1 { Feuilles opposées et sans épines.   . Evonymus.   ɪ
{ Feuilles alternes et très-épineuses. . . Ilex.   ɪɪ

I Evonymus. (Fusain.)

1 { Fleurs à 4 étamines ; capsule glabre , à 5 angles
{ non ailés. . . . . . *Europæus.* d'Europe.
{ Fleurs à 5 étamines ; capsule à 5 angles ailés.
{ . . . . *Latifolius.* à larges Feuilles.

II Ilex. (Houx.) *Aquifolium.* Commun.

30.me *Famille.* RHAMNÉES.

1 { Fruit entouré d'une grande aile horizontale , en
{ forme de chapeau. . . . . . Paliurus.   ɪɪ
{ Fruit en baie ou drupe sans aile horizontale. .   2

2 { Feuilles munies , en forme de stipules , de 2 ai-
{ guillons , quelquefois presque nuls ; fleurs jau-
{ nâtres ; fruits rougeâtres , en drupe oblongue ,
{ à noyau . . . . Zizyphus.   ɪ
{ Feuilles sans stipules en aiguillons ; fruit en baie ,
{ quelques fois sèches. . . . . Rhamnus.   ɪɪɪ

I Zizyphus (Jujubier.) *Vulgaris.* Commun.

II Paliurus (Paliure.) *Aculeatus.* Piquant.

III Rhamnus. (Nerprun.)

1 { 5 étamines ; 5 sépales ; fruit charnu ; arbres ou
{ arbrisseaux non épineux.   2
{ 4 étamines ; 4 sépales ; fruit presque sec ; arbres
{ ou arbrisseaux plus ou moins épineux . . .   3

2 { Feuilles très-entières ; fleurs hermaphrodites ,
{ blanchâtres. . . . . *Frangula.* Bourdaine.
{ Feuilles alternes , dentées en scie ; fleurs dioï-
{ ques , jaunâtres . . . . *Alaternus.* Alaterne.

3 { Rameaux épineux au sommet.   4
{ Rameaux non épineux au sommet ; feuilles cré-
{ nelées . . . . *Alpinus.* des Alpes.

4 { Rameaux dressés ; feuilles glabres ; pétioles 2-3
{ fois plus longs que les stipules. . . . . .
{ . . . . *Catharticus.* Purgatif.
{ Rameaux tombants ; feuilles blanches-pubes-
{ centes en dessous ; pétioles égaux aux stipules.
{ . . . . *Tinctorius.* des Teinturiers.

31.me *Famille.* TÉRÉBINTHACÉES.

1 { 3-5 ovaires ; arbre très-élevé ; feuilles ailées ; fleurs jaunâtres. . . . . AYLANTHUS. I
{ Ovaire simple 2

2 { 2 enveloppes florales ; corolle et calice ; fleurs hermaphrodites ou polygames . . . RHUS. III
{ Une seule enveloppe florale ; fleurs dioïques. . . . . PISTACIA. II

I AYLANTHUS. (Aylanthe *ou* langi.) *Glandulosa.*
Glanduleux.

II PISTACIA. (Pistachier.)

1 { Fenilles à folioles, ord. 8 rar. 9 , coriaces, persistantes ; pétioles ailés ; folioles lancéolées ou linéaires. . . . . . *Lentiscus.* Lentisque.
{ Feuilles à folioles toujours impaires , membraneuses , caduques ; pétiole non ailé ; folioles oblongues ou ovales 2

2 { Folioles ovales , de 1-5 , presque rétrécies à la base ; fruit ridé , rougeâtre. . *Vera.* Commun.
{ Folioles de 5-9 , oblongues-arrondies à la base ; fruit glabre , vert-bleuâtre ; jeunes pousses floconneuses ; rougeâtres. *Terebinthus.* Térébinthe.

III RHUS. (Sumac.)

1 { Feuilles simples , glabres. . . *Cotinus.* Fustet.
{ Feuilles ailées, pubescentes. *Coriaria.* des Corroyeurs.

32e *Famille.* LÉGUMINEUSES *ou* PAPILLONACÉES.

1 { Fleurs presque papillonacées; 3 pétales relevés en forme d'étendard , et les 2 autres en bas , enfermant les étam. ; arbres se couvrant de fleurs roses , avant les feuilles. . CERCIS. XXXVIII
{ Fleurs vraies papillonacées , à étendard , ailes et carène. . . . .

2 { Étamines libres. 3
{ Etamines soudées en un ou 2 corps. . . . 4

3 { Fleurs roses ; feuilles simples ; en cœur arrondi. . . . . CERCIS. XXXVIII
{ Fleurs jaunes ; feuilles ternées. ANAGYRIS. XXXVII

4 { Gousse en chapelet, partagée en 1 ou plusieurs loges ou articles à 1 graine. 5
{ Gousse continue, non articulée en chapelet. . 10

5 { Fleurs en grappes, en têtes ou épis, plus ou moins lâches ou serrés. 6
Fleurs solitaires , géminées ou en plus grand nombre , en forme d'ombelle. 7

6 { Gousse sessile , composée d'un seul article. . . . . ONOBRICHIS. **XXVI**
Gousse composée au moins de 2 articles. . . . . HEDISARUM. **XXVII**

7 { Calice à 5 dents presque égales. 8
Calice sinué, à 5 dents , les 2 supérieures presque réunies. . . . . . . CORONILLA. **XXII**

8 { Calice dépourvu de bractées. 9
Calice muni de bractées. . . ORNITHOPUS. **XXIV**

9 { Gousse contournée en spirale , à côtes épineuses ou tuberculeuses. . . . SCORPIURUS. **XXI**
Gousse comprimée, sinuée-lobée, à échancrures en fer à cheval . . . HIPPOCHREPIS. **XXV**
Gousse presque cylindrique , anguleuse, non échancrée, à côtes lisses. ARTHROLOBIUM . **XXIII**
Calice à 1 lèvre, la supérieure nulle, l'inférieure à 5 dents. . . . . . . SPARTIANTHUS. **II**

10 { Calice à 2 lèvres. 11
Calice égal , non à 2 lèvres. 20

11 { Etamines diadelphes, une libre et les autres soudées 12
Etamines monadelphes , toutes soudées en un seul corps. 13

12 { Carène contournée . . . . . PHASEOLUS. **XXXV**
Carène droite . . . . DORYCNIUM. **XIII**

13 { Tige herbacée. 14
Tige ligneuse ; arbre ou arbuste ou sous-arbuste, quelques fois presque herbacé. . . 15

14 { Feuilles ailées , à 3 folioles . . PSORALEA. **XVI**
Feuilles simples , ni ailées , ni digitées , ni ternées . . . . GENISTA. **IV**
Feuilles ailées , digitées ou à 5-9 folioles. . . . . LUPINUS. **XXXVI**

15 { Gousse dépassant à peine le cal ; arbrisseau entrelacé, très-épineux ; épines de 2-6 cent.; feuilles souvent presque nulles ; cal. muni de bractées. . . . . ULEX. **I**
Gousse plus longue que le calice ; plante toujours à feuilles bien formées. 16

16	Gousse et cal. couverts de glandes presque pédicellées; fleurs bleuâtres . . PSORALEA.	XVI
	Gousse non glanduleuse, ou si glanduleuse, alors fleurs jaunes.	17
17	Calice fendu supérieurement jusqu'à la base ; stigmate petit, pubescent, horizontal. SPARTIUM.	III.
	Calice à 2 lèvres, non fendu supérieurement jusqu'à la base.	18
18	Feuilles ternées ; carène renfermant le pistil et les étamines.	19
	Feuilles simples ; carène laissant voir le pistil et les étamines ; stigmate latéral, oblique, intérieur. . . . . GENISTA.	IV
19	Gousse à poils glanduleux ou simplement glanduleuse ; lèvre infér. du cal. plus longue que la supérieure . . . . . ADENOCARPUS.	VI
	Gousse sans glandes ; stigmate en tête, terminal, entouré de poils. . . . , . CYTISUS	V
20	Etamines monadelphes, réunies en un seul corps.	21
	Étamines diadelphes, une libre et les autres soudées, quelques fois l'étam. libre est soudée à demi avec les autres	23
21	Calice à 5 lanières linéaires ; étendard ample, rayé . . . . ONONIS.	VII
	Calice à 5 dents.	22
22	Calice fendu en dessus jusqu'à la base, ne renfermant pas la gousse. . . SPARTIANTHUS.	II
	Cal. non fendu en dessus, renfermant la gousse. . . . . ANTHILLIS	VIII
23	Pétioles des feuilles terminés par une soie ou une vrille	24
	Pétioles terminés ni par une soie, ni par une vrille	28
24	Calice à 5 lobes ou en 5 lanières.	25
	Cal. à 5 dents, les 2 supérieures plus courtes ; ailes non tachées ; style faisant angle droit avec l'ovaire . . . . VICIA.	XXX
	Calice à 5 dents, les deux supérieures plus courtes ; ailes tachées de noir ; style faisant angle droit avec l'ovaire. . . . . FABA.	XXX

{36 { Gousse comprimée ; fleurs blanches ou roses.
. . . . ROBINIA. . XVIII
Gousse renflée , vésiculeuse ; fleurs jaunes. .
. . . . COLUTEA. XIX

37 { Folioles en nombre impair , la dernière terminant le pétiole. 38
Folioles en nombre pair. 40

38 { Fleurs en grappe , épi ou tête plus ou moins
lâches ou serrés. 39
Fleurs solitaires , axillaires ; gousse à 2 pois ,
pointus . . . . CICER. XXXI

39 { Gousse à 2 loges , plus ou moins parfaites ;
étam. tout-à-fait diadelphes . ASTRAGALUS XX
Gousse à une loge ; étamines presque monadelphes , la 10.me soudée à moitié avec les autres. . . . . GALEGA. XVII

40 { Folioles 4-6 ; fleurs bleuâtres ou à ailes tâchées
de noir . . . . FABA. . XXX
Fleurs non bleuâtres , à ailes non tachées de
noir , ou si bleuâtres , alors plus de 6 folioles.
. . . . VICIA. XXX

1.re TRIBU. PAPILLONACÉES.

A LOTÉES. **a.** GENISTÉES.

I ULEX. (Ajonc.) *Provincialis.* de Provence.

II SPARTIANTHUS. (Spartianthe.) *Junceus.* à branches de Jonc.

III SPARTIUM. (SPARTIUM.) *Scoparium.* à Balais.

IV GENISTA. (Genêt.)·

1 { Arbrisseau non épineux. 2
Arbrisseau épineux. 6

2 { Rameaux non bordés d'ailes foliacées. . . . 3
Rameaux bordés d'ailes foliacées ; feuilles simples ; tige de 10-22 cent. *Sagittalis.* à Tige ailée.

3 { Toutes les feuilles simples. 4
Feuilles infér. au moins ternées. (CYTISUS.)
. . . . *Candicans.* Blanchâtre.

4 { Feuilles florales plus longues que les pédicelles ;
tige couchée au moins à la base. 5
Feuilles florales plus courtes que les pédicelles ;
feuilles rares ; légume jeune pubescent ; tige
d'un vert foncé ; dressée ; rameaux très-nom-
breux , serrés. . . . . . *Purgans.* Purgatif.

5 { Etendard entièrement glabre ; feuilles florales planes , éparses ; légume glabre. . . . . *Tinctoria.* des Teinturiers.
Corolle pubescente-soyeuse ; feuilles florales pliées , disposées par fascicules ; légume velu. . . . . *Pilosa.* à Fleurs velues.

6 { Cal. velu ou pubescent , ainsi que la corolle au moins en partie. 7
Cal. et corolle glabres. 8

7 { Tiges plus ou moins velues , garnies d'épines un peu rameuses à la base , presque molles ; carène pubescente ; plante de 3-7 déc. . . . . *Germanica.* d'Autriche.
Tiges de 2 déc. , velues , laineuses au sommet ; épines ailées , très rameuses ; raides , éparses axillaires ; carène velue. *Hispanica.* d'Espagne.

8 { Feuilles d'un vert gai ; rameaux fleuris non épineux ; carène dépassant l'étendard. . . . . *Anglica.* d'Angleterre.
Feuilles presque soyeuses : carène ne dépassant pas l'étendard . . . *Scorpius.* Epine fleurie.

V Cytisus. (Cytise.)

1 { Rameaux épineux. . . . *Spinosus.* Épineux.
Rameaux feuillés , non épineux. 2

2 { Feuilles supérieures simples. (Spartium.). . . . . *Scoparius.* à Balais.
Feuilles toutes ternées 3

3 { Calice à 2 lèvres profondes , égalant presque la corolle ; 3-4 fleurs terminales ; plante toute soyeuse-blanchâtre , de 8-18 cent. . . . . *Argenteus.* Argenté.
Calice tubuleux , oblong , à lèvres appliquées , la supérieure tronquée , échancrée ; l'infér. à dents presque cachées par le duvet ; fleurs ord. en tête terminale ; tige de 8-11 cent. . . . . *Supinus.* Couché.
Cal. en cloche , à 2 lèvres ouvertes , réfléchies. 4

4 { Fleurs terminales , en grappes. 5
Fleurs axillaires , en faisceaux ou en têtes terminant les petits rameaux ; rameaux sillonnés-anguleux. . . . *Candicans.* Blanchâtre.

5 Arbrisseaux de 12-20 déc., très-glabres ; gousses glabres ; feuilles supér. sessiles . . . . *Sessilifolius*. à Feuilles sessiles.
Jeunes pousses, pétioles, calice, gousses et dessous des feuilles soyeux, pubescents ; arbrisseau de 6-13 déc. *Nigricans*. Noircissant.

VI Adenocarpus. (Adénocarpe.)

1 Plante ou rameaux pubescents, au moins au sommet ; fleurs en grappes   2
Rameaux glabres ; fleurs éparses. . . . . *Divaricatus*. à Calice glanduleux.

2 Bractées caduques ; fleurs réunies de 8-15 ; folioles étroites, allongées. *Cebenensis*. des Cevennes.
Bractées persistantes ; 2-3 fleurs en grappe lâche ; folioles ovales, courtes. . . . . *Telonensis*. à Calice non glanduleux.

VII Ononis. (Bugrane.)

1 Fleurs purpurines ou blanches.   2
Fleurs jaunes.   6

2 Fleurs longuement pédonculées . . . . *Reclinata*. Inclinée.
Fleurs presque sessiles.   3

3 Plante dressée ou ascendante ; feuilles grisâtres, plus ou moins pubescentes ; gousse à 2 graines, dépassée par les divisions du calice. . . .   4
Plante couchée, étalée ; feuilles vertes, ovales-oblongues, presque glabres ; gousse à 3 graines, non dépassée par les divis. du cal.   5

4 Feuilles pubescentes, glanduleuses ; calice visqueux, à dents plus courtes que la corolle. . . . . *Procurrens*. Rampante.
Feuilles presque glabres, caduques ; cal. visqueux, à dents égalant ou dépassant la corol. . . . . *Caduca*. à Feuilles caduques.

5 Plante plus ou moins velue. *Spinosa*. Épineuse.
Plante glabre. . *Spinosa*. var. *Glabra*. Glabre.

6 Fleurs presque sessiles   7
Fleurs longuement pédonculées.   9

7 Feuilles et stipules striées ; fleurs en tête ; corolle une fois plus grande que le calice. . . . . *Striata*. Striée.
Fleurs en épis ; lanières du cal. égalant ou dépassant la corolle.   8

8 { Plante velue et visqueuse; stipules dentées; feuilles supérieures simples, les autres à 3 folioles. . . . . *Columnæ.* de Columna.
Plante preque glabre; stipules entières; toutes les feuilles à 3 folioles. *Minutissima.* Naine.

9 { Fleurs à bractée formée par le prolongement du pédicelle   10
Fleurs sans bractée; feuilles sup. simples; stipules entières; cal. égal à la corol. . . . . *Pubescens.* Pubescente.

10 { Toutes les feuilles à 3 folioles; bractée plus courte que le cal. ou l'égalant à peine . .   11
Feuilles sup. simples; cal. dépassant la corol.; bractée dépasant le calice. . . . . *Viscosa.* Visqueuse. var. *Breviflora.* à petites Fleurs.

11 { Plante toute couverte d'un duvet mou et blanchâtre, rar. visqueuse; cal. longuement velu. . . . . . . *Arachnoïdes.* à toile d'Araignée.
Plante simplement velue et visqueuse. . .   12

12 { Plante fétide; feuilles bien plus courtes que les pédicelles : bractée d'environ 9 mil. . . . . *Natrix.* Gluante.
Plante non fétide; feuilles égales à peu près aux pédicelles ou plus longues; bractée très-courte. . . . . *Areneria.* dés Sables.

VIII **Anthyllis** (Anthyllide.)

1 { Fleurs purpurines.   2
Fleurs blanches ou jaunes ou jaunâtres. . .   3

2 { Fleurs en capitules solitaires; folioles nombreuses, égales; cal. à 5 divisions subulées-sétacées. . . . . . . *Montana* des Montagnes.
Fleurs en capitules ord. géminés; feuilles infér. à 2-5 fol., les autres à 5-15 fol. inégales; dents du cal. ovales, inégales. . . . . *Vulneraria.* Vulnéraire. var. *Dillenii.* de Dillen.

3 { Gousse à 1 graine; fleurs en tête longuement pédonculée. . . . . *Vulneraria.* Vulnéraire. var. *Vulgaris.* Commune.
Gousse à 2 graines; 3-4 fleurs axillaires, presque sessiles . . . . *Tetraphylla.* à 4 Folioles.

b. **Trifoliées.**

IX **Medicago.** (Luzerne.)

1 { Gousses sans épines. 2
{ Gousses avec des épines. 6

2 { Gousse à plusieurs tours de spirale ou à un seul ,
    mais parfait. 3
{ Gousse simplement arquée , réniforme ou en´fau-
    cille 5

3 { Fleurs jaunes ; gousse ne laissant pas de vide au
    centre des spires. 4
{ Fleurs jamais parfaitement jaunes ; gousse lais-
    sant un vide au centre des spires. *Sativa.* Cultivée.

4 { Plante à peu près glabre ; folioles glabres , den-
    tées au sommet ; stipules en lanières très-fines ;
    gousse à près de 20 graines. . . . . . .
    . . . . *Orbicularis.* Orbiculaire.
{ Plante velue ; folioles pubescentes en dessous ,
    dentées tout au tour ; stipules un peu dentées ;
    gousse à 5 graines . . *Scutellata.* à Écusson.

5 { Gousse réniforme ou en faux , à une graine. .
    . . . . *Lupulina.* Houblon.
{ Gousse en faucille , à 5-8 graines. . . . .
    . . . . *Falcata.* en Faucille.

6 { Gousse laissant un vide au centre des spires. . 7
{ Gousse ne laissant pas de vide au centre des
    spires 8

7 { Gousse velue , tomenteuse. . *Marina.* Marine.
{ Gousse glabre. . . . . *Coronata.* Couronnée.

8 { Taches noires sur les folioles. *Maculata.* Tachée.
{ Pas de taches noires sur les folioles. . . . 9

9 { Gousse cotonneuse , laissant un vide au centre
    des spires ; 8-15 fleurs par pédoncule. . . .
    . . . . *Marina.* Marine.
{ Gousse velue , ne laissant pas de vide au centre
    des spires ; 1-4 fleurs par pédoncule. . . . 10
{ Gousse glabre. 13

10 { Épines presque rondes , ne présentant pas à la
    base un sillon de chaque côté ; stipules divi-
    sées en lanières fines. 11
{ Épines ayant un sillon de chaque côté ; stipules
    entières ou simplement dentées. 12

11 { Épines crochues au sommet. *Gerardi.* de Gérard.
{ Épines non crochues au sommet. *Rigidula.* Raide.

12 — Gousse presque globuleuse, de 4 mill. de diamètre à peine ; 3-4 fleurs par pédoncule ; épines crochues. *Minima.* Naine. *Var.* à épines droites égalant ou dépassant le diamètre de la gousse . . . . . . *Longiseta.* à longues soies.
Gousse plane des 2 côtés, diamètre de 7 mill. ou plus ; 3-4 fleurs par pédoncule ; stipules dentées . . . . *Rigidula.* Raide,

13 — Plante glabre 14
Plante plus ou moins velue. 16

14 — Aiguillons presque arrondis ; pas de sillons sur leurs côtés ; gousse à 5 tours de spirale. . . . . *Littoralis.* du Rivage.
Aiguillons à 2 sillons à leurs base ; gousse à moins de 5 tours de spirale 15

15 — Épines droites, très-courtes ; pédoncules plus courts que les feuilles. *Apiculata.* à petites Pointes.
Épines un peu crochues au sommet, égalant le diamet. du fruit. . . *Denticulata.* Dentelées.

16 — Épines sans sillons ; gousse à 5 tours de spirale. . . . . *Littoralis.* des Rivages.
Épines à 2 sillons à leur base. 17

17 — 1-2 fleurs par pédoncule ; environ 5 tours de spirale à la gousse. 18
8-15 fleurs par pédoncule ; gousse de 1-2 tours de spirale. . . . . *Coronata.* Couronnée.

18 — Plante très-pubescente ; épines courtes. *Minima.* Naine. *Var.* à épines égalant ou dépassant le diamètre de la gousse. *Longiseta.* à longues soies.
Plante presque glabre, garnie de quelques poils rares ; feuilles ord. tachées de noir. . . . . *Maculata.* Tachée.

X TRIGONELLA. (Trigonelle.)

1 — Fleurs en grappes ou faisceaux de 8-12 fleurs. 2
Fleurs solitaires ou en très-petit nombre. . . 3

2 — Fleurs en grappes pédonculées, grandes ; plante presque glabre. . . . *Corniculata* Cornue.
Fleurs en faisceaux sessilles, petites ; plante pubescente. . . *Monspelliaca.* de Montpellier.

3 — Tige de 2-9 cent., velue : gousse de 2-5 cent., à 3-6 graines. . . . • *Prostrata.* Couchée.
Tige de 3-4 déc., presque glabre ; gousse de 8-11 cent., à 15-20 grains. . . . . *Fœnum-Græcum.* Fénu-Grec.

XI Melilotus (Melilot.)

1 { Fleurs blanches. . . . . . *Leucantha.* Blanc.
{ Fleurs jaunes. . . . .

2 { Gousses ascendantes , à long bec , un peu ve-
{ lues , gonflées , à 1-2 graines , presque globu-
{ leuses, rétrécies aux 2 bouts ; stipules entières.
{ . . . . *Gracilis.* Grêle.
{ Gousses réfléchies , tombantes. 3

3 { Stipules très-entières : gousses ovales. . . . 4
{ Stipules avec une oreillette à la base ; tige de
{ 9-20 déc. ; gousses ovales. *Officinalis.* Officinale.
{ Stipules dentées ou incisées à la base ; gousses
{ très-obtuses, presque globuleuses. 5

4 { Gousses un peu pubescentes , ovales , compri-
{ mées ; étendard et ailes égalant la carène; tige
{ de 9-20 décim. . . . *Officinalis.* Officinal.
{ Gousses glabres , ovales , gonflées , élargies au
{ sommet ; étendard et ailes dépassant la carène ;
{ tige de 3-4 déc. *Petitpierranea.* de Petit-Pierre.

5 { Feuilles oblongues ; stipules ciliées-dentées à la
{ base ; gousses à rides concentriques. . . .
{ . . . . *Sulcata.* Sillonnée·
{ Feuilles élargies au sommet ; stipules incisées
{ à la base ; gousses ridées en réseau ;·très-petites.
{ . . . . *Parviflora.* à petites Fleurs·

XII Trifolium. (Trèfle.)

1 { Fleurs jaunes ou plus ou moins jaunâtres : corolle
{ à 5 pétales, ord. libres; gousse ord. pédicellée ;
{ quelquefois , mais rar. corolle soudée et gousse
{ sessile. 2
{ Fleurs purpurines , roses , rosées ou blanches ;
{ corol. à 5 pét. soudés ; gousse sessile dans le
{ calice 9

2 { Pétales soudés et gousses sessiles 3
{ Pétales libres et gousses pédicellées 5

3 { Calice glabre , à dents supérieures presque plus
{ longues. . . . . *Pallescens.* Pâle.
{ Cal. pubescent ou hérissé , au moins sur les
{ dents ; dent infér. plus longue. 4

7 *

4 {
Plante annuelle ; folioles ovales-arrondies , dentelées , en coin à la base ; stipules ovales ; dents du cal. très-fines, presque piquantes. . *Incarnatum.* Incarnat. Var. *Molineri.* de Molinier
Plante vivace ; folioles ovales-oblongues , entières sur les bords , obtuses-tronquées ou échancrées ; stipules étroites-linéa.res , lancéolées ; cal. poilu , sillonné. . *Ochroleucum.* Jaunâtre.

5 {
Folioles intermédiaires plus longuement pétiolées. 6
Folioles toutes presque sessiles 8

6 {
Étendard lisse ou très-peu strié, plié en carène , étroitement appliqué sur la gousse , dépassant à peine les ailes ; fleurs de 8-15 par tête ; *filiforme:* Filiforme. *var.* à tige très-grêle, de 5-9 cent.; fleurs de 2 8 par tête. *Micranthum.* à petites Fleurs.
Étendard fortement strié , étalé ou à peine plié , dépassant largement les ailes. 7

7 {
Plante d'un vert gai ; feuilles en cœur renversé ; fleurs en tête serrée . . *Procumbens.* Étalé.
Plante un peu glauque ; feuilles ovales , élargies au sommet ; fleurs lâchement imbriquées. . . *Procumbens.* var. *Campestre.* des Champs.

8 {
Dents du cal. glabres ; piante de plus de 3 déc. . . . . *Agrarium.* des Gampagnes.
Dents inférieures du cal. très-velues ; plante de 2 déc. au plus ; fleurs très-brunes. . . . ., ... *Spadiceum.* Brun.

9 {
Calice glabre ou presque glabre. 10
Calice velu ou hérissé , au moins sur les dents. 17

10 {
Fleurs purpurines , grandes , de 3-8 en têtes lâches ; dents du cal. égales ; gousse à 4 graines. . . . . *Alpinum.* des Hautes-Alpes.
Fleurs nombreuses , petites , en têtes serrées . 11

11 {
Fleurs sessiles , en têtes latérales ou axillaires. 12
Fleurs pédonculées , en têtes terminales. . . 13

12 {
Fleurs rosées , en têtes globuleuses. . . . . *Glomeratum.* Aggloméré.
Fleurs blanches , étendard bleu-pale , en têtes coniques , rudes ; tige presque nulle , glabre. . . . . *Suffocatum.* Étouffé

13 {
Dents du cal. égales ; étendard déjeté , plié en long ; gousse à 1 graine. . . . . *Montanum.* des Montagnes.
Dents du cal. inégales , les supér. presque plus longues ; étendard aplani ; gousse à plusieurs graines 14
}

14 {
Tige couchée ; rampante ; dents du cal. inégales, bordées de rouge ou de brun ; fleurs blanches ; gousse à 4 graines. . . . *Repens.* Rampant.
Tige droite , ascendante , non rampante. . . 15
}

15 {
Tige anguleuse ; gousse à 4 graines ; fleurs blanches ou rosées ; corolle fine , une fois plus longue que le calice. . . *Angulosum.* Anguleux.
Tige cylindrique , non anguleuse. 16
}

16 {
Tige fistuleuse ; gousse à 4 graines : dents du cal. de la longueur de son tube ; fleurs blanches ou rosées. . . . *Hybridum.* Hybride.
Tige non fistuleuse ; gousse à 2 graines ; fleurs blanches ou rosées. . . . *Elegans.* Élégant.
}

17 {
Fleurs en épis oblongs , plus ou moins cylindriques. 18
Fleurs en capitules globuleux ou ovoïdes . . . 22
}

18 {
Tiges et folioles très glabres ; dent infér. du cal. environ 2 fois plus longue que les autres ; fleurs purpurines, en épis gros et longs de 5-9 cent. . . . . *Rubens.* Rouge
Tiges et folioles plus ou moins pubescentes ; dent infér. du cal. dépassant moins les autres. 19
}

19 {
Cal. dépassant ou égalant à peu près la corolle ; fleurs blanchâtres ou roses. 20
Corolle très-saillante , dépassant à peu près du double le cal. ; fleurs purpurines ou couleur de chair très-vive. 21
}

20 {
Folioles linéaires-lancéolées , aiguës ; dents du cal. raides, ciliées, ne dépassant pas la corolle; épis oblongs-coniques.. . . . . *Angustifolium.* à Feuilles étroites·
Folioles oblongues-lancéolées, obtuses ou tronquées au sommet ; dents du cal. molles , plumeuses , dépassant la corolle ; épi petit, ovoïde ou presque cylindrique. . *Arvense.* des Guérêts.
}

21 {
Folioles linéaires , lancéolées , aiguës . fleurs purpurines. . . . . . *Purpureum.* Purpurin.
Folioles obovales-arrondies ou obovales-cunéiformes ; fleurs couleur vive de chair. . . . . *Incarnatum.* Incarnat.
}

22 { Capitules pauciflores ; cal. fructifères gonflés par la gousse , les stériles à dents épineuses , crochues , étalées sur le capitule, qui s'enfonce sous terre après la floraison ; fleurs blanchâtres ; étendard rayé de pourpre. . . . . *Subterraneum.* Souterrain.
Capitules multiflores ; pas de cal. stériles à dents crochues , étalées , et ne s'enfonçant pas sous terre 23

23 { Corolle renversée , étendard en bas ; fleurs purpurines. . . . . . . *Resupinatum.* Renversé.
Corolle droite , étendard en haut. 24

24 { Fleurs rougeâtres , en têtes presque globuleuses , très-longuement pédonculées ; tige rampante , cal. soyeux ; capitules représentant à la maturité une fraise. . . . *Fragiferum* Fraisier.
Fleurs en têtes , peu ou point pédonculées ; capitules jamais en forme de fraise. 25

25 { Dents supérieures du calice plus longues que les autres ; calice renflé. 26
Dents supérieures du calice , égales aux autres ou plus courtes qu'elles. 27

26 { Plante couchée ; cal. membraneux , cotonneux. . . . . *Tomentosum.* Cotonneux.
Tiges étalées ; cal. scarieux , glabre , strié ; involucre de 5 folioles . . *Spumosum.* Écumeux.

27 { Cal. à dents plus longues que la corolle. . . 28
Calice ne dépassant pas la corolle , l'égalant ou plus court qu'elle. 30

28 { Folioles oblongues-lancéolées , obtuses ou un peu tronquées ; stipules petites , en alène ; épis petits , mollement velus. . *Arvense.* des Guérêts.
Folioles ovales , élargies au sommet ou en cœur renversé ; stipules larges ; têtes des fleurs sessiles , garnies à la base de feuilles ou de larges bractées. 29

29 { Dents du cal. inégales , lancéolées ; capitules entourés de feuilles ; folioles ovales élargies au sommet , presque échancrées , dentelées , les supér. presque aiguës. . . *Scabrum.* Raboteux.
Dents du cal. presque égales , très-fines , plumeuses ; 2 grandes bractées à la base des capitules ; folioles en cœur renversé , à peine dentelées . . . . *Cherleri.* de Chorler.

30 { Calice ventru, à dents assez courtes, égales ou presque égales, plus ou moins étalées et rudes; capitules jamais rudes par les dents du calice. **31**
Cal. à dents assez longues, les infér. ord. plus longues que les autres ; capitules quelquefois rudes. **32**

31 { Dents égales ; fleurs-blanches-rougeâtres ; capitules géminés, terminaux, pas de feuilles à la base ou une seule. . . . . *Bocconi.* de Boccone.
Dents inégales, en alène ; fleurs purpurines ; capitules axillaires et terminaux, garnis de feuilles à la base ; cal. strié. . . . *Striatum.* Strié.

32 { Dents du cal. lancéolées, assez larges, à la fin raides, et rendant les capitules rudes . . . **33**
Dents du calice très-fines, ne rendant pas les capitules rudes, l'infér. plus longue. . . . **36**

33 { Dents du cal. égales entre elles et avec la corolle. **34**
Dents du cal. plus courtes que la corol., l'infér. plus courte que les autres ; fleurs blanc-rosées. **35**

34 { Fleurs d'un blanc-rougeâtre ; stipules étroites, acuminées, très-longuement ciliées. . . . . *Lapaceum.* Bardane.
Fleurs purpurines ; stipules très-larges, ovales, dentelées en scie ; dents du cal. à la fin étalées en étoiles. . . . . . *Stellatum.* Étoilé.

35 { Plante dressée, à rameaux étalés, ouverts, ascendants, à poils étalés ; dents du cal. à 1 nervure, l'infér. à 3 ; stipules étroites, nerveuses ; folioles oblongues-lancéolées, aiguës. . . . . *Maritimum.* Maritime.
Plante d'un vert-pâle, diffuse, tombante ; tige presque glabre ; stipules ciliées, longuement acuminées ; folioles oblongues-ovales, les supér. oblongues-lancéolées . *Supinum.* demi-Couché.

36 { Capitules ayant un involucre de 2 feuilles ou de 2 stipules nerveuses. **37**
Capitules nus, sans bractées ou sans feuilles à la base **39**

37 { Involucre de 2 stipules nerveuses ; plante d'un vert jaunâtre ; folioles ovales-élargies au sommet, à peine dentées ; fleurs pourpres ou blanchâtres. . . . . *Hirtum.* Hérissé.
Involucre à 2 feuilles. **38**

38 {
Tige striée : cal. presque égal à la corolle ; folioles elliptiques-obtuses ; les infér. échancrées, un peu glauques en-dessous ; fleurs rougeâtres. . . . . *Diffusum.* Diffus.
Tige sillonnée ; cal. environ le double de la corolle ; folioles ord. tachées ; fleurs purpurines ou blanches . . . . . *Pratense.* des Prés.

39 {
Folioles infér. en cœur renversé, les autres ovales-lancéolées ; tige fistuleuse, sillonnée, dressée ; fleurs rouges ou blanches. *Sativum.* Cultivé.
Folioles toutes lancéolées, presque très-entières, à nervures très sensiblement ailées. . . . 40

40 {
Capitules un peu pédonculés ; tige striée, rameuse, flexueuse, pubescente ; stipules engaînantes, lancéolées au sommet ; fleurs d'un rouge foncé. . . . . *Medium.* Intermédiaire.
Capitules sessiles ; tige ascendante, dressée, dure, raide, velue et simple ; stipules allongées-linéaires, en arête ; fleurs purpurines ou blanches, à carène rosée. *Alpestre.* des Basses-Alpes.

XIII Dorycnium. (Dorychnie.)

1 {
Gousse à peine saillante, sans cloisons transversales ; petit sous-arbrisseau ; 6-12 fleurs en tête, blanches, à carène pourpre-noir. . . . . *Suffruticosum.* Frutescent.
Gousse saillante, divisée par des cloisons transversales 2

2 {
Feuilles pétiolées ; fleurs blanches, à carène d'un noir-pourpre ; 20 et plus en tête. *Rectum.* Dressé.
Feuilles sessiles ; fleurs rosées, 3-6 en tête. . . . . *Hirsutum.* Hérissé.

XIV Lotus. (Lotier.)

1 {
Plante très-hérissée ou très-poilue 2
Plante peu poilue ou glabre. 5

2 {
Tige presque dressée ; folioles et cal. simplement velus. . . . . *Villosus.* Velu.
Tige grêle, plus ou moins étalée ; plante toute hérissée ou très-poilue. 3

3 {
Stipules et folioles lancéolées ; gousse un peu comprimée . . *Angustissimus.* à Fruits grêles.
Stipules ovales ; folioles ovales-lancéolées, longuement ciliées, les infér. quelquefois élargies au sommet ; gousse cylindrique ou presque cylindrique. 4

4 {
Plante très-étalée, tombante, hérissée de poils étalés; bractées lancéolées; gousse cylindrique. . . . . *Hispidus.* Hérissé

Plante peu étalée, très-poilue; bractées linéaires-lancéolées; gousse presque cylindrique. . . . . *Pilosissimus.* très-Poilu.
}

5 {
Tige très-fistuleuse, cylindrique, de 9-13 déc.; fleurs 6-12 en tête; gousse de 20-40 graines. . . . . *Major.* Élevé.

Tige peu ou point cylindrique, anguleuse, de 3-4 déc. au plus; gousse à 12 graines au plus. . . . . *Corniculatus.* Corniculé. *
}

* *Var.* a. Plante très-basse; stipules et folioles glabres. . . . . *Arvensis.* des Champs.

b. Tige de 3-4 déc.; folioles et cal. velus. . . . . *Villosus.* Velu.

c. Tige filiforme, presque cylindrique, un peu fistuleuse. . *Tenuifolius.* à Feuilles menues.

XV **Tetragonolobus.** (Tetragonolobe.) *Siliquosus.* Siliqueux.

XVI **Psoralea.** (Psoralier.)

1 {
Plante presque verte, bitumineuse, glanduleuse, odorante. . . . . . *Bituminosa.* Bitumineus.

Plante toute soyeuse, pubescente, blanchâtre, sans odeur et non bitumineuse; cal. très-velu. . . . . *Palæstina.* de Palestine.
}

XVII **Galega.** (Galega.) *Officinalis.* Officinale.

XVIII **Robinia.** (Robinier.) *Pseudacacia.* Faux-Acacia.

XIX **Colutea.** (Baguenaudier.) *Arborescens.* Commun.

D. ASTRAGALÉES.

XX **Astragalus.** (Astragale.)

1 {
Stipules adhérentes au pétiole; fleurs purpurines, rar., blanches 2

Stipules non adhérentes au pétiole; fleurs jaunâtres ou presque rougeâtres ou purpurines. . 3
}

2 {
Plante de 16-22 cent., presque glabre; dents du cal. longues; étendard très-long. . . . . . *Monspessulanus.* de Montpellier.

Plante de 6-13 déc. soyeuse, blanchâtre; dents du cal. très-courtes, ainsi que l'étendard. . . . . *Incanus.* Blanchâtre.
}

3 { Fleurs jaunâtres ou presque rougeâtres , en épi
de 5-6 fleurs ou en grappes garnies. . . .   4
Fleurs purpurines , plus ou moins foncées , en
tête serrée   5

4 { Plante de 6-22 cent. ; folioles cunéiformes ; gousse
cylindrique , arquée , presque glabre , terminée
en hameçon ; fleurs de 5-6 en épis. . . . .
. . . . *Hamosus.* en Hameçonn.
Plante de 6-13 déc. ; folioles ovales ; gousse longue , glabre , presque trigone , un peu arquée ; fleurs nombreuses en grappes. . . .
. . . . *Glycyphyllos.* Réglisse.
Plante de 3-7 déc. ; folioles oblongues ; gousse
globuleuse, renflée , hérissée. *Cicer.* Pois-Chicho.

5 { Stipules soudées en une seule bifide ; gousse
ovale-trigone , à 3 graines dans chaque loge.
. . . . *Purpureus.* Pourpre·
Stipules libres, bien distinctes ; gousses disposées
en étoile ; 5-10 graines dans chaque loge. .
. . . . *Stella.* en Etoile.

B. HEDYSARÉES. a. CORONILLÉES.

XXI Scorpiurus. (Scorpiure.)

1 { Pédoncule uniflore ; gousse couverte de tubercules. . . . . . *Vermiculata,* Chenille.
Pédoncule de 2-4 fleurs.   2

2 { Gousse à côtes dorsales rudes , tuberculeuses ;
les latérales lisses. . . . *Muricata.* Rude.
Côtes dorsales hérissées d'aiguillons grêles , raides, écartés, presque crochus. *Sulcata.* Sillonné.
Gousse presque velue étant jeune ; côtes hérissées d'aiguillons serrés , grêles ; gousse très-
contournée, repliée, tortueuse. *Subvillosa.* Velu.

XXII Coronilla. (Coronille.)

1 { Pétales à onglet très-saillant en dehors du cal. ;
étendard rayé de rouge. . *Emerus.* des Jardins.
Onglet des pétales à peine saillant.   2

2 { Fleurs bigarrées de rouge et de blanc , jamais
jaunes . . . . *Varia.* Bigarrée.
Fleurs jaunes.   3

3 { Stipules soudées en une seule ; tige de 3-4 déc. ,
dressée ou ascendante . *Coronata.* Couronnée.
Stipules libres , distinctes ; tige de 6-13 déc. .
. . . . *Glauca.* Glauque.

XXIII ARTHROLOBIUM. (Arthrolobe.) *Scorpioïdes.*
queue de Scorpion.

XXIV ORNITHOPUS. (Ornithope.)

1
- Gousse longue de 13-16 mil., à bec court ; étendard rose ; ailes blanches ; carène jaune. . . . . *Perpusillus.* Délicat.
- Gousse longue de plus de 2 cent. , à bec long , recourbé ; fleurs jaunes. *Compressus.* Comprimé.

XXV HIPPOCREPIS. (Hippocrepide.)

1
- Sinus de la gousse peu profonds , largement ouverts ; fleurs serrées , pédicellées , en ombelle. . . . . *Comosa.* en Ombelle.
- Sinus de la gousse profonds et presque fermés. 2

2
- Fleurs sessiles , solitaires , axillaires ; gousse unique, peu ou point courbée , glabre ou peu rude. . . . . . *Unisiliqua.* à une Gousse.
- Gousses de 2-4 , arquées , hérissées , glanduleuses , ciliées . . . . . *Ciliata.* Ciliée.

b. ONOBRYCHÉES.

XXVI ONOBRYCHIS. (Onobrychis.)

1
- Ailes de la corol. égalant le cal. ; fruit hérissé de tous côtés de dents épineuses , en alène , crochues au sommet . *Caput-Galli.* Tête de Coq.
- Ailes plus courtes ou dépassant du double le cal. 2

2
- Ailes environ 2 fois aussi longues que le cal. . . . . *Saxatile.* des Rochers.
- Ailes plus courtes que le calice. . . . . ' 3

3
- Étendard dépassant la carène ; fruits épineux sur la crête , rudes sur les côtés ; tige dressée. . . . . *Sativa.* Commune.
- Étendard un peu plus court que la carène ; fruits à peu près aussi épineux sur les côtés que sur la crête ; tige couchée . . *Supina.* Couchée.

XXVII HEDYSARUM. (Sainfoin.) *Humile.* Humble.

c. VICIÉES .

XXVIII ERVUM (Ers.)

1
- Fleurs ord. solitaires ; une stipule presque entière et l'autre frangée *Monanthos.* à une Fleur.
- Pédoncules multiflores ; les 2 stipules semblables. 2

8

$\left\{\begin{array}{l}\end{array}\right.$ 2 — Gousse à 2 graines, rar. à 3 ; divisions du cal. égalant presque la corolle.   3
Gousse à plus de 2 graines ; divisions du cal. bien plus courtes que la corol.   4

3 — Gousse glabre; stipules lancéolées ; vrille simple. . . . . *Lens.* Lentille.
Gousse pubescente ; stipules en demi-fer de lance ; vrilles rameuses. . *Hirsutum.* Hérissé

4 — Feuilles à 12-24 folioles; pédoncules plus courts que les feuilles ; gousse bosselée, à 2-4 graines, rar. 5 ; vrille nulle ou très-courte. . . . . *Ervilia.* Alliez.
Moins de 12 folioles.   5

5 — Pédoncules beaucoup plus longs que les feuilles ; vrilles simples. . . . . . *Gracile* Grêle.
Pédoncules à peu près égaux aux feuilles ; vrilles rameuses. . . *Tetraspermum.* à 4 Graines.

XXX VICIA. (Vesce.) et FABA. (Fève.)

1 — Fleurs presque sessilles, à pédoncule commun plus court qu'une des fleurs.   2
Fleurs à pédoncule commun plus long qu'une des fleurs 12

2 — Fleurs grandes environ de 2-3 cent. ; ailes marquées d'une grosse tache noire. . *Faba.* Fève.
Var. à vrilles très-fines ; folioles moyennes ; fleurs bleuâtres, plus petites, à stipules en demi-fer de flèche. . . . . *Equina.* Fève sauvage·
Fleurs sans taches noires sur les ailes. . . .   3

3 — Fleurs jaunes ou plus ou moins jaunâtres-blanchâtres, ou à étendard pourpre et à carène jaune   4
Fleurs ni jaunes, ni jaunâtres, ni à carène jaune et étendard pourpre   5

4 — Stipules non tachées de brun ; étendard velu. . . . . *Hybrida* Hybride.
Stipules tachées de brun ; étendard glabre. . . . . *Lutea.* Jaune. *

* *Var.* a. Fleurs jaunes, très-pâles. . . . . *Pallidiflora.* à Fleurs pâles.

b. à étendard pourpre. . *Bicolor.* à 2 Couleurs.

5 — Feuilles à 1-3 paires de folioles   6
Feuilles à 4-9 paires de folioles.   9

6 { Stipules entières ou les supérieures tout au plus ondulées 7
{ Stipules dentées ou incisées , au moins à la base. 8

7 { Vrilles simples; gousses inclinées, linéaires; graines petites , tuberculeuses , ponctuées ; plante basse . . . . . . *Lathyroides.* Fausse-Gesse.
{ Vrilles bifurquées ; gousses gonflées , dressées ; graines plus grosses qu'un pois , noires . . . . *Narbonnensis.* de Narbonne.

8 { Folioles infér. jamais à plus d'une paire , les sup. à 2 rar. 3 paires ; gousse dabord pubescente , ensuite hérissée au bord. *Bithynica.* de Becsangil.
{ Folioles inférieures ord. à 3-8 paires ; gousse d'abord soyeuse , puis glabre. *Sativa.* Cultivée. *

* *Var.* **a.** Folioles toutes en cœur renversé . . . . *Obovata.* à Feuilles obovales.

b. Folioles supér. oblongues , tronquées , acuminées. . . . . *Segetalis.* des Moissons.

c. Folioles supér. oblongues-linéaires , à peine tronquées. . *Angustifolia.* à Feuilles étroites.

9 { Stipules divisées en deux parties entières. . . . . *Peregrina.* Pétarelle.
{ Stipules simplement dentées ou incisées , au moins les inférieures. 10

10 { Stipules lancéolées; plante cendrée; gousses poilues , soyeuses ; 7-9 paires de folioles. . . . . *Uncinata.* Crochue.
{ Stipules en demi-fer de flèche ou en trapèze. . 11

11 { Dents du cal. presque égales entr'elles , et avec le tube du cal. . . . . *Sepium.* des Haies.
{ Dents du cal. très-inégales entre elles , et bien plus courtes que le tube. . *Sativa.* Cultivée.

12 { Pédoncules à 1-2 fleurs ; feuilles infér. à 2 folioles , les supér. à 4 , rar. 6. *Bithynica.* de Becsangil.
{ Pédoncules à plus de 4 fleurs ; feuilles infér. à plus de 2 folioles 13

13 { Fleurs blanches , à étendard violet. (*Orobus sylvaticus.*). . . . . . *Orobus.* Orobe
{ Fleurs bleues ou pourpres-bleues 14

14 {
Stipules en demi-fer de flèche, incisées-dentées à la base, non divisées en 2 ; fleurs d'un bleu-de-ciel-foncé. *Onobrychioïdes.* Fausse-Esparcette.
Var. à folioles très-fines. . . . .
. . . . . *Angustissima.* à Feuilles étroites.
Stipules divisées en 2 parties inégales ; fleurs d'un bleu-pourpre 15

15 {
Pédoncules longs de 13-17 cent., bien plus longs que les feuilles ; celles-ci linéaires ou lancéolées, presque glabres, à 3 nervures ; limbe de l'étendard environ 2 fois plus long que l'onglet. . . . . . . *Tenuifolia.* à Feuilles menues.
Pédoncules plus longs que les feuilles, mais ayant bien moins de 13 cent. ; feuilles linéaires ou lancéolées, pubescentes ; limbe de l'étendard égal à l'onglet . . . *Cracca.* Cracca.

XXXI CICER. (Ciche.) *Arietinum.* Tête-de-Bélier.

XXXII PISUM. (Pois.)

1 {
Folioles entières ; pédoncules à 2 fleurs ; graines rapprochées . . . . . . *Sativum.* Cultivé.
Folioles sinuées-crénelées, plus ou moins pédonculées, à 1, rar. 2 fleurs ; graines écartées. .
. . . . *Arvense.* des Champs.

XXXIII LATHYRUS. (Gesse.)

1 {
Style formant à peu près un angle droit avec la goussse. VICIA. . . . *Bithynicus.* Becsangil.
Style ne formant nullement un angle droit avec la gousse. 2

2 {
Pas de feuilles, mais seulement des vrilles ou des pétioles foliacés ou des stipules plus ou moins grandes 3
Pétioles feuillés, ayant au moins 2 feuilles ou folioles 4

3 {
Des vrilles seulement ; stipules très-grandes, foliacées : fleurs jaunes. *Aphaca.* sans Feuilles.
Pétioles foliacés ; pas de vrilles ; pas de feuilles ; stipules petites, subulées ; fleurs roses . .
. . . . *Nissolia.* sans Vrilles.

4 {
Pédoncules à 1-3 fleurs très-odorantes . . .
. . . . *Odoratus.* Odorante.
Pédoncules à 1-2 fleurs inodores. 5
Pédoncules à plus de deux fleurs 11

5 { Fleurs jaunes ou jaunâtres. *Annuus.* Annuelle.
{ Fleurs ni jaunes, ni jaunâtres. . . . . . 6 ou 17

6 { Gousses larges, dilatées. 7
{ Gousses allongées, très-étroites. 10

7 { Pédoncules ord. à 2 fleurs ; gousses hérissées ;
{ pédoncules plus longs que les feuilles. . . .
{ . . . . *Hirsutus.* Hérissée.
{ Pédoncules ord. à 1 fleur ; gousses glabres ;
{ pédoncules plus courts que les feuilles. . . 8

8 { Feuilles très-fines, linéaires ; graines globu-
{ leuses, tuberculeuses-scabres ; tige presque ai-
{ lée au sommet seulement. . . . . . .
{ . . . . *Setifolius.* à Feuilles très-fines.
{ Feuilles lancéolées ou linéaires-lancéolées ; grai-
{ nes anguleuses, lisses ; tige ailée 9

9 { Pédoncules articulés au sommet ; légume étroi-
{ tement bordé, à 2 gouttières ou sillons sur le
{ dos. . . . . *Cicera.* Ciche.
{ Pédoncules articulés vers le milieu ; légumes
{ à 2 carènes ailées, membraneuses sur le dos.
{ . . . . *Sativus.* Cultivée.

10 { Pédoncules ord. plus longs que les feuilles, ar-
{ ticulés au sommet ; graines cubiques ou angu-
{ leuses, tuberculeuses-scabres. . . . . . .
{ . . . . *Angulatus.* Anguleuse.
{ Pédoncules plus courts que les feuilles, articu-
{ lés à la base ; graines globuleuses, lisses. . .
{ . . . . *Sphæricus.* Sphérique.

11 { Fleurs jaunes. . . . . . *Pratensis.* des Prés.
{ Fleurs jamais jaunes. 12

12 { Gousses hérissées, pédoncules ord. biflores, rar.
{ 1 ou 3 fleurs. . . . . *Hirsutus.* Hérissée.
{ Gousses glabres ; pédoncules toujours à 3 fleurs
{ ou plus. 13

13 { Tige carrée, non ailée ; racine à tubercules sou-
{ vent gros comme une noix. *Tuberosus.* Tubéreuse.
{ Tige ailée 14

14 { Pétioles à 2 folioles. 15
{ Pétioles à 4 folioles et plus, au moins aux feuil-
{ les supérieures. 16

15 { Hile entourant la moitié de la graine ; feuilles très-longues et très-étroites : fleurs belles et inodores . . . . *Sylvestris*. Sauvage.
Hile n'entourant au plus que le tiers de la graine ; feuilles ovales, larges, à 3-5 nervures ; fleurs odorantes. . . *Latifolia*. à larges Feuilles.

16 { Pétioles largement ailés ; fleurs pourpres-pâles. . . . . *Heterophyllus*. à Feuilles variables.
Pétioles non ailés ; fleurs pourpres bleuâtres (ORO- BUS.) . . . . *Palustris*. des Marais.

17 { Graines lisses 18
Graines tuberculeuses, scabres 19

18 { Tige non ailée, ou à peine un peu ailée au som- met ; gousses très-étroites et longues, à 8-10 graines ; pédoncules articulés à la base . . . . *Sphæricus*. Sphérique.
Tige ailée ; gousses larges, dilatées, à moins de 8 graines ; pédoncules articulés vers le milieu, ou au sommet . . . . . *Sativus*. Cultivée.

19 { Pédoncules ord. bi-flores, plus longs que les feuilles ; gousses hérissées. *Hirsutus*. Hérissée.
Pédoncules uniflores ; gousses glabres 20

20 { Gousses larges-oblongues, à 2-3 graines globu- leuses ; pédoncules plus courts que les feuil- les très-fines . . *Setifolius*. à Feuilles très-fines.
Gousses longues, très-étroites, à près de 20 grai- nes cubiques ou anguleuses ; pédoncules plus longs ord. que les feuilles ; celles-ci linéaires ; pédoncules munis d'un arête très-fine, dépas- sant le calice. . . . *Angulatus*. Anguleuse.

XXXIV Orobus. (Orobe.)

4 { Racine tuberculeuse ou noueuse vers le collet.   2
Racine fibreuse ; pétioles non ailés ; fleurs ord. purpurines, ou jaunes-pourprées ou à étendard violet 3

2 { Fleurs blanches, sèches un peu jaunes. . . . . *Albus*. Blanc.
Fleurs purpurines ou bleuâtres ; pétioles un peu ailés . . . . *Tuberosus*. Tubéreux. *

* *Var.* à feuilles étroites de 2-5 mill. . . . . *Tenuifolius*. à Feuilles menues.

3 { Fleurs blanches, à étendard violet, veiné. .
. . . . *Sylvaticus.* des Bois.
Fleurs purpurines ou jaunes ou bleuâtres, rar.
blanches, jamais blanches à étendard violet. . 4

4 { Pédoncules plus longs que les feuilles à 6-12
folioles obtuses, glauques en dessous ; stipules étroites, linéaires. . . *Niger.* Noircissant.
Pédoncules ne dépassant pas les feuilles à 4-6
folioles, aiguës, luisantes en dessous ; stipules amples, ovales. . . *Vernus.* Printannier.

D. PHASÉOLÉES.

XXXV **Phaseolus.** (Haricot). *Vulgaris.* Commun. *et ses var.*

XXXVI **Lupinus.** (Lupin.)

1 { Fleurs blanches; cal. sans bractées ; lèvre supér.
entière, l'infér. à 3 dents. *Albus.* . . Blanc.
Fleurs bleues ; calice à 2 bractées ; lèvre supér.
bifide, l'infér. entière. . . . .
. . . . *Angustifolius.* à Feuilles étroites.

E. SOPHORÉES.

XXXVII **Anagyris.** (Anagyre.) *Fœtida.* Fétide.

2.me Tribu Cæsalpinées.

F. CASSIÉES.

XXXVIII **Cercis.** (Gainier.) *Siliquastrum.* Arbre de Judée.

33.me *Famille.* ROSACÉES.

1 { Fleurs incomplètes, à une seule enveloppe florale. 2
Fleurs complètes, à corolle et à calice. . . . 1

2 { Etamines 1-6. 3
Etamines 7 ou plus . . . . . . Poterium. xiv

3 { Feuilles palmées, digitées ou lobées-incisées ;
fleurs-verdâtres. . . . . . Alchemilla. xii
Feuilles ailées ou pinnées ; fleurs purpurines. .
. . . . Sanguisorba. xiii

4 { Fleurs monopétales. 5
Fleurs polypétales 7

5 { Feuilles palmées ou digitées ou lobées ; fleurs
verdâtres. . . . . Alchemilla. xii
Fleurs ailées ou pinnées. 6

6	Etamines 4 ; fleurs d'un pourpre noir. . . . . SANGUISORBA.		XIII
	Etamines 20-30 ; fleurs herbacées. POTERIUM.		XIV

6 { Etamines 4 ; fleurs d'un pourpre noir. . . . . SANGUISORBA. XIII
{ Etamines 20-30 ; fleurs herbacées. POTERIUM. XIV

7 { Ovaire libre ou visible dans la corolle. . . . 8
{ Ovaire adhérent au cal. ou sous la corolle. . 18

8 { Un seul ovaire. 9
{ Plusieurs ovaires. 12

9 { Fleurs presque sessiles , à pédicelles très-courts. 10
{ Fleurs sensiblement pédonculées 11

10 { Fruit peu charnu ; noyau oblong , lisse , poreux , fendillé ; jeunes feuilles pliées. AMYGDALUS. . I
{ Fruit très-charnu, succulent ; noyau comprimé, presque lisse ou sillonné légèrement ; jeunes feuilles roulées. . . . . . . ARMENIACA. III
{ Fruit très-charnu , succulent ; noyau ovale , profondément sillonné-crevassé ; jeunes feuilles pliées . . . . PERSICA

11 { Pédoncule plus long que le diamètre de la fleur ; noyau presque globuleux ; fruit non-glauque-poudreux ; feuilles jeunes pliées. CERASUS. V
{ Pédoncule plus court que le diamètre de la fleur ; noyau comprimé ; fruit plus ou moins glauque-poudreux ; jeunes feuilles roulées. PRUNUS. IV

12 { Capsules verticillées autour d'un axe , à 2-6 graines ; fleurs nombreuses, en grappes, en panicule ou en ombelle. . . . . . SPIRÆA. VI
{ Capsules à une graine , insérées sur le réceptacle, succulentes ou non 13

13 { Calice nu en dehors , sans soies ou bractées. . 14
{ Cal. garni à l'extérieur du bord de soies plus ou moins raides , ou muni de bractées. . . 15

14 { Arbrisseaux ou sous-arbrisseaux épineux ; fruit succulent. . . . . RUBUS. VIII
{ Plantes herbacées ou sous-arbrisseaux non épineux. . . . . SPIRÆA. VI

15 { Calice garni de soies en forme de petits aiguillons, fleurs jaunes, en épis allongés. AGRIMONIA.
{ Calice muni de bractées. 16

16 { Carpels ou capsules terminés en longue arête articulée ; article supérieur souvent caduc ; fleurs jaunes ou blanchâtres. . . . GEUM. VII
{ Capsules non terminées par une arête longue. 17

17 { Feuilles ailées ou digitées. . . Potentilla. **x**
  { Feuilles à 3 folioles. . . . . . Fragaria. **ix**

18 { Pistils nombreux ; graines nombreuses, soyeuses, enfermées dans le tube du cal. accru en forme de baie ; feuilles ailées ; rameaux ord. aiguillonnés . . . . Rosa. **xv**
   Pistils de 1-5 ; fruit plus ou moins charnu , à 2-5 loges renfermant 1-2 graines chacune, rar. davantage ; graines lisses ; feuilles simples, rar. ailées ; rameaux sans aiguillons, mais quelquefois à épines. 19

19 { Limbe du cal. à 5 dents 20
   { Limbe du cal. à 5 divisions, ou à 5 lobes . . . 21

20 { Arbre à feuilles ailées , ou lobées ou dentées. . . . . Sorbus. **xx**
   { Arbrisseau à feuilles simples, et très-entières. . . . . Cotoneaster. **xvii**

21 { Pétales lancéolés , dressés ; arbuste non épineux ; feuilles simples, dentées en scie . . . . Amelanchier. **xviii**
   { Pétales plus ou moins arrondis 22

22 { Divisions du cal. foliacées, dentées en scie , réfléchies sur le fruit; feuilles entières . . . . Cydonia. **xxii**
   { Divisions du calice non dentées 23

23 { Cal. persistant, dressé-connivent sur le fruit; arbrisseau épineux . . . . . Mespilus. **xix**
   { Cal. étalé ou réfléchi sur le fruit , à 1-3 noyaux ou à pépins. 24

24 { Arbres ou arbrisseaux épineux , au moins les sauvages 25
   { Arbres ou arbrisseaux non épineux 26

25 { Cal. à 5 divisions réfléchies sur le fruit à 1-3 noyaux . . . . Cratægus. **xvi**
   Cal. à 5 lobes : fruit en toupie ou presque globuleux, renfermant une capsule membraneuse à 5 loges, à 2 graines ou pépins . . Pyrus. **xxi**

26 { Pétales lancéolés; cal. à 5 divisions, persistant, étalé sur le fruit; fleurs en corymbe . . . . Amelanchier. **xviii**
   Pétales arrondis; cal. à 5 dents ou à 5 lobes, persistant, réfléchi sur le fruit 27

27	Cal. à 5 dents ; baie à 2-5 loges ; fleurs en cyme ; fruit âpre . . . . **Sorbus.**	**xx**
	Cal. à 5 lobes ; fruit gros, charnu, contenant une capsule membraneuse à 5 loges, à pépins ; fleurs en ombelles.	28

28	Fruit ord. en toupie, non ombiliqué à la base. . . . . **Pyrus.**	**xxi**
	Fruit plus ou moins globuleux, profondément ombiliqué à la base . . . . **Malus.**	**xxi.**

A. AMYGDALÉES.

I **Amygdalus.** (Amandier.) *Communis.* Commun.

II **Persica.** (Pêcher.) *Vulgaris.* Commun.

III **Armeniaca.** (Abricotier.) *Vulgaris.* Commun.

IV **Prunus.** (Prunier).

1	Rameaux non épineux	2
	Rameaux plus ou moins épineux	3

2	Jeunes rameaux glabres. *Domestica.* Domestique.
	Jeunes rameaux pubescents-velo utés . . . . *Insititia.* Sauvage.

3	Rameaux à la fin très-épineux, fleurissant avant les feuilles ; jeunes rameaux glabres ; fruit dressé, très-petit, acerbe. *Spinosa.* Épineux.
	Rameaux peu ou point épineux, donnant les fleurs et les feuilles en même temps ; jeunes rameaux pubescents, veloutés ; fruit penché, gros, doux. . . . . . . *Insititia.* Sauvage.

V **Cerasus** (Cerisier.)

1	Arbustes à fleurs petites, en grappe allongée, ou presque en corymbe.	2
	Grands arbres à fleurs en ombelle ou géminées, grandes ; pédoncules uniflores ou geminés, partant des bourgeons.	3

2	Feuilles annuelles, caduques, petites, glanduleuses, ovales-orbiculaires . . . . *Mahaleb.* Bois de Sainte-Lucie.
	Feuilles persistantes, très-lisses et luisantes, à 2-4 glandes en dessous vers la base, d'un vert pâle, ovales, lancéolées, d'environ 1 déc. et plus. *Lauro Cerasus.* Laurier Cerise ou Laurier amande.

3 { Feuilles pendantes , blanchâtres et pubescentes en-dessous ; fruit petit , noir , doux ; fleurs peu ouvertes ; rameaux étalés. . *Avium.* Mérisier.
Feuilles vertes et à peu près glabres des 2 côtés ; fruit gros. 4

4 { Fruit acide ; rameaux étalés ; feuilles horizontales , d'un vert foncé. *Caproniana.* Griottier.
Fruit doux ; rameaux redressés ; feuilles pendantes , d'un vert clair. 5

5 { Chair tendre et aqueuse ; fruit arrondi , noir ou rouge foncé. . . . . . *Juliana.* Guignier.
Chair dure , cassante ; fruit silloné , rouge-pâle , ou blanc-jaunâtre . . *Duracina.* Bigarrautier.

B. SPIRÉACÉES.

VI Spiræa. (Spirée.)

1 { Plante herbacée ; feuilles ailées. 2
Plante ligneuse ; feuilles simples , crénelées ou lobées. 3

2 { Feuilles blanches et cotonneuses en dessous ; folioles larges ; fruit glabre . . . . . . *Ulmaria.* Reine des Prés.
Var. à feuilles vertes des 2 côtés. *Denudata*
Feuilles vertes et glabres en dessous , folioles étroites , incisées-dentées ; fruit pubescent , droit. . . . . . *Filipendula.* Filipendule·

3 { Feuilles glauques en-dessous ; fleurs en ombelle. . . . . *Obovata.* Obovale.
Feuilles vertes en-dessous ; fleurs en corymbe. . . . . . . *Hypericifolia.* var. *Crenata.*
à feuil.es de Millepertuis. *var.* Crenelée,

C. DRIADÉES.

VII Geum. (Benoite.)

1 { Fleurs ord. rougeâtres ; cal. rougeâtre . . . 2
Fleurs bien jaunes ou blanchâtres ; cal. vert. 3

2 { Cal. à divisions étalées après la floraison ; pétales peu ou point échancrés ; capitules des carpels sessiles au fond du calice . . . . . . *Intermedium.* Inclinée.
Cal. à divisions droites après la floraison ; pétales en cœur renversé ; capitule longuement stipité au-dessus du fond du calice. . . . *Rivale.* des Ruisseaux.

3 { Styles ou arêtes des carpels droits, plumeux, non articulés. . . *Montanum.* des Montagnes.
Styles ou arêtes articulés, génouillés. . . .   4

4 { Arêtes velues ; cal. rougeâtre. . . *ci-dessus*   2
Arêtes glabres ou presque glabres.   5

5 { Pétales arrondis ; arêtes glabres ; fleurs non solitaires. . . . . . . *Urbanum.* Commune.
Pétales en cœur renversé ; arêtes presque glabres ; fleurs ord. solitaires. . *Sylvaticum.* des Bois.

VIII Rubus. (Ronce.)

1 { Feuilles ternées, vertes en dessous ; fruit glabre, noir ; calice dressé après la floraison . . . .
. . . . *Cæsius.* à Fruit bleuâtre.
Feuilles blanchâtres en dessous ; calice étalé après la floraison   2

2 { Feuilles glabres en dessus.   3
Feuilles velues des 2 côtés ; fruit noir, glabre ; feuilles de la tige simples et ternées. *Tomentosus.* Cotonneuse. *Var.* Feuilles de la tige à 5 folioles pour la plupart. . *Collinus.* des Collines.

3 { Tiges de 19-33 déc., cylindr. très-glauques et poudreuses ; feuilles inférieures ailées ; fruit pubescent ; rouge ou jaunâtre : pétales connivents. . . . . *Idæus.* Framboisier.
Tiges jeunes, de 3-13 déc., à 5 angles, vertes, glabres, rar. poudreuses ; fruit glabres, noirs ; pétales étalés. . . . *Fruticosus.* Arbrisseau.

IX Fragaria. (Fraisier·) *Vesca.* Commun.

X Potentilla. (Potentille.)

1 { 4 pétales ; 8 divisions calicinales ; feuilles supér. sessiles ; stipules incisées-digitées . . . . .
. . . . *Tormentilla.* Tormentille.
4 pétales rar. 5 : 8 divisions calicinales ; toutes les feuilles digitées, pétiolées et alternes : stipules entières . . . *Nemoralis.* des Forêts.
5 pétales, 10 divisions calicinales   2

2 { Fleurs blanches ou rosées.   3
Fleurs jaunes.   6

3 { Feuilles ailées ; tige de 3-4 déc. *Rupestris.* des Rochers.
Var. à tige de moins d'un déc. *Pygmæa.* Naine.
Feuilles digitées, à 3-7 digitations. . . .   4

4 { Feuilles infér. à 3 digitations ou folioles ; 1-3 fleurs longuement pédonculées. . . . . *Fragaria* Fraisier.
Feuilles inférieures à 5 digitations. 5

5 { Tige filiforme, tombante ; pétales en cœur renversé ; fleurs 1-3. . . . . . *Alba.* Blanche.
Tige ascendante ; pétales à peine échancrés ; fleurs de 10-20, en corymbe. . . . . *Caulescens.* Ascendante.

6 { Feuilles ord. toutes ternées ou ailées. . . . 7
Feuilles digitées, à plus de 3 folioles, au moins les inférieures. 9

7 { Feuilles ternées. . . *Subacaulis.* à courte Tige.
Feuilles ailées 8

8 { Feuilles d'un vert-pâle des 2 côtés ; tiges étalées. . . . . *Supina.* Couchée.
Feuilles d'un blanc argenté en dessous ; tiges rampantes. . . . . . *Anserina.* Argentine.

9 { Tiges rampantes ou couchées. 10
Tiges droites, ascendantes, tombantes ou gazonneuses 12

10 { Tige glabre ; fleurs solitaires ; longuement pédonculées . . . . *Reptans.* Rampante.
Tige plus ou moins hérissée ; fleurs non solitaires. 11

11 { Plante à poils blancs et longs, mous, divergents ; pétales un peu échancrés. . *Opaca.* Opaque.
Poils raides, plus ou moins étalés ; pétales obcordés. *Verna.* Printanière. *Var* très-hérissée, rabougrie . . . . . *Montana.* des Montagnes.

12 { Stipules découpées-incisées profondément ; tige droite. . . . . *Recta.* Droite.
Stipules entières ou à peine denticulées. . . 13

13 { Feuilles très-blanches, argentées en dessous. . . . . *Argentea.* Argentée.
Feuilles plus ou moins vertes en dessous. . . 14

14 { Tiges serrées en touffes, étalées, tombantes, plus ou moins couchées. . . . . . . *ci-dessus* 11
Tiges rougeâtres, droites-ascendantes, non en touffes serrées ; feuilles supérieures presque sessiles. . . . . *Hirta.* Hérissée.

XI Agrimonia. (Aigremoine.) *Eupatoria.* Eupatoire.

9

D. SANGUISORBÉES.

XII ALCHEMILLA. (Alchimille.)

1 {
Feuilles à 5 lobes bi-trifides. *Arvensis.* des Champs.
Feuilles simples, réniformes, à 5-9 divisions ou lobes-bordés de dents. . *Vulgaris.* Commune
Var. à feuilles pubescentes des 2 côtés. . . .
. . . . *Hybrida.* Hybride.
Feuilles digitées, à 5-9 digitations ou folioles soyeuses-argentées en dessous. *Alpina.* des Alpes.

XIII SANGUISORBA. (Sanguisorbe.) *Officinalis.* Officinale.

XIV POTERIUM. (Pimprenelle.) *Sanguisorba.* Sanguisorbe.

E. ROSÉES.

XV ROSA. (Rosier.)

1 {
Fleurs pleines ou demi-pleines, cultivées. . .
. . . . *Centumfolia.* à cent Feuilles
Fleurs simples **2**

2 {
Styles réunis en colonne unique et centrale, peu ou point divisée au sommet. **3**
Styles libres, ord. plus courts que les étamines. **5**

3 {
Segments du cal. pinnatifides, avec appendice. *Stylosa.* var. *Lanceolata* à long Style. *Var.* Lancéolé.
Segments du cal. entiers ou peu laciniés, et sans appendice. **4**

4 {
Styles glabres; feuilles blanches en dessous. .
. . . . *Arvensis.* Var. *Vulgaris.* des Champs.
Styles glabres; feuilles vertes-luisantes des 2 côtés. . . . *Sempervirens.* Var. *Prostrata.*
Toujours vert. *Var.* Couché.
Styles velus; feuilles luisantes des 2 côtés. .
Sempervirens. Var. *Scandens.* *Var.* Grimpant. *

* *Var.* à feuilles très-petites, d'environ 18 mil. . .
. . . . *Microphylla.* à petites Feuilles.

5 {
Rameaux à peu près sans épines ou à 2 épines à la naissance des feuilles. **6**
Rameaux sensiblement épineux ailleurs qu'à la naissance des feuilles. **7**

6 { Feuilles vertes ; pédoncules hérissés ; à la fin
point d'épines . . . .
. *Alpina. Var. Vulgaris.* des Alpes. *Var.* Commun.
* *Var.* Fruit hérissé. *Pyrenaïca. Var.* des Pyrénées.
Feuilles glauques, rougeâtres, rameaux très-peu
épineux et rouges. *Rubrifolia.* à Feuilles rouges.

* *Var.* **a.** Lanières du cal. presque entières. . . .
. . . . *Lœvis. Var.* Lisse.

b. Lanières pinnatifides . . . .
. . . . . *Pinnatifida. Var.* Pinnatifide.

7 { Fleurs blanches ou presque blanches. . . .   8
Fleurs rouges, roses ou plus ou moins rosées.   10

8 { Aiguillons droits, subulés ou sétacés, grêles ;
divisions du calice entières . . . .
. . . . . . *Pimpinellifolia.* Pimprenelle. *
* *Var.* Pédoncules glabres. *Vulgaris. Var.* Commun.
Pédoncules garnis d'aiguillons serrés. . . .
. . . . . *Myriacantha. Var.* à mille Épines.
Aiguillons des tiges comprimés et élargis à la base,
très-courbés ; divisions du cal. pinnatifides. .   9

9 { Aiguillons de la tige presque égaux ; feuilles non
tachetées de rouille . . *Canina.* des Chiens. *
* *Var.* **a.** Feuilles tout à fait glabres . . . . .
. . . . . *Vulgaris. Var.* Commun.
b. Feuilles au moins tomenteuses en
dessous. *Dumetorum. Var.* des Buissons.
Aiguillons des tiges inégaux ; feuilles tachées
de rouille . . . . . . *Rubiginosa.* Rouillé.

* *Var.* **a.** Styles glabres. . *Sepium. Var.* des Haies.
b. Styles velus. . . *Vulgaris. Var.* Commun.

10 { Feuilles glabres, au moins en dessus 11
Feuilles pubescentes des 2 côtés 13

11 { Feuilles non tachetées de rouille. 12
Feuilles tachetées de rouille. . . . .
. . . . *Rubiginosa.* Rouillé. *

* *Var.* **a.** Styles glabres . . *Sepium. Var.* des Haies.
b. Styles velus. . . *Vulgaris. Var.* Commun.

12 { Folioles tout à fait glabres, non glauques en
dessous ; fleurs roses ou rosées. . . . . .
. . *Canina. Var. Glabra.* des Chiens. *Var.* Glabre.
Folioles glauques ou pubescentes en dessous ;
fleurs rouges-pourpres. . *Gallica.* de France.

13 ⎰ Lanières du cal. dentelées ; folioles vertes des 2
côtés ou presque tomenteuses en dessous. .
. *Canina. Var. Dumetorum* Var. des Buissons.
Lanières du cal. incisées ; folioles blanchâtres-
tomenteuses des 2 côtés. *Tomentosa.* Cotonneux.
Feuilles tachetées de rouille en dessous. . .
. . *Rubiginosa. et ses var. ci-dessus.* n.° 9.

F. POMACÉES.

XVI CRATÆGUS. (Alisier.)

1 ⎰ Feuilles dentées, crénelées ; 5 styles. . . .
. . . . *Pyracantha.* Buisson-Ardent.
Feuilles lobées, incisées ; 1-3 styles. 2

2 ⎰ Feuilles glabres, luisantes; stipules très-larges;
fruit petit comme un pois. *Oxiacantha.* Aubépine.
* *Var.* Feuilles très-découpées *Laciniata.* Lacinié.
Feuilles, rameaux, cal. et corymbe pubescents ;
fruit assez gros. . . . *Azarolus.* Azérolier.

XVII COTONEASTER. (Cotonnier.)

1 ⎰ Feuilles ovales, un peu aiguës ; pédoncules et
cal. presque glabres; fruit glabre. . . . .
. . . . *Vulgaris.* Commun.
Feuilles arrondies aux 2 bouts ; pédoncules, cal.
et fruit laineux. . . . *Tomentosa.* Laineux.

XVIII AMELANCHIER. (Amelanchier.)

1 ⎰ Calice et fruits glabres; styles 5. *Vulgaris.* Commun.
Calice et fruit lanugineux ; styles 2. . . . .
. . . . *Chamæmespilus.* Nain.

XIX MESPILUS. (N flier.) *Germanica.* Commun.

XX SORBUS. (Sorbier.

1 ⎰ Feuilles ailées, pinnées. *Aucuparia.* des Oiseleurs.
Feuilles non ailées. 2

2 ⎰ Feuilles ovales en cœur, à 7 lobes, acuminées,
dentées . . . . . *Torminalis.* Faux-Sycomore.
Feuilles sans lobes, ovales, doublement dentées,
-très-blanches en-dessous . . *Aria.* Allouchier.

XXI PYRUS. (Poirier.) et MALUS. (Pommier.) n.° 7.

1 ⎰ Feuilles ailées. (C'est le SORBUS n.° xx.) . . 2
Feuilles simples. 3

2 { Feuilles presque glabres des 2 côtés ; fruit petit comme un pois. . . *Aucuparia.* des Oiseleurs.
Feuilles blanchâtres , cotonneuses en dessous , glabres à la fin ; fruit gros comme une noix. . . . . *Sorbus.* Sorbier.

3 { Fleurs en ombelle ; pédicelles partant du même point 4
Fleurs en corymbe ; pédicelles partant de points différents. 8

4 { Styles libres ; fruit non ombiliqué à la base , grossissant de la base au sommet. 5
Styles soudés ; fruit profondément ombiliqué à la base , ventru (MALUS). 7

5 { Feuilles lancéolées, 5-6 fois plus longues que les pétioles . . . . *Amygdaliformis.* Amandier.
Feuilles elliptiques ou largement lancéolées , à peu près de la longueur des pétioles. . . . 6

6 { Feuilles larges , dentelées , luisantes et glabres, ainsi que les bourgeons . *Communis.* Commun.
Var. a Rameux épineux. *Pyraster.* Sauvage.
b Rameaux non épineux *Sativa.* Cultivé.
Feuilles jeunes très entières , pubescentes en dessus et cotonneuses en dessous. . . . . *Salvifolia.* à Feuilles de Sauge.

7 { Feuilles et cal. très-glabres. . *Acerba.* Acerbe.
Feuilles et cal. presque cotonneux. . . . . *Malus.* Pommier.

8 { Feuilles à 7 lobes. (SORBUS). . . . . *Torminalis.* Faux-Sycomore.
Feuilles simples , plus ou moins dentées . . . 9

9 { Feuilles glabres des deux côtés (AMELANCHIER. . . . . *Chamæmespilus.* Nain.
Feuilles blanches cotonneuses en dessous. (SORBUS.) . . . . *Aria.* Allouchier.

XXII CYDONIA. (Cognassier.) *Vulgaris.* Commun.

34.me *Famille.* GRANATÉES.

I PUNICA. (Grenadier.) *Granatum.* Commun.

35.me *Famille.* MYRTACÉES.

1 { Feuilles dentées ; capsules à 4-5 loges ; fleurs larges d'environ 2 cent. en grappes . . . . PHILADÉLPHUS. II
Feuilles odorantes, entières ; capsules à 2-3 loges ; fleurs plus petites , solitaires ou géminées . . . . MYRTUS. I

I MYRTUS. (Myrte.) *Communis.* Commun.

II PHILADELPHUS. (Seringat.) *Coronorarius.* Citronelle.

36.me *Famille.* CUCURBITACÉES.

1 { Pétales soudés en corolle monopétale. 2
Pétales libres ou à peine soudés à la base. . . 3

2 { Plantes sans vrilles ; fruit hérissé, rude, oblong, de 3 5 cent . . . . MOMORDICA. IV
Plante ayant des vrilles ; fruit lisse , gros. CUCURBITA. III

3 { Fleurs jaunes , grandes. . . . . . CUCUMIS. I
Fleurs blanches et grandes ou blanchâtres-verdâtres , petites 4

4 { Fruit petit , rond , charnu ; feuilles rudes. . fleurs petites , verdâtres. . . . BRYONIA. V
Fruit allongé , étranglé en bouteille ou en massue, corriace; feuilles douces, velues LAGENARIA. II

I CUCUMIS. (Concombre.)

1 { Feuilles à lobes pinnatifides ; fruit gros comme la tête au moins , moucheté de vert et de blanc, lisse. . . . . *Citrullus.* Pastèque.
Feuilles non pinnatifides , simplement lobées ou anguleuses 2

2 { Lobes des feuilles arrondis ; fruit jeune trèsvelu, à la fin sillonné profondément ou presque sans sillons . . . . *Melo.* Melon.
Lobes anguleux , aigus ; fruit un peu tuberculeux . . . . *Sativus.* Cultivé.

II LAGENARIA. (Callebasse.) *Vulgaris.* Commune.

III CUCURBITA. (Courge.)

1
- Feuilles en cœur, arrondies, à lobes peu saillants; fruits gros , applatis aux 2 pôles; corolle réfléchie . . . . *Maxima.* Potiron.
- Feuilles en cœur , lobées ; fruit gros , oblong , sans protubérance; corolle droite. *Pepo*. Citrouille.
- Feuilles en cœur à lobes dentés ; fruit à protubérance unique, conique, à base crénelée, sillonnée. . . . . . . *Melopepo.* Mélopépon.

IV Momordica. (Momordique.) *Elaterium.* Elastique.

V Bryonia. (Bryone.) *Dioica.* Dioïque.

37.me *Famille.* ONAGRAIRES.

1
- Pétales nuls ou rudimentaires; étam. 4 ; fleurs herbacées. . . . . Isnardia. III
- 2-4 pétales ; 2-8 étamines. 2

2
- 2 pétales ; 2 étam. ; fleurs blanches ou rosées. . . . . Circæa.
- 4 pétales ; 4-8 étamines. 3

3
- 4 étam. ; plante rampante , nageante dans l'eau; Fleurs blanchâtres . . . . . Trapa. V
- 8 étam. ; plante droite ou étalée , non nageante. 4

4
- Fleurs jaunes. . . Jussiæa *et* Ænothera. II
- Fleurs roses, purpurines, rar. blanches. . . . . Epilobium. 1

I Epilobium. (Epilobe.)

1
- Pétales échancrés; fleurs régulières ; étamines et pistils dressés ; feuilles au moins les infér. opposées 2
- Pétales ovales ; fleurs un peu irrégulières ; étam. et pistils inclinés; réfléchis , arqués ; feuilles éparses. 7

2
- Stigmate à 4 lobes profonds , très-dinstincts , étalés en croix. 3
- Stigmate entier ou à lobes peu distincts ou soudés en massue 5

3
- Fleurs grandes : divisions du cal. fortement mucronées , réunies comme en une seule pointe surmontant le bouton; feuilles embrassantes. . . . . *Hirsutum.* Hérissé.
- Fleurs assez petites; divisions du cal. peu ou point mucronées; bouton mutique. 4

{Tige velue; feuilles lâchement denticulées, mollement pubescentes . . *Molle* à petites Fleurs.
4 {Tige presque glabre ; feuilles fortement dentées,
luisantes. . . . *Montanum.* des Montagnes. »

* *Var.* **a.** à feuilles étroites. *Lanceolatum.* Lancéolées.

b. à feuilles larges à la base. *Ovatum.* Ovate.

{Tige simple, rampante à la base, presque glabre,
de 16 cent. au plus ; feuilles ovales, presque
pétiolées, acuminées, dentées, glabres, luisantes;
5 {fruit très-long, d'abord pubescent, puis glabre;
fleurs purpurines. *Origanifolium* à feuilles d'Origan.
Tige rameuse, droite, de 16 cent. au moins,
tout-à-fait cylindrique ou quadrangulaire. . 6

{Tige de 16 cent. à 3 déc. cylindrique ; feuilles
lancéolées ou linéaires, glabres ; fleurs roses
6 {. . . . . *Palustre* des Marais.
Tige de 3 à 7 déc., tétragone à la base ; feuilles
décurrentes ; fleurs purpurines. . . . . .
. . . . *Tetragonum.* Tétragone.

{Feuilles linéaires, non veinées; style plus court
que les étam. ; bractées insérées sur le pédicelle;
fleurs terminales . . . .
7 {. . . . *Rosmarinifolium* à feuilles de Romarin.
Feuilles lancéolées, larges, veinées; style plus
long que les étamines ; bractées insérées sur
la tige ; fleurs en grappe allongée. . . . .
. . . . *Spicatum* en Epi.

II ÆNOTHERA. (Onagre.) et JUSSIÆA. (Jussie.)

{Calice caduc, (ÆNOTHERA.) *Biennis.* Bisannuelle.
1 {Cal. persistant, et couronnant le fruit. (JUSSIÆA.)
. . . . *Grandiflora.* à grandes Fleurs.

III ISNARDIA (Isnardie.) *Palustris.* des Marais.

IV CIRCÆA. (Circée.)

{Feuilles en cœur; pétales plus courts que le cal.;
épi court. . . . . . . *Alpina.* des Alpes.
5 {Feuilles ovales, aiguës; pétales égaux au cal.
épi long. . . . . . *Luteliana.* Commune.

V TRAPA. (Macre.) *Natans.* Nageante.

38.me *Famille.* HALORAGÉES.

1 { Cal. à 4 segments ; étamines 4-8 ; feuilles verticillées , pinnatifides . . . MYRIOPHYLLUM. **I**
Cal. nul , ou monophylie ; étam. 1-2 ; feuilles
entières **2**

2 { Feuilles opposées ; cal. nul ou presque nul ; fruit
polysperme . . . . CALLITRICHE. **III**
Feuilles verticillées ; cal. très-petit ; fruit monosperme. . . . . HIPPURIS. **II**

a. MYRIOPHYLLÉES.

I MYRIOPHYLLUM. (Volant-d'eau.)

1 { Épis des fleurs presque nus , à bractées plus courtes que les fleurs ; style nul. *Spicata.* en Epi.
Épis feuillés , ou à bractées plus longues que les
fleurs **2**

2 { Feuilles presque toutes de même longueur , à lanières pectinées linéaires dans celles qui servent
de bractées, capillaires dans les submergées. .
. . . . *Verticillatum* Verticillé.
Feuilles inégales , pectinées , à lanières capillaires ; celles qui servent de bractées incisées-pin-
natifides ; les supér. chevelues , les infér. plus
longues. . . . *Pectinatum.* à dents de Peignes.

b. HYPPURIDÉES.

II HIPPURIS. (Pesse.) *Vulgaris.* Commune.

c. CALLITRICHINÉES.

III CALLITRICHE. (Callitrique.) *Aquatica.* Aquatique. *Var.*

{ a. Feuilles toutes obovales ou oblongues , atténuées inférieurement , les supér. en rosette
sur l'eau . . . . *Obovata* des Étangs.
b. Feuilles de 2 formes , les infér. lancéolées ou
linéaires , les supér. obovales ou oblongues ,
atténuées à la base , la plupart en rosette sur
l'eau . . . . . . *Heterophylla.* du Printemps.
c. Feuilles toutes lancéolées , étroites ou linéaires , ord. échancrées au sommet , toutes submergées. . . . . . *Angustifolia.* d'Automne.

39.ᵐᵉ *Famille*. CERATOPHYLLÉES.

I CERATOPHYLLUM. (Cornifle.)

1 { Segments des feuilles dentelés-épineux ; fruit à 3 cornes. . . . . *Demersum*. Nageant.
Segments des feuilles sans dents épineuses ; fruit à une seule corne. . . *Submersum*. Submergé.

40.ᵐᵉ *Famille*. LYTHRARIÉES.

1 { Fleurs purpurines ; plante redressée. LYTHRUM.   I
Fleurs blanches , à pétales fugaces ou nuls; cal. rougeâtre ; tige couchée , radicante. PEPLIS.   II

I LYTHRUM.(Salicaire.)et AMMANNIA.(Ammannie.)

1 { Tige de 7-13 déc. ; fleurs en petites grappes axillaires de 4-10 , ou verticillées en épi terminal ; cal. pubescent; étam. 12; pétales égaux ou dépassant le cal. . . . . *Salicaria*. Commune.
Tige de 3-4 déc. ; fleurs axillaires de 1-3. . .   2

2 { Feuilles arrondies ou ovales-spatulées. (AMMANNIA.)   3
Feuilles linéaires ou lancéolées.   4

3 { Feuilles arrondies , presque toutes alternes : épi des fleurs distant. *Nummulariefolium*. Nummulaire.
Feuilles ovales spatulées , opposées; épi des fleurs serré. . . . . *Borœi*. de Boreau.

4 { Feuilles sessiles obtuses ; étam. 3-6; pétales 5-6 , bien plus courts que le cal. ; capsule sessile , à 6 dents . . *Hyssopifolium* à feuilles d'Hysope.
Feuilles rétrécies en pétioles : 2 étam. ; 4 pétales; capsule à 4 dents. *Thymifolium*. à Feuilles de Thym.

II PEPLIS. (Péplide.) *Portula*. Pourpier.

41.ᵐᵉ *Famille*. TAMARISCINÉES.

1 { Etamines monadelphes ou soudées , alternativement plus courtes ; style nul. . MYRICARIA.   II
Étam. presque libres et égales ; 2-4 styles. . . . . TAMARIX.   I

I TAMARIX. (Tamarisque.)

1
Arbuste à rameaux violets-bruns ; épis denses,
épais, larges de 6-10 mill. ; étamines plus
courtes que la corolle. . *Africana*. d'Afrique.
Arbuste verts ; épis grêles, larges de moins de
6 mil. . . . . |*Gallica*. de France.

Var. Arbuste un peu glauque : épis derses ; étamines très-saillantes . *Brevistyla*. à Style court.

II MYRICARIA. (Myricaire.) *Germanica*. d'Allemagne.

42.me *Famille.* PORTULACÉES.

1
Fleurs jaunes . . . . PORTULACA. I
Fleurs blanches. . . . . MONTIA. II

I PORTULACA. (Pourpier.) *Oleracea*. Cultivé.

II MONTIA. (Montie.) *Fontana*. der Fontaines.

43.me *Famille.* PARONICHIÉES.

1
Feuilles sans stipules , ou ayant seulement 2 pe-
tits appendices à la base des feuilles. . . . 2
Feuilles stipulées 3

2
2 petits appendices grêles à la base des feuilles,
en forme de stipules ; 1 style à 3 stigm. ; capsule à plusieurs graines . . . LOEFLINGIA. VIII
Pas d'appendices à la base des feuilles ; 2 styles
ou 1 bifide ; capsule à une graine. SCLERANTHUS. VII

3
Feuilles alternes , éparses. 4
Feuilles opposées, rar. verticillées 5

4
Capsule à plusieurs graines ; feuilles ovales, larges, rhomboïdales , dures ; 3 styles. TELEPHIUM. I
Caps. à 1 graine ; feuilles linéaires , obtuses ; 3
stigm. ; stipules très-petites. . CORRIGIOLA. II

5
Capsule à 1 graine. 6
Capsule à 2 ou plusieurs graines. 8

6
Style nul ; stigmates sessiles ; sépales en capuchon, épaissis sur le dos, terminés par une pointe
acérée. . . . . ILLECEBRUM. IV
Styles plus ou moins longs. 7

7
Sépales presque planes ; stipules et bractées fort
petites , herbacées . . . . . . HERNIARIA. III
Sépales presque en capuchon , non épaissis sur
le dos ; stipules blanches et scarieuses , assez
grandes . . . . PARONICHIA. V

8 { 2-3 styles courts ; feuilles de la tige 4 à 4. . . . . POLYCARPON. **VI**
1 Style à 3 stigmates ; feuilles toutes opposées et garnies à la base de 2 petits appendices. . . . . LOEFLINGIA. **VIII**

a. TÉLÉPHIÉES.

I TELEPHIUM. (Télèphe.) *Imperati*. d'Imperati.

II CORRIGIOLA. (Corrigiole.) *Littoralis*. des Rivages.

b. ILLÉCÉBRÉES.

III HERNIARIA. (Herniaire.)

1 { Plante très glabre ; cal. à peine parsemé de quelques soies sur les nervures. . *Glabra* Glabre
Plante toute hérissée de poils ou de soies. . . 2

2 { Fleurs un peu pédicellées ; soies blanches , égales entre elles : fleurs en paquets axillaires, lâches ; feuilles élargies au sommet. . . . . *Incana* Blanchâtre.
Fleurs tout à fait sessiles ; soies inégales : feuilles oblongues. . . . . . *Hirsuta* Hérissée. *

* *Var.* Tige un peu redressée ; poils divergents , cendrés ; paquets de fleurs garnis. *Cinerea*. Cendrée.

IV ILLECEBRUM. (Illécèbre.) *Verticillatum*. Verticillé

V PARONICHIA. (Paronique.)

1 { Divisions du cal. membraneuses, dilatées au sommet ; fleurs en cyme unilatérale. *Cimosa*. en Cyme.
Divisions du cal. herbacées , non dilatées au sommet. 2

2 { Feuilles plus longues que les stipules. . . . 3
Feuilles toutes ou presque toutes plus courtes que les stipules. 4

3 { Feuilles ciliées , velues , peu aiguës ; divisions du cal. presque obtuses , hérissées ; bractées argentées , tronquées , acuminées. . . . . *Serpyllifolia* à feuilles de Serpolet.
Feuilles ciliées dentées , presque glabres ; divis. du cal. mucronées ; bractées argentées, ovales , acuminées . . . . *Argentea*. Argentée.

$\left\{\begin{array}{l}\text{Feuilles étroitement lancéolées, dentelées ; divis.} \\ \text{du cal. un peu mucronées . . . .} \\ \text{. . . . . . } \textit{Polygonifolia.} \text{ à Feuilles de Renouée.} \\ \text{Feuilles oblongues, en carène ; divis. du cal.} \\ \text{non mucronées. . } \textit{Capitata.} \text{ en Têtes terminales.}\end{array}\right.$

4

C. POLYCARPÉES.

VI Polycarpon. (Polycarpe.)

1 $\left\{\begin{array}{l}\text{3 étamines ; feuilles quaternées sur la tige, les au-} \\ \text{tres opposées. . . } \textit{Tetraphyllum.} \text{ à 4 Feuilles.} \\ \text{5 étamines ; feuilles simplement opposées. . .} \\ \text{. . . . } \textit{Alsinæfolium.} \text{ à Feuilles de Morgeline.}\end{array}\right.$

D. SCLÉRANTHÉES.

VII Scleranthus. (Gnavelle.)

1 $\left\{\begin{array}{l}\text{Lobes du cal. obtus, largement bordés, fermés} \\ \text{à la maturité . . . . . } \textit{Perennis.} \text{ Vivace.} \\ \text{Lobes du cal. devenant épineux, étalés ou réflé-} \\ \text{chis à la maturité. } \textit{Polycarpos.} \text{ à Calice épineux.} \\ \text{Lobes du cal. aigus, très-étroitement bordés,} \\ \text{ouverts à la maturité . . . } \textit{Annuus.} \text{ Annuelle.}\end{array}\right.$

E. MINUARTIÉES.

VIII Loeflingia. (Lœflingie.) *Hispanica.* d'Espagne.

44.me *Famille.* CRASSULACÉES.

1 $\left\{\begin{array}{ll}\text{Corolle monopétale ; feuilles toutes ou presque} & \\ \text{toutes peltées. . . . . . . } \text{COTYLEDON.} & \text{IV} \\ \text{Corolle polypétale ; feuilles non peltées. . .} & \text{2}\end{array}\right.$

2 $\left\{\begin{array}{ll}\text{Sépales, pétales, étamines et carpels au nombre} & \\ \text{de 3. . . . . } \text{TILLÆA.} & \text{I} \\ \text{Sépales, pétales et ovaires de 4-12 ; étam. ord.} & \\ \text{au double. . . . .} & \text{3}\end{array}\right.$

3 $\left\{\begin{array}{ll}\text{Sépales, pétales et ovaires de 4-5 ; étamines 4-10.} & \\ \text{. . . . . } \text{SEDUM.} & \text{II} \\ \text{Sépales, pétales et ovaires 6-12 ; étamines 12-24.} & \text{4}\end{array}\right.$

4 $\left\{\begin{array}{ll}\text{6-8 pétales ; feuilles plus ou moins cylindriques,} & \\ \text{coniques. . . . . } \text{SEDUM.} & \text{II} \\ \text{6-12 pétales ; feuilles très-larges en rosette à la} & \\ \text{base des tiges, en forme d'artichaut. . . .} & \\ \text{. . . . . } \text{SEMPERVIRUM.} & \text{III}\end{array}\right.$

10

I Tᴉʟʟᴁᴀ. (Tillée.) *Muscosa.* Mousse.

II Sᴇᴅᴜᴍ. (Orpin.)

1 { Sépales , pétales et étamines de 5-7 2
{ Sépales et pétales de 5-7 ; étam. de 10-14. . . 3

2 { Fleurs pubescentes, sessiles ; plante rougeâtre ;
{ feuilles oblongues, en fuseau. *Rubens.* Rougeâtre.
{ Fleurs glabres presque sessiles ; feuilles ovales,
{ épaisses. . . . . . *Cœspitosum.* de Magnol.

3 { Feuilles planes. 4
{ Feuilles plus ou moins cylindriques, peu ou point
{ dilatées 8

4 { Fleurs axillaires , sessiles , en cyme ; feuilles
{ presque rudes, anguleuses, dentées . . . .
{ . . . . *Stellatum.* Étoilé.
{ Fleurs en panicule ou corymbe. 5

5 { Feuilles incisées dentées ou simplement dentées
{ en scie. 6
{ Feuilles entières. 7

6 { Feuilles éparses. . . . .
{ *Telephium.* Var. *Vulgare.* Reprise. *Var.* Commune.
{ Feuilles opposées. . . . .
{ *Telephium.* Var. *Latifolium.* Reprise. *Var.* à larges
{ Feuilles.

7 { Fleurs purpurines , serrées en corymbe ; feuill.
{ en coin. . . . . *Anacampseros.* Anacampseros.
{ Fleurs blanchâtres , en panicule ; feuilles ova-
{ les , spatulées. . . . . *Cepœa.* Paniculé. *

* *Var.* à feuilles quaternées. . *Galioïdes.* faux Gaillet.

8 { Fleurs jaunes ou jaunâtres ou verdâtres. . . 9
{ Fleurs ni jaunes ni jaunâtres 15

9 { Feuilles presque ovales , un peu aplanies, non
{ éperonnées en dessous , sur 6 rangs aux tiges
{ stériles ; fleurs d'un jaune vif, en cyme à 3 bran-
{ ches dont une plus courte . . . *Acris.* Acre.
{ Feuilles en fuseau ou en alène 10

10 { Feuilles des tiges stériles dilatées à la base, em-
{ brassantes ; fleurs de 5-7 en cyme. . . .
{ . . . . *Amplexicaule.* à Feuilles embrassantes.
{ Feuilles des tiges stériles non embrassantes, sou-
{ vent éperonnées à la base. 11

11 { Feuilles obtuses ; tige rougeâtre ; fleurs sessiles
{ le long des rameaux. . *Saxatile.* des Pierres.
{ Feuilles aiguës ; fleurs en cyme ou en corymbe. 12

12 {
Feuilles vertes ; fleurs d'un jaune vif ; pétales linéaires ; feuilles en alène, filiformes . . .
. . . . *Reflexum.* Réfléchi.
Feuilles glauques 13

13 {
Sépales et pétales aigus et droits ; feuilles cylindriques ; fleurs d'un jaune pâle. . . . . .
. . . . *Onopetalon.* à Pétales droits.
Sépales ou pétales obtus, ou pétales lancéolés et étalés. 14

14 {
Tige un peu ligneuse ; pétales et sépales obtus ; fleurs jaunes, blanchâtres ou verdâtres. . .
. . . . *Altissimum.* Élevé.
Tige herbacée ; pétales lancéolés ; sépales obtus; feuilles en fuseau. . . *Rupestre.* des Rochers.

15 {
Feuilles pubescentes. 16
Feuilles glabres ; tige pubescente ou non. . . 17

16 {
Feuilles cylindriques ; pétales aigus, en arête ; fleurs blanchâtres . . . *Hirsutum.* Hérissé.
Feuilles un peu aplanies en dessus ; pétales un peu obtus ; fleurs rougeâtres. *Villosum.* Velu.

17 {
Feuilles glabres ; tige, pédicelles, et calice pubescents. . . *Dasyphyllum.* à Feuilles épaisses.
Plante toute glabre. 18

18 {
Tige un peu ligneuse ; feuilles presque globuleuses, courtes, épaisses, sur 4 rangs. . .
. . . . . . *Brevifolium.* à Feuilles courtes.
Tige herbacée ; feuilles oblongues, presque cylindriques, éparses, vertes. . . *Album.* Blanc.

III Sempervirum. (Joubarbe.)

1 {
Rosette des feuilles jeunes garnie d'une espèce de toile d'araignée ; pétales 8-9, 2 fois plus longs que le calice. *Arachnoïdeum.* à toile d'Araignée.
Pas de toile d'araignée sur les feuilles ; pétales de 10-12-15 ou 6. 2

2 {
Tige de 3 déc. ; pétales de 12-15 ; feuilles élargies au sommet, subitement et longuement acuminées, planes en dessus, convexes en dessous.
. . . . *Tectorum.* des Toits.
Tige de 18 cent. ; pétales de 10-12 ; feuilles oblongues, convexes des 2 côtés ; pétales 4 fois plus longs que le calice. . *Montanum.* des Montagnes.
Tige de 2-3 déc. ; pétales 6 ; feuilles et pétales ciliés ; rosettes nombreuses. . . . . . .
. . . . . . *Globiferum.* à Pousses globuleuses.

IV **Cotyledon**. (Cotyledon.) *Umbilicus.* à Fleurs pendantes.

45.me *Famille.* CACTÉES.

I **Cactus**. (Cierge.) *Opuntia.* Raquette.

46.me *Famille.* GROSSULARIÉES.

I **Ribes**. (Groseiller.)

1 { Arbuste épineux ; feuilles petites , velues ; fruit petit. *Uva-Crispa.* Var. *Sylvestris.* Épineux. *Var.* des Bois.
Var. b. Feuilles larges , glabres ou presque glabres , luisantes en dessus ; fruit plus gros. . . . . *Grossularia.* à Fruits gros.
Arbuste non épineux 2

2 { Grappes dressées ; bractées plus longues que les fleurs ; fruits rouges. *Alpinum.* des Alpes.
Grappes pendantes ; bractées plus courtes que les pédicelles 3

3 { Fruit noir ; fleurs un peu en cloche , en grappes poilues ; cal. pubescent , glanduleux. . . . . *Nigrum.* Cassis·
Fruit rouge , ou blanchâtre ; fleurs planes , en grappes glabres; calice glabre. *Rubrum.* Commun.

* *Var.* Arbuste plus grand. . . . . *Sativum.* Cultivé

47.me *Famille.* SAXIFRAGÉES.

1 { Fleurs à calice et corolle ; capsule à 2 loges. . . . . **Saxifraga.** I
Fleurs à une seule enveloppe florale ; capsule à 1 loge ou baie à 4-5 loges. 2

2 { 2 Styles ; capsule à une loge ; feuilles crénelées. . . . . **Chrysosplenium** II
4-5 styles ; capsule à 4-5 loges ; feuilles 2 fois ailées-ternées . . . . **Aboxa.** III

I **Saxifraga**. (Saxifrage.)

1 { Ovaire parfaitement libre , n'adhérant pas au cal. 2
Ovaire adhérent au calice ou soudé à moitié ou tout entier avec lui. 6

2 { Feuilles entières . . . . *Aspera.* à Cils raides.
Feuilles crénelées ou dentées. 3

3 { Feuilles rondes ou réniformes ; tige feuillée ; sépales droits après la floraison. . . . . *Rotundifolia*. à Feuilles rondes.
Feuilles plus ou moins en coin ; sépales réfléchis après la floraison. **4**

4 { Tige nue ; feuilles corriaces, très-glabres. . . . . *Cuneifolia*. en Coin.
Tige presque nue ; feuilles un peu grasses, plus ou moins velues. **5**

5 { Pétales égaux ; feuilles rhomboïdales, en coin, dentées seulement au sommet. *Stellaris*. Étoilée.
Pétales inégaux ; 3 plus petits ; feuilles en coin dentées dès le milieu . . . *Clusii*. de l'Écluse.

6 { Feuilles entières ou simplement dentées. . . **7**
Feilles lobées ou incisées pour la plupart. . . **9**

7 { Feuilles dentées ; fleurs blanches ou tâchetées. . . . . *Cotyledon*. Cotylédone.
Feuilles entières, ciliées ; fleurs jaunes ou jaunâtres **8**

8 { Fleurs jaunâtres, pâles ; tige ascendante. . . . . *Aspera*. à Cils raides.
Fleurs jaunes ; tige couchée. *Azoïdes*. faux Aizoon.

9 { Fleurs jaunes . . . . . *Muscoïdes*. Mousse.
Fleurs blanches **10**

10 { Pétales à 3 nervures rouges ; filets des étam. à la fin pourpres. . . . . *Pubescens*. Pubescente.
Filets toujours blancs ; pétales non nervés de rouge **11**

11 { Racines garnies çà et là de tubercules ; fleurs d'un blanc de lait, grandes, paniculées, en corymbe, penchées. . . . . . *Granulata*. Granulée.
Racines n'émettant pas de tubercules. . . . **12**

12 { Feuilles infér. bi-lobées-incisées ; pétioles 2-3 fois aussi longs que le limbe des feuilles. . . . . *Geranoïdes*. Géraniun.
Feuilles infér. sessiles ou brièvement pétiolées ; les pétioles ayant au plus la longueur du limbe des feuilles **13**

13 { Pétales oblongs, entiers ; fleurs longuement pédonculées, petites, en corymbe diffus. . . . . *Tridactilites*. à 3 doigts.
Pétales tronqués, émoussés, presque échancrés ; fleurs assez brièvement pédonculées, presque en grappes. . . . . . *Ascendens*. Ascendante.

II **Chrysosplenium.** (Dorine.)

1 { Feuilles alternes , fortement crénelées. . . .
. . . . . *Alternifolium.* à Feuilles alternes.
Feuilles opposées, à peine crénelées . . . .
. . . . . *Oppositifolium.* à Feuilles opposées.

III **Adoxa.** (Adoxe.) *Moscatelina.* Fam. des ARALIACÉES.
Famille 49.me

48.me *Famille.* OMBELLIFÈRES.

1 { Feuilles entières , simples ou dentelées. · . 2
Feuilles incisées, pinnatifides, ternées, digitées
ou ailées 3

2 { Fleurs jaunes ; feuilles entières ; plante terrestre.
. . . . BUPLEVRUM. XXVIII
Fleurs blanches ; feuilles dentelées , peltées ;
plante aquatique. . . . . HYDROCOTYLE. I

3 { Feuilles et bractées épineuses. 4
Feuilles et bractées sans épines 5

4 { Fruits sans côtes, fleurs réunies en tête sur un réceptacle commun , garni de paillettes ; involucre épineux ; pas d'ombellules , ni d'involucelles. . . . . ERYNGIUM IV
Fruits à 5 côtes ; fleurs en ombelle , à plusieurs
obellules ; involucres et involucelles épineux.
. . . . ECHINOPHORA. V

5 { Ombelles sans ombellules , ou fleurs en capitules , à pédoncules rameux 6
Fleurs en véritable ombelle , à ombelles et ombellules régulières. 7

6 { Fleurs sessiles ; involucelles non colorés. . .
. . . . SANICULA. II
Fleurs pédicellées ; involucelles colorés de rose.
. . . . ASTRANTIA. III

7 { Fleurs blanches ou légèrement purpurines. . 8
Fleurs jaunes ou jaunâtres ou jaunâtres-verdâtres. 58

8 { Pétales échancrés , en cœur renversé , bifides. 9
Pétales entiers ou tronqués, ou légèrement échancrés. 48

9 { Fruits lisses , glabres ou pubescents , mais non
garnis d'épines ou de soies épineuses . . . 10
Fruits hérissés d'épines ou de soies raides , épineuses 41

10 { Ombellules sans involucelles. 11
     { Ombellules munies d'involucelles 15

11 { Calice à 5 dents visibles. 12
     { Calice peu apparent. 13

12 { Fruits aplatis; lenticulaire (en forme de len-
     {   tille.). . . . . SILER. XLVII
     { Fruits globuleux ; plante fétide. CORIANDRIUM. LV

13 { Feuil. ternées ou 2 fois ternées. ÆGOPODIUM. XXIII
     { Feuilles 1-2 fois ailées. 14

14 { Point d'involucre ; rayons de l'ombelle nombreux
     {   et presque égaux ou de 4-7, mais alors feuilles
     {   pinnatifides, non 2 fois ailées. PIMPINELLA. XXVI
     { Involucre à 1 foliole ou plus, ou presque nul ;
     {   rayons de l'ombelle peu nombreux, lâches, très-
     {   inégaux ; feuilles 2 fois ailées. . . . CARUM. XXIV

15 { Calice sans dents sensibles. 16
     { Calice à 5 dents plus ou moins marquées et per-
     {   sistantes. 26

16 { Fruits aplatis, lenticulaires ; involucre nul ou à
     {   1-3 folioles très-fines 17
     { Fruits globuleux, ovoïdes. 18
     { Fruits oblongs, latéralemént comprimés. . . 20

17 { Involucre nul ; feuilles ternées ; folioles ovales-
     {   dilatées, lobées-dentées. . . IMPERATORIA. XLI
     { Involucre à plusieurs folioles ; feuilles presque
     {   3 fois ailées ; folioles pinnatifides, incisées en
     {   lanières lancéolées-linéaires . . SELINUM. XXXVII

18 { Folioles des involucelles pendantes-déjetées ; pé-
     {   .tales extérieurs presque rayonnants ; feuilles
     {   2 fois ailées ; folioles découpées en lanières li-
     {   néaires. . . . . ÆTHUSA. XXIX
     { Folioles des involucelles non pendantes-déjetées;
     {   folioles des feuilles non pinnatifides. . . . 19

19 { Tige tachetée de sang ; feuilles 2-3 fois ailées.
     {   . . . . CONIUM. VI
     { Tige non tachetée ; feuilles 1 fois ailées. SISON. XIX

20 { Pétales réguliers, à peu près égaux. 21
     { Pétales extérieurs plus grands, ou à lobes iné-
     {   gaux 22

21 { Racine globuleuse ; involucre nul ; pointes des
pétales larges, obtuses. . . . . BUNIUM. xxv·
Racine en fuseau ; invol. ord. à 1 ou plusieurs
folioles; pointes des pétales rétrécies , aiguës.
. . . . CARUM. xxiv·

22 { Involucre nul ou seulement composé de 1-3 foliol. 23
Involucre à plus de 3 folioles , presque pinnatifides . . . . AMMI. xxii

23 { Fruits surmontés d'un bec , ou carpel prolongé
en bec au-dessus des graines. 24
Fruits sans bec au dessus des graines. . . . 25

24 { Fruits à 5 côtes ; bec plus long que les graines.
. . . . SCANDIX. ix·
Fruits sans côtes , si ce n'est sur le bec plus court
que les graines. . . . . . ANTHRISCUS. x·

25 { Fruits à côtes carenées aiguës, profondément can-
nelés , noirâtres, très odorants. . MYRRHIS. xii
Fruits à côtes évanouies , ou très-obtuses. · .
. . . . CHÆROPHYLLUM. xi

26 { Fruits aplatis , lenticulaires. 27
Fruits globuleux, ou ovoïdes, ou oblongs. . . 32

27 { Pétales extérieurs bifides, plus grands que ceux
du centre, rayonnants. . . . . 28·
Pétales extérieurs égaux à ceux du centre , non
rayonnants. 29

28 { Fruit un peu hérissé, très-aplati, avec un rebord
en bourrelet ; involucre à 5-7 folioles; feuilles
ailées. . . . . TORDYLIUM. xlvi·
Fruit glabre , aplati , à rebord ailé ; involucre
caduc; feuilles ordinaires à 3 folioles. . . .
. . . . HERACLEUM. xlii·

29 { Fruit à rebord peu dilaté , un peu ailé; involucre
persistant; feuilles 2-3 fois ailées. 3o
Fruit à rebord non ailé , ou à plusieurs ailes. . 31

30 { Pétioles des feuilles brisés flexueux; fruits presque
orbiculaires , à bord très-blanc. OREOSELINUM. xl
Pétioles non brisés-flexueux; fruit ovale. . .
. . . . CERVARIA. xl

31 { Fruit sans ailes; rebord non dilaté ; involucre
caduc; feuilles 2 fois ternées . . . SILER. xlvii
Fruit à 4-8 ailes; involucre à plusieurs folioles;
feuilles 1-3 fois ailées. . . . LASERPITIUM. xlviii

43 { Aiguillons du fruit en alène ; folioles de l'involucre ord. pinnatifides . . . . . . DAUCUS.
Aiguillons, en partie du moins, courbés ou crochus en dedans; folioles de l'involucre toujours entières. . . . . ORLAYA.   1

44 { Fruit oblong, terminé par un bec.   4
Fruit ovoïde, sans bec.   4

45 { Bec aussi long ou plus long que les graines et le
fruit. . . . . SCANDIX.   1
Bec plus court que les graines ou le fruit. . .
. . . . ANTHRISCUS.

46 { Aiguillons couvrant les côtes et les sillons du
fruit; cal. à 5 dents triangulaires. TORYLIS. LI
Aiguillons seulement sur les côtes ou stries . .   4

47 { Feuilles 2-3 fois ailées; cal. à 5 dents lancéolées.
. . . . CAUCALIS. LI
Feuilles 1 fois ailées; cal. à 5 dents très fines. .
. . . . TURGENIA LII

48 { Cal. sans dents, ou à dents peu apparentes. . .   4
Calice à 5 dents très-sensibles.   5

49 { Plante dioïque, vivace; collet de la racine con-
servant les restes des feuilles des années précédentes; fruit très-glabre, à côtes obtuses; involucelle nul: pétales lancéolés. . . TRINIA. XVI
Plante hermaphrodite . . . . 5(

50 { Plante aquatique ou des lieux très-humides, ou
cultivée dans les jardins   5
Plante terrestre ou des lieux peu humides, ou
secs.   5

51 { Plante couchée ou rampante; fruit ovale comprimé. . . . . HELOSCIADIUM X
Plante de 6-10 déc., dressée ou étalée; fruit
presque globuleux; pas d'involucelle . . .
. . . . APIUM X

52 { Fruit surmonté d'un bec.. . . . . *Ci-dessus.*   4
Fruit sans bec.   5

53 { Involucre et involucelle nuls. . IMPERATORIA. XL
Un involucre, ou un involucelle au moins. . .   5

54 { Fruit ailé, à deux ailes larges et membraneuses.
. . . . ANGELICA. XXXVII
Fruit non ailé.   5

55 — Folioles des feuilles découpées en lanières capillaires ; involucelle à folioles très-fines. MEUM. XXXV
Folioles ovales, incisées ; involucelle à folioles plus ou moins larges. . . CHÆROPHYLLUM. XI

56 — Fruit lenticulaire, aplati ; pétales acuminés. . . . . PEUCEDANUM. XL
Fruit presque globuleux ; pas d'involucelle ; cal. à 5 petites dents. . . . . . . APIUM. XV
Fruit ovoïde ou oblong , comprimé latéralement. 57

57 — Pétales lancéolés ; involucre à peu de folioles ; cal. à 5 dents foliacées . MOLOPOSPERMUM. XIII
Pétales élargis au sommet ; involucre nul ; calice à 5 dents épaisses. . . . . . . SESELI. XXXII

58 — Pétales échancrés , en cœur renversé. . . . 59
Pétales non échancrés en cœur. 61

59 — Fruit épineux ou à soies raides-épineuses ; involucre pinnatifide. . . . . . . DAUCUS. L
Fruit glabre ou velu , ni épineux , ni à soies raides et épineuses 60

60 — Racine de 6-7 déc. grosse comme le bras ; tige de 12-20 déc. ; feuilles à folioles linéaires allongées ; involucre à 2-3 folioles fines , caduques . . . . PEUCEDANUM. XL
Tige de 6-10 déc. ; feuilles à folioles luisantes nerveuses , ovales-incisées ; involucre à plusieurs folioles en alène. . . PTEROSELINUM. XL

61 — Fruit globuleux-ovoïde , oblong , renflé , comprimé latéralement ; quelquefois, peu ou point comprimé sur le dos. 62
Fruit à peu près lenticulaire , aplani sur le dos. 69

62 — Feuilles à segments-linéaires-capillaires ; fruit non ailé 63
Feuilles à segments plus ou moins larges. . . 64

63 — Fruit ovale-cylindrique ; bord du cal. épais ; feuilles à segments longs. . . FÆNICULUM. XXX
Fruit gros , renflé ; bord du cal. peu apparent ; feuilles à segments courts . . . CACHRYS. VIII

64 — Pas d'involucelle. 65
Involucelle à 1 ou plusieurs folioles. 66

65 — Tige cylindrique ; fleurs polygames ; calice peu apparent. . . . . SMYRNIUM. VII
Tige sillonnée ; fleurs hermaphrodites ; calice à 5 petites dents. . . . . APIUM. XV

66 {
Pétales presque ronds ; plante aromatique ; fruit
ovoïde . . . . PETROSELINUM. XVI
Pétales lancéolés , oblongs ou élargis au sommet. 67

67 {
Fruit un peu comprimé sur le dos ; pétales lancéolés , aigus. . . . . . . LEVISTICUM. XXXIX
Fruit comprimé latéralement , ou presque globu-
buleux. 68

68 {
Fruit presque globuleux , gros , noir ; feuilles
1-2 fois ternées. . . . . . . SMYRNIUM. VII
Fruit ovale ; feuilles 2-3 fois ailées. SILAUS. XXXIV

69 {
Pétales ovales ou elliptiques , acuminés. . . 70
Pétales à pointe tronquée , échancrée. . . . 71

70 {
Fruit à 2 ailes formées par les bords dilatés. .
. . . . FERULA. XLV
Fruit à 4 ailes formées par les côtes secondai-
res , latérales . . . . THAPSIA. XLIX

71 {
Plante rude , pubescente ; feuilles 1 fois pinnées,
à folioles ovales-incisées. . . PASTINACA. XLIII
Plante glabre , feuilles bi-pinnées , à segments
capillaires . . . . ANETHUM. XLIV

1.re TRIBU. OMBELLIFERES IMPARFAITES.

a. HYDROCOTYLÉES.

I HYDROCOTYLE. (Hydrocotyle.)

1 {
Feuilles réniformes , en bouclier , incisées-créne-
lées ; plante jaune-verdâtre ; fleurs obtuses. .
. . . . *Vulgaris.* Écuelle d'eau.
Feuilles orbiculaires . en bouclier, sinuées ; plante
d'un vert-obscur. ; fleurs aiguës. . . . . .
. . . . *Var. Schkubriana.* de Schkuhr.

b. SANICULÉES.

II SANICULA. (Sanicle.) *Europœa.* d'Europe.

III ASTRANTIA. (Astrance.) *Major.* à grandes fleurs.

IV ERYNGIUM. (Panicaut.)

1 {
Feuilles inférieures ailées , épineuses ; bractées,
linéaires , épineuses . *Campestre.* des Champs.
Feuilles infér. dentées ou lobées , pliées , épi-
neuses ; bractées rhomboïdales , épineuses. .
. . . . *Maritimum.* Maritime.

!2e **Tribu.** **Ombellifères** *parfaites, à côtes peu nombreuses.*

c. SMYRNIÉES.

V Echinophora. (Echinophore.) *Spinosa.* Epineuse.

VI Conium. (Ciguë.) *Maculatum* Tachée.

VII Smyrnium. (Maceron.) *Olusatrum.* Commun.

VIII Cachrys. (Armarinte.) *Lœvigata.* à Fruits lisses.

d. SCANDICINÉES.

IX Scandix. (Scandix.)

1 { Tige droite ; fruit rude sur toute sa surface; styles purpurins à la maturité; pétales rayonnants; plante odorante . . . . *Australis.* du Midi.
Tige diffuse ; fruit hérissé sur les côtes ; styles toujours jaunâtres ; pétales égaux ou presque égaux ; plante non odorante. . . . . . .
. . . . . . *Pecten Veneris.* Peigne de Venus.

X Anthriscus. (Anthrisque.)

1 { Fruit non surmonté d'un bec , ou ne se terminant pas en bec . . *Voir.* **Chærophyllum.** **XI**
Fruit se terminant par un bec plus court que les graines **2**

2 { Fruit hérissé ; style très-court. *Vulgaris.* Commun.
Fruit lisse ; style presque aussi long que le bec. . . . . *Cerofolium.* Cerfeuil.

XI Chærophyllum. (Cerfeuil.)

1 { Tige tachetée de pourpre. **2**
Tige non tachetée ; côtes des fruits carénées-aiguës. . . . . *Voir* **Myrrhis.** **XII**
Tige non tachetée de pourpre ; côtes des fruits évanouies ou très-obtuses **3**

2 { Tige très-renflée sous les nœuds ; racine tubéreuse en navet. . . . . *Temulum.* Penché.
Tige égale sous les nœuds ; racine rameuse ; fleurs glabres ; fruit jaune. . . . *Aureum.* Doré.

3 { Côtes du fruit évanouies vers la base , à la maturité ; tige glabre au sommet : feuilles à nervures un peu poilues. . . *Sylvestre.* Sauvage.
Côtes parcourant tout le fruit à la maturité. . **4**

4 { Styles droits , ou peu divergents **5**
Styles réfléchis ; pétales glabres ; fruit jaune. .
. . . . *Aureum.* Doré.

11

5 { Plante toute hérissée ; pétales ciliés. . . . .
. . . . *Hirsutum.* Hérissé.
Tige presque glabre ; feuilles glabres. . . .
. . . . *Cicutaria.* Cicutaire.

XII Myrrhis. (Myrrhe.) *Odorata.* . Odorante.

XIII Molopospermum. (Moloposperme.) *Cicutarium.* Cicutaire.

G. AMMINÉES.

XIV Cicutaria. (Cicutaire.) *Virosa.* Vénéneuse.

XV Apium. (Ache.) *Graveolens.* Odorante.

XVI Petroselimum. (Persil). *Sativum.* Cultivé.

XVII Trinia. (Trinie). *Vulgaris.* Commune

XVIII Ptychotis. (Ptychotis.) *Bunius.* Bunius.

XIX Sison. (Sison.)

1 { Tige effilée ; feuilles radic. ovales-arrondies,
mucronées ; les supérieures linéaires, dentées
au sommet ; pétales peu ou point émarginés.
. . . . *Segetum.* des Moissons.
Tige rameuse, divergente ; feuilles radic. ovales-
lancéolées, aiguës, mucronées ou trilobées,
les supérieures linéaires, pinnatifides ; pétales
bifides . . . . *Amomum.* Amome

XX Helosciadium. (Helosciadie.)

1 { Ombelles pédonculées ; tige rampante ; feuilles
inégalement incisées-dentées. *Repens.* Rampante.
Ombelles sessiles ; tige décombante ; feuilles éga-
ment incisées-dentées . *Nodiflorum.* Nodiflore.

XXI Falcaria. (Faucille) *Rivini.* de Rivin.

XXII Ammi (Ammi.)

1 { Feuilles supérieures de forme différente que
celles du bas de la tige. . . . *Majus.* Élevé.
Toutes les feuilles semblables. 2

2 { Rayons de l'ombelle serrés et ligneux à la maturité ; lanières des folioles aiguës et sans pointe
blanche . . . . *Visnaga.* Visnage.
Rayons ni serrés ni ligneux ; lanières des folioles
mucronées, à pointe blanche, très-sensible. .
. . . . . . *Glaucifolium.* à feuilles Glauques.

XXIII Ægopodium. (Egopode.) *Podagraria.* des Goutteux.

XXIV Carum. (Carum.)

1 {
Involucre nul, ou à 1 foliole, rarement davantage; involucelle nul ou presque nul; rayons inégaux et lâches. . . . . . *Carvi.* Carvi.
Involucre et involucelle à plusieurs folioles. .   2

2 {
Feuilles longues, étroites, découpées en petites lanières presque verticillées au tour de la côte. . . . . *Verticillatum.* Verticillé.
Feuilles 2-3 fois ailées; folioles à 3-4 lanières; Bunium. . . . *Bulbocastanum.* Terre-Noix.

XXV Bunium (Terre-Noix).

1 {
Styles réfléchis, caducs; tige feuillée à la base. . . . . . , . *Bulbocastanum.* Commune.
Styles persistants, dressés, un peu divergents; tige nue à la base. . . *Majus.* sans Involucre.

XXVI Pimpinella. (Boucage.)

1 {
Tige couverte d'un duvet blanc; fruit pubescent. . . . . *Tragium.* Grisâtre.
Tige et fruit glabres.   2

2 {
Styles plus longs que l'ovaire; feuilles à folioles toutes incisées ou dentées; tige anguleuse, sillonnée . . . . *Magna.* à grandes Feuilles.
Styles plus courts que l'ovaire; folioles inférieures arrondies, dentées; tige cylindrique, finement striée . . . . . *Saxifraga.* Saxifrage.

XXVII Sium. (Berle.)

1 {
Tige à 5 angles; feuilles de 7-11 folioles, également dentées; style filiforme; folioles de l'involucre entières . . *Latifolium.* à larges Feuilles.
Tige cylindrique, striée; folioles de 11-19, inégalement dentées; styles élargis vers la base; folioles de l'involucre, ord. incisées . . . . *Angustifolium.* à Feuilles étroites.

XXVIII Buplevrum. (Buplèvre.)

1 {
Plante ligneuse; arbre ou arbrisseau. . . . . *Fruticosum.* Ligneux.
Plante herbacée.   2

2 {
Feuilles supérieures perfoliées.   3
Feuilles supérieures non perfoliées.   4

3 {
Involucelle toujours étalé; fruit globuleux, granulé . . . . . . *Protractum.* Grenu.
Involucelle à la fin redressé connivent; fruit oblong, non granulé; feuilles supér. presque rondes . . *Rotundifolium.* à Feuilles arrondies.

<table>
<tr><td>4</td><td>Fruit globuleux, granulé. . . . .</td><td>5</td></tr>
<tr><td></td><td>Fruit oblong, non granulé. . . . .</td><td>6</td></tr>
</table>

5 — Côtes du fruit non distinctes ; tige de 5-17 cent. glauque ; involucelle à folioles denticulées et dépassant les fleurs et les fruits. . . . . *Glaucum.* Glauque. Côtes distinctes, crénelées ; tige de 21 cent. à 7 déc. très-grêle et tombante, rarement dressée et courte ; involucelle dépassant les fleurs et non les fruits . . . . *Tenuissimum.* Menu.

6 — Feuilles supér. en cœur, acuminées ; involucelle presque une fois plus long que les ombellules. . . . . *Ranunculoïdes.* Renoncule. Feuilles toutes linéaires ou linéaires-lancéolées 7

7 — Feuilles à trois nervures ou moins. . . . . 8 / Feuilles à 5-7 nervures. 10

8 — Plante de 3-7 déc. raide ; involucelle bien plus court que les fleurs, presque avortées ; feuilles radicales ovales-lancéolées. . *Rigidum.* Raide. Plante de 8-22 cent., grêle ; feuilles presque linéaires, à 3 nervures ; involucelle presque diaphane. 9

9 — Involucelle jaunâtre, à folioles à 3 nervures, dont la médiane est ailée ; pédicelles extrêmes une fois plus longs que les autres . . . . *Odontites.* Odontalgique. Involucelle très-vert, à folioles à 3 nervures ailées ; pédicelles presque égaux. . . . . *Aristatum.* Aristé.

10 — Tige grêle, ascendante, flexueuse ; feuilles radicales oblongues, en spatule, souvent recourbées en faux, à 5-7 nervures. *Falcatum.* en Faux. Tige dressée, non flexueuse ; feuilles radicales lancéolées. 11

11 — Involucelles à folioles lancéolées, acuminées, bien plus courtes que les fleurs : feuilles ovales, à 7 nervures ; tige grêle, effilée. . . . . *Junceum.* Effilé. Involucelles à folioles linéaires, aiguës, un peu plus longues que les ombellules ; feuilles linéaires, à nervures peu sensibles, très-fines; tige raide ; suc laiteux. . . . . . *Rigidum.* Raide.

f. SESELINÉES.

XXIX Æ**rhusa** (Éthuse.) *Cynapium.* petite Ciguë.

XXX F**æniculum.** (Fenouil.) *Dulce.* Doux.

XXXI Æ**nanthe** (Ænanthe.)

1
Ombellules à fleurs toutes pédicellées ; racines fibreuses, en verticilles , filiforme. . . . . *Phellandrium.* Phellandre.
Ombellulles à fleurs extérieures stériles , pédicellées , les intérieures fertiles et sessiles. . . **2**

2
Involucre à 5-6 folioles, au moins aux jeunes ombelles **3**
Involucre nul , ou 1-2 folioles , mêmes aux jeunes ombelles. **4**

3
Feuilles inférieures à folioles cunéïformes , incisées ; racines à tubercules grêles , allongés. . . . . *Pimpinelloïdes.* faux Boucage.
Feuilles inférieures à folioles cunéïformes arrondies; racines portant vers leur milieu des tubercules ovoïdes, plus ou moins anguleux, ni grêles, ni allongées . . . *Chœrophylloïdes.* Cerfeuil.

4
Tige et pétioles très-fistuleux ; folioles des feuilles infér en coin , lobées , courtes , ainsi que les supér. ; ombelles ord à 3 4 rayons . . . . *Fistulosa.* Fistuleuse.
Pétioles non fistuleux ; folioles linéaires ; longues de 5-6 cent. ; ombelles à 5-10 rayons. . . . . *Peucedanifolium.* Peucedane.

XXXII S**eseli.** (Seseli.)

1
Involucre à plusieurs folioles. (*genre* L**ibanotis** XXXIII.). . . . . *Libanotis.* Libanotide.
Involucre nul. **2**

2
Involucelles bien plus courts que les ombellules **3**
Involucelles égalant, au moins a peu près, les ombellules **5**

3
Racines en navets ; ombelles à 3-5 rayons , petits , égaux ; tige de 3 déc. environ . . . . *Gouani.* de Gouan.
Racines chevelues ; ombelles à 6-13 rayons ; tige 4-17 déc. **4**

4 {
Plante glauque, de 9-17 déc., lisse ; 10 rayons égaux. . . . . *Elatum.* Élevé.
Plante verte, de 3-7 déc., striée ; 6-13 rayons inégaux . . . . . *Montanum* des Montagnes.
}

5 {
Feuilles glauques ; tige tortueuse, noueuse. . . . . *Tortuosum.* Tortueux
Feuilles vertes ; tige souvent rougeâtre. . . . . *Bienne.* Bisannuel.
}

XXXIII Libanotis. (Libanotide.) *Montana.* des Montagnes.

XXXIV Silaus. (Silaus.) *Pratensis.* des Prés.

XXXV Meum. (Meum.) *Athamanticum.* Athamante.

XXXVI Athamanta. (Athamante.) *Cretensis.* de Crète.

g. ANGELICÉES.

XXXVII Selinum. (Selin.) *Carvifolia.* à feuilles de Carvi.

XXXVIII Angelica. (Angélique.)

1 {
Tige de 2-4 déc. ; ombelle à rayons peu nombreux, de 4-7, ceux du milieu très-courts. . . . . *Pyrenæa.* des Pyrénées.
Tige de 9-17 déc. ; ombelle très-grande, à rayons nombreux 2
}

2 {
Folioles décurrentes, excepté les infér. . . . . *Montana.* des Montagnes.
Folioles non décurrentes, sessiles ou presque sessiles ; ombelle à 20-30 rayons. . . . . *Sylvestris.* Sauvage.
}

XXXIX Levisticum. (Livêche.) *Vulgare.* Commune.

h. PEUCÉDANÉES.

XL Peucedanum. Pteroselinum. Oreoselinum. Cervaria. *Ces 4 genres sont réunis par* Koch, *sous le nom de* Peucedanum. (*Peucédane.*)

1 {
Fleurs jaunes ou jaunâtres. 2
Fleurs blanches 3
}

2 {
Involucre caduc, à 2-3 folioles ; tige cylindrique, de 12-20 déc., folioles linéaires. . . . . *Officinale.* Officinal.
Involucre à 5-8 folioles ; tige un peu anguleuse, de 6-10 déc. ; folioles ovales. *Alsaticum.* d'Alsace.
}

3 {
Tige striée, un peu anguleuse ; involucre étalé; ombelles assez petites et nombreuses. (PTERO-SELINUM.) . . . .
. *Alsaticum.* Var. *Albiflorum.* à Fleurs blanches. *
Tige striée, non anguleuse ; involucre réfléchi ; ombelles amples, très-peu nombreuses. . . **4**

* Cette plante que j'ai fait connaître à M. de Pouzolz, a été désignée par lui sous le nom de *Albiflorum* que je lui donne ici.

4 {
Feuilles glauques ; folioles dentées en scie; pétioles ni flexueux, ni brisés. *Cervaria.* Cervaire.
Feuilles vertes; folioles incisées; pétioles flexueux et brisés . . . . . *Oreoselinum.* Oréoselin.

XLI IMPERATORIA. (Impératoire.) *Ostruthium.* Commune.

XLII HERACLEUM. (Berce.) *Sphondylium.* Branc-Ursine.

XLIII PASTINACA. (Panais.) *Sativa.* Cultivé.

XLIV ANETHUM. (Aneth.) *Graveolens.* Fétide.

XLV FERULA. (Férule.)

1 {
Feuilles vertes; fleurs en ombelle, la centrale presque sessile, les latérales staminées, pédonculées . . . . . *Communis.* Commune.
Feuilles glauques en dessous ; fleurs en ombelle toutes pédonculées, les latérales plus longuement . . . . *Glauca.* Glauque.

I TORDYLINÉES.

XLVI TORDYLIUM (Tordyle.) *Maximum.* Élevé

3.ᵉ TRIBU. OMBELLIFÈRES *parfaites, à côtes nombreuses.*

K. SILERINÉES.

XLVII. SILER. (Siler.) *Aquilegifolium.* à feuilles d'Ancolie.

L. TAPSIÉES.

XLVIII LASERPITIUM. (Laser.)

1 {
Feuilles glabres, rudes ou non en dessous. . . **2**
Feuilles velues-pubescentes **4**

2 {
Folioles lancéolées, très-entières . *Siler.* Siler.
Folioles dentées ou lobées **3**

3 { Folioles en coin , à 3-5 lobes. *Gallicum*. de Franc•.
  { Folioles ovales , dentéees ou crénelées. . . .
  { . . . . *Latifolium*. à Feuilles larges. *

* *Var.* à folioles un peu rudes en dessous , ainsi que
les pétioles. . . . . *Asperum.* *Var.* Rud•.

4 { Folioles ovales , arrondies, de 5-7 cent. de long
  { et de larges , incisées-dentées , ou trilobées.
  { . . . . *Nestleri*. de Nestler.
  { Folioles très-petites, profondément pinnatifides,
  { à lanières linéaires ; folioles de l'involucre pres-
  { que trifides . . . . . *Hirsutum.* Hériss•.

XLIX Thapsia. (Thapsie.) *Villosa.* Velu•.

m. DAUCINÉES.

L Daucus. (Carotte.)

1 { Aiguillons du fruit dilatés à la base, confluents;
  { involucre peu divisé; ombelle ouverte à la ma-
  { turité . . . . . *Muricatus.* à Fruits plat•.
  { Aiguillons libres, grêles; involucre très découpé;
  { ombelle en forme de nid à la maturité. . . 2

2 { Plante de 6-13 déc., hérissée; feuilles 2-3 fois
  { pinnatifides . . . . . . *Carola.* Commune.
  { Plante de 3-5 déc., glabre vers le haut ; feuilles
  { 1-2 fois ailées . . . . . *Maritimus.* Maritim•.

LI Orlaya. (Orlaye.)

1 { Pétales extérieurs des ombellules très-grands ,
  { formant rayons. . *Grandiflora.* à grandes Fleur•.
  { Pétales extérieurs à peu près semblables aux au-
  { tres , non rayonnants 2

2 { Plante velue-pubescente ; fleurs blanches. . .
  { . . . . *Maritima.* Maritime.
  { Plante presque glabre ; fleurs rougeâtres. . .
  { . . . . *Platycarpos.* à Fruits plat•.

n'. CAUCALINÉES.

LII Caucalis. (Caucalide.)

1 { Tige presque glabre , lisse à toucher; involucre
  { à 3 folioles. . . *Daucoïdes.* à Feuilles de Carott•.
  { Tige hérissée de poils blancs, rudes au toucher ;
  { invol. à 5 folioles. *Leptophylla.* à Feuilles menue•.

LIII Turgenia. (Turgenie). *Latifolia.* à larges Feuilles.

LIV Torilis. (Torilis.)

1 { Ombelles agglomérées, presque sessiles , opposées au feuilles. . . . . *Nodosa.* Noueuse.
Ombelles longuement pédonculées. 2

2 { Involucre polyphille ; épines du fruit arquées ,
non crochues au sommet. *Anthriscus.* Anthrisque.
Involucre nul , ou monophylle ; épines du fruit
crochues au sommet . . *Infesta.* des Champs.

O. CORIANDRÉES.

LV CORIANDRUM. (Coriandre.) *Sativum.* Cultivé.

49.me *Famille.* ARALIACÉES.

1 { 4 Étamines ; 1 pistil ; 4 pétales ; feuilles opposées. . . . . CORNUS. III
5 Étamines ; 1 pistil ; 5 pétales ; feuilles alternes.
. . . . HEDERA II
8-10 Étamines ; 4-5 styles ; corolle nulle ou peu
apparente ; fleurs verdâtres. . . . ADOXA. I

I ADOXA. (Adoxe.) *Moschatellina.* Moscatelline.

II HEDERA. (Lierre.) *Helix.* Grimpant.

III CORNUS. (Cornouiller.) *Famille des* CAPRIFO-
LIACÉES. 50.me VI.

50.me *Famille.* CAPRIFOLIACÉES.

1 { Arbuste radicant , s'attachant aux arbres ou aux
murs par des radicules naissant le long des tiges.
. . . . HEDERA. I
Plante ne s'attachant ni aux arbres, ni aux murs,
par des radicules. 2

2 { Calice entouré de bractées ; corolle monopétale. 3
Calice sans bractées ; corolle polypétale-rotacée
à pétales libres au moins à la fin. . CORNUS. VI

3 { Style nul ; baie à 2-4 loges. 4
Style 1 ; baie à une loge 5

4 { Calice à peine denté ; 5 étamines. . LONICERA. II
Calice à 5 lobes ; 4 étamines. . . . LINNÆA. III

5 { Feuilles entières ou lobées. . . . VIBURNUM. IV
Feuilles ailées. . . . . SAMBUCUS. V

a. CAPRIFOLIÉES.

I HEDERA. (Lierre.) De la famille précédente 49.me]

II LONICERA. (Chevrefeuille.)

1 Fleurs géminées, latérales, pédonculées ; baies géminées, distinctes ou soudées. . . . . . .
Plus de 2 fleurs réunies, terminales, ou axillaires, agrégées, sessiles ; baies solitaires. . .

2 Baies géminées, distinctes ; fleurs blanches, un peu rougeâtres. . . . *Xylosteum.* des Baies.
Baies soudées. . . . .

3 Baies soudées en une seule à 2 lobes, rouges ; fleurs rougeâtres. . . . *Alpigena.* des Alpes.
Baies entièrement soudées, sans lobes, bleues ; fleurs blanches-jaunâtres. *Cœrulea.* à Baie bleue.

4 Toutes les feuilles libres, non soudées à la base entr'elles . . . . *Periclymenum.* des Bois.
Feuilles supérieures soudées ensemble par leurs bases. . . . .

5 Feuilles pubescentes en dessous, caduques ; fleurs jaunes en dedans, rougeâtres en dehors, pédonculées. . . . . *Etrusca.* d'Etrurie.
Feuilles glabres. . . . .

6 Feuilles oblongues-lancéolées, persistantes ; fleurs sessiles, jaunâtres-rougeâtres . . . . . .
. . . . *Balearica.* des Baléares.
Feuilles ovales-obtuses, caduques ; fleurs sessiles odorantes, blanchâtres en dedans, rougeâtres en dehors. . . . . *Caprifolium.* des Jardins.

III LINNÆA. (Linnée). *Borealis.* du Nord.

b. SAMBUCINÉES.

IV VIBURNUM. (Viorne.)

1 Feuilles très-entières ; baie couronnée par les dents du cal. . . . . . *Tinus.* Laurier-Thym.
Feuilles dentées ou trilobées ; baies nues. . .

2 Feuilles glabres des 2 côtés, trilobées. . . . .
. . . . *Opulus.* Obier.
Var. à fleurs toutes stériles en boule . . . .
. . . . *Rosaceum.* Boule-de-Neige.
Feuilles en cœur, dentées, cotonneuses en dessous. . . . . *Lantana.* Mancienne.

IV SAMBUCUS. (Sureau.)

1. { Plante herbacée, vigoureuse; odeur nauséabonde; stipules foliacées, grandes . . *Ebulus.* Yeble.
Plante ligneuse, arbrisseau ; pas de stipules , ou stipules très-petites. 2

2. { 7 Folioles; fleurs en corymbe large, plan; baies noires . . . . *Nigra.* Noir.
5 Folioles aux feuilles; grappes des fleurs ovoïdes; baies rouges. . . . . *Racenosa.* à Grappes.

C. CORNÉES.

VI CORNUS. (Cornouiller.)

1. { Fleurs blanches, paraissant après les feuilles ; fruits petits, noirs ; tige ord. et surtout en hiver , rougeâtre . . . *Sanguinea.* Sanguin.
Fleurs jaunâtres, paraissant avant les feuilles ; fruits rouges gros de 2-3 cent. *Mascula.* Mâle.

51.me *Famille.* LORHANTHÉES.

I VISCUM. (Gui.) *Album.* Blanc.

52.me *Famille.* RUBIACÉES.

1. { Fruit à 3 cornes, surmonté par les dents du calice persistant : fleurs très-peu apparentes, 3 à chaque aisselle, celle du milieu hermaphrodite , les autres non. . . . **VAILLANTIA.** II
Fleurs toutes hermaphrodites ; fruit jamais à 3 cornes. 2

2. { Calice à 6 dents profondes . . . **SHERARDIA.** V
Calice à 4-5 dents peu ou point apparentes, ou à 2-3 lanières profondes. 3

3. { Faux calice à 2-3 lanières profondes. . . . . **CRUCIANELA.** VI
Calice jamais à 2-3 lanières profondes. . . 4

4. { Corolle en entonnoir , à tube plus ou moins long, ou en cloche; fruit sec à 2 graines et à 2 lobes. . . . . **ASPERULA.** IV
Corolle en roue , plane ou en cloche évasée , mais alors fruit succulent; charnu. . . . 5

5. { Corolle plane en roue; fruit sec, à 2 lobes. . . . . **GALIUM** III
Corolle en cloche évasée; fruit charnu, à 2 baies soudées . . . . **RUBIA.** I

I **Rubia.** (Garance.)

1 {
Feuilles annuelles , à nervures saillantes en dessous ; divisions de la corolle obtuses , ou longuement en pointe. . *Tinctorum.* des Teinturiers.
Feuilles vivaces , à nervures presque insensibles en dessous ; divisions de la corolle brusquement cuspidées . . . . . *Peregrina.* Étrangère.
}

II **Vaillantia.** (Vaillantie.) *Muralis.* des Murs.

III **Galium** (Gaillet.)

1 {
Fleurs tout-à-fait jaunes. 2
Fleurs rouges ou rougeâtres. 3
Fleurs blanches , blanchâtres ou jaunâtres. . . 7
}

2 {
Feuilles verticillées par 4 , ovales-oblongues , dépassant les fleurs. . . *Crucialum.* Croisette.
Feuilles verticillées par 6-12 , linéaires , étroites , longuement dépassées par les rameaux florifères. . . . . *Verum.* Jaune.
}

3 {
Plante vivace , tenace , dure , non succulente. . 4
Plante annuelle , fragile , succulente. . . . 5
}

4 {
Fleurs rouges , sales en dedans. *Rubrum.* Rouge.
Fleurs simplement rougeâtres ; feuilles supér. et infér. plus petites que celles du milieu . . . . *Mucronatum.* à Pointe.
}

5 {
Fruits non hérissés , mais grenus. . . . . *Anglicum.* d'Angleterre.
Fruits hérissés 6
}

6 {
Feuilles infér. par verticilles de 5-6 , au milieu de 4 , au sommet de 2 3 ; pédoncules à la fin recourbés en dessous du verticille. *Murale.* des Murs.
Feuilles toutes par verticilles de 4 6 ; pédoncules divergents , assez longs. *Litigiosum.* en Litige.
}

7 {
Feuilles 4 à 4 , mutiques. 8
Feuilles de 5 à 8 par verticille , mucronées. . 9
}

8 {
Fleurs axillaires , plus ou moins paniculées ; feuilles à 1 nervure . . *Palustre.* des Marais.
Fleurs terminales ; feuilles à 3 nervures , ovales-arrondies , ciliées , un peu hérissées. . . . . *Rotundifolium* à Feuilles rondes.
Fleurs terminales ; feuilles à 3 nervures , lancéolées , glabres. . . . . *Boreale.* du Nord.
}

9 {
Tiges denticulées , scabres , accrochantes aux mains et aux habits. 10
Tiges glabres , lisses , ou pubescentes , non accrochantes 16
}

10 { Feuilles infér. 6 à 6, celles du milieu, 4 à 4; les supér. opposées. *Verticillatum.* Verticillé.
Feuilles à verticilles à peu près semblables. . **11**

11 { Pédoncules fructifères plus courts que les feuilles, à 1-3 fruits à pédicelles recourbés en crochets. . . . . *Tricorne.* à 3 Cornes.
Pédoncules pluriflores, les fructifères plus longs que les feuilles; pédicelles non en crochet. . **12**

12 { Fleurs en cymes latérales, pauciflores; feuilles ordin. 8 à 8, quelquefois 6 à 6. . . . . . **13**
Fleurs en panicules lâches, latérales et terminales; feuilles ordin. 6 à 6. . . . . **14**

13 { Feuilles 8 à 8; tige hérissée aux nœuds; fruits ord. hérissés de poils crochus. *Aparine.* Grateron.
Feuilles ord. 6 à 6; tige glabre aux nœuds; fruits glabres . . . . *Spurium.* Bâtard.
Feuilles ord. 6 à 6; plante très-basse, naine. . . . . *Aparine.* Var. *Minor.* Petit.

14 { Corolle plus large que le fruit mûr; dents des feuilles dirigées vers la tige. *Uliginosum.* Fangeux.
Corolle très-petite, moins large que le fruit mûr; dents des feuilles dirigées vers le sommet. .. **15**

15 { Fruits hérissés; fleurs ord. rougeâtres . . . . *Litigiosum.* en Litige.
Fruits à peine ridés; tige paniculée-divariquée au sommet; peu scabre; fleurs blanches. . . . . *Divaricatum.* Divergent.
Fruits grenus, non hérissés; tige non paniculée ou divariquée au sommet; fleurs blanchâtres ou jaunâtres . . . . . *Anglicum.* d'Angleterre.

16 { Feuilles 6 à 6 en bas, 4 à 4 au milieu, opposées en haut; fruits hérissés. *Verticillatum* Verticillé.
Feuilles à verticilles à peu près semblables entre eux **17**

17 { Corolle en cloche, à lobes obtus; tige très-lisse, presque cylindrique; feuilles glauques, linéaires, roulées en dessous. . *Glaucum.* Glauque.
Corolle en roue. **18**

18 { Fruits hérissés; feuilles infér. de 5 à 6, au milieu 4 à 4, les supér. 2-3 . . . *Murale.* des Murs.
Fruits non hérissés **19**

19 { Lobes de la corolle pointus, mais non cuspidés. **20**
Lobes de la corolle cuspidés **21**

12

20 {
Tige de 5-9 cent. , glabre ; feuilles verticillées
de 6 à 8 , terminées par un filet blanc de 2-3
mil. , toutes linéaires en alène , très fines . .
. . . . *Pumilum.* Nain.
Tige de 2 3 déc. , pubescente en bas , glabre en
haut ; verticilles de 6-8 feuilles mucronées , les
infér. plus petites , ovales , spatulées. . . .
. . . . *Bocconi.* de Boccone.
Tige de 2-4 déc. , très-lisse , verticilles de 6-8
feuilles , les supér. 4 à 4 , dont 2 plus courtes.
. . . . *Lœve.* Lisse.
}

21 {
Feuilles elliptiques , plus ou moins ovales. . . 22
Feuilles linéaires , luisantes des 2 côtés. . . 23
}

22 {
Tige de 9-10 déc. , épaissie , genouillée au-dessus des verticilles; feuilles de 8 à 8 , un peu obtuses , elliptiques. . . . *Mollugo.* Mollugine.
Tige de 3-5 déc. , un peu velue à la base , glabre au sommet ; feuilles de 6 à 8 par verticille ,
elliptiques-linéaires , celles du milieu de la tige
plus longue que les infér. et les supérieures.
. . . . *Mucronatum.* à Pointe.
}

13 {
Feuilles de 6 à 8 par verticille , dentelées , rudes
au bord. . . . . *Lucidum.* Luisant.
Feuilles 6 à 6 et 4 à 4, roulées en dessous, raides.
Tenuifolium. à Feuilles menues. Var. *Latifolium.*
Var. à Feuilles larges.
}

IV Asperula. (Aspérule.)

1 {
Fleurs blanches ; feuilles de 6 à 8 par verticille. 2
Fleurs bleues ou purpurines ou couleur de chair. 3
}

2 {
Feuilles raides, linéaires, roulées en leurs bords;
fruits lisses . . . . . *Galioïdes.* Faux Gaillet.
Feuilles lancéolées ; fruits hispides. . . . .
: . . . . *Odorata.* Odorante.
}

3 {
Fleurs couleur de chair ou rose ; feuilles 4 à 4,
opposées au sommet. *Cynanchica.* à l'Esquinancie,
Fleurs bleues ou rougeâtres ; verticilles de 6-8
feuilles . . . . *Arvensis.* des Champs,
}

V Sherardia (Shérarde.) *Arvensis.* des Champs.

VI Crucianella. (Crucianelle.)

1 {
Fleurs en épis ; feuilles 6 à 6. . . . . . . :
. . . . . . *Angustifolia.* à Feuilles étroites.
Fleurs en tête ; feuilles 4 à 4. *Maritima.* Maritime.
}

53.me *Famille.* VALÉRIANÉES.

1 {
1 Étamine ; corolle prolongée en éperon. .
. . . . *Centranthus.* **II**
2-5 étam., ord. 3 ; point d'éperon à la corolle. **2**

2 {
Capsule à 1 loge ; dents du cal. se déroulant , à
la fin , en aigrette plumeuse. . *Valeriana.* **I**
Capsule à 2-3 loges, dents du cal. non en aigrette.
. . . . *Valerianella.* **III**

I VALERIANA (Valériane.)

1 {
Toutes les feuilles entières ou dentées. . . .
. . . . *Montana.* des Montagnes.
Feuilles supér. au moins , découpées , incisées ,
divisées , lobées. **2**

2 {
Tige de 6-13 déc. , sillonnée ; toutes les feuilles
pinnées. . . . . . *Officinalis.* Officinale.
Tige plus basse , non sillonnée ; feuilles infér.
non pinnées. **3**

3 {
Feuilles inférieures ord. en cœur, les supérieures ternées. . . . . . *Tripteris.* à 3 Lobes.
Feuilles inférieures non en cœur, les supérieures pinnées , à plus de 3 folioles. **4**

4 {
Tige haute d'un mètre ; fleurs blanchâtres, her-
maphrodites. . . . . . . *Phu.* Phu.
Tige de moins de 4 déc. **5**

5 {
Racines tubéreuses ; fleurs purpurines, hermaphrodites. . . . . . *Tuberosa.* Tubéreuse.
Racines fibreuses ; fleurs blanches ou purpurines,
dioïques , en cyme . . . *Dioïca.* Dioïque.
Racines fibreuses ; tige de 3 cent. au plus ; plante
un peu glauque ; fleurs blanches ou rougeâtres,
hermaphrodites , presque en grappes. . . .
. . . . . *Heterophylla.* à feuilles de Globulaire.

II CENTRANTHUS. (Centranthe.)

1 {
Éperon allongé ; feuilles supér. très-entières ,
les autres peu ou point dentées. **2**
Éperon très-court ; feuilles radicales un peu den-
tées , les supér. pinnatifides. . . . . . .
. . . . *Calcitrapa.* Chausse-Trappe.

2 {
Feuilles ovales , larges , lancéolées , glauques.
. . . . *Latifolius.* à larges Feuilles.
Feuilles linéaires aiguës , très étroites. . . .
. . . . *Angustifolius.* à Feuilles étroites.

III Valerianella. (Mâche.)

1 {
Dents du fruit inégales, une plus grande que les autres. 2
Dents du fruit à peu près égales ou nulles. . . 5
}

2 {
Une dent longue et droite. 3
Une dent longue et recourbée. *Echinala*. Rude.
}

3 {
Stipules à peu près entièrement membraneuses , calice à 3 lobes obtus. . . . *Pumila*. Naine.
Stipules herbacées ; calice à 3 dents. 4
}

4 {
Dent plus longue obtuse, en forme d'oreille de lapin ; fruit à 3 lobes séparés par des sillons inégaux . . . . *Auricula*. Oreillette.
Dent plus longue aiguë, triangulaire ; fruit presque plan sur un côté . . . *Denlala*. Dentée.
}

5 {
Dents nulles ou presque invisibles à l'œil nu. . 6
Dents très-visibles à l'œil nu. 8
}

6 {
Capsule pubescente , velue , très-petite ; tige naine . . . . *Mixla*. Mélangée.
Capsule glabre 7
}

7 {
Tige rude sur les angles ; calice à 3 dents visibles à la loupe ; fruit plus large que long , comprimé , lenticulaire . . . . . . *Olitoria*. Cultivée.
Tige lisse ; calice à 1 dent visible à la loupe ; fruit ovoïde , subtétragonne , profondément creusé en nacelle sur l'une des faces. *Carinala*. Carenée.
}

8 {
Dents recourbées , crochues. 9
Dents droites. 12
}

9 {
Capsule glabre . . . . . . *Echinala*. Hérissée.
Capsule pubescente ou hérissée. 10
}

10 {
Calice très-glabre en dedans , hérissé en dehors. . . . . *Hamala*. en Hameçon.
Calice très-hérissé en dedans. 11
}

11 {
Calice en coupe , divisé au delà de la moitié en 6 dents. . . . . *Coronala*. Couronnée.
Calice en roue , à 7-12 dents irrégulières , peu crochues. . . . . . *Discoïdea*. en Disque.
}

12 {
Calice à 7-12 dents. . . *Discoïdea*. en Disque.
Calice à 3-6 dents, ou à 3 lobes. 13
}

13 {
Calice à 6 dents ; capsule hérissée ; pédoncules cananiculés en dessus. *Eriocarpa*. à Fruit velu.
Calice à 3 lobes, ou à 3-4 dents. 14
}

14 { Calice à 3-4 dents, la longue triangulaire, aiguë; capsule glabre ; pédoncules sillonnés ou cana-liculés en avant . . . . . . *Dentata.* Dentée.
Calice à 3 lobes , le long ovoïde ; capsule compri-mée ; stipules membraneuses. *Pumila.* Naine.

54.me *Famille.* DIPSACÉES.

1 { Feuilles, tiges et capitules des fleurs garnis d'ai-guillons ou de paillettes comme épineuses. . . . . Dipsacus. **v**
Feuilles , tiges et capitules dépourvus d'aiguil-lons ou d'épines. **2**

2 { Corolle à 4 lobes. **3**
Corolle à 5 lobes ; calice interne à dents sétacées; involucelle cylindrique . . . . . Scabiosa. **i**

3 { Involucre à folioles herbacées, sur deux rangs; réceptacle garni de soies et non de paillettes. . . . . Knautia. **ii**
Invol. imbriqué , à folioles se confondant avec les paillettes du réceptacle. **4**

4 { Calice interne à dents sétacées ; involucelle cylin-drique , à folioles extérieures plus longues que les autres. . . . . Succisa. **iv**
Calice interne sans dents sétacées ; involucelle tétragone , à 8 fossettes et à folioles extérieures plus courtes que les autres. . Cephalaria. **iii**

I Scabiosa. (Scabieuse.)

1 { Limbe du calice gonflé , spongieux , courbé ; plantes de jardin ou des lieux maritimes. . . **2**
Limbe du calice simplement membraneux , sca-rieux. **3**

2 { Feuilles radicales lyrées, grossièrement dentées, les supér. ailées, pinnatifides; fleurs des jar-dins . . . . . *Atropurpurea.* fleurs des Veuves.
Feuilles radicales et de la tige pinnatifides , les supér. linéaires, très entières ; fleurs des lieux maritimes. . . . . . *Maritima.* Maritime.

3 { Corolle velue, blanche-rosée ; rebord du cal. de de 6-10 mil.; tige de 3-5 déc. *Stellata.* Étoilée.
Corolle rougeâtre , lilas ou bleuâtre ; rebord du cal. de 2-3 mil. ; tige de 6-10 déc. **4**

4 { Plante blanchâtre , cotonneuse . . . . *Pyrenaïca.* des Pyrénées.
Plante verte **5**

5
- Feuilles infér. ord. lyrées ; lanières des supér. entières ou dentées ; fleurs lilas-bleuâtres ; soies du cal. sans nervure. *Columbaria* Colombaire.
- Feuilles infér. dentées en scie ; lanières de celles de la tige incisées ou pinnatifides ; celles des supér. très-entières ; fleurs purpurines ; soies du cal. à 1 nervure. . . . *Lucida.* Luisante.

II KNAUTIA. (KNAUTIE.)

1
- Feuilles radicales ou infér. lyrées ou pinnatifides. 2
- Feuilles rad. ou infér. entières ou simplement dentées, ou crénelées ou incisées à la base. . 4

2
- Cal. interne à 8 dents environ ; feuilles infér. lyrées et pinnatifides, à lanières linéaires, disposées en dents de peignes. 3
- Cal. interne à 16 dents ; feuilles infér. lyrées à lobes élargis au sommet. *Arvensis.* des Champs.

3
- Feuilles caulinaires pinnatifides, les supér. entières ; lobes des feuilles pinnatifides, acuminés. . . . . *Arvensis* des Champs.
- Feuilles presque toutes radicales, pinnatifides, à lobes obtus. *Arvensis.* Var. *Collina.* des Collines.

4
- Feuilles caulinaires et infér. pinnatifides. . . . . *Arvensis.* des Champs
- Feuilles caulinaires non pinnatifides 5

5
- Cal. interne à 16 dents environ. . . . . . *Hybrida.* Var. *Integrifolia.* Hybride. *Var.* à Feuilles entières.
- Cal. interne à 8 dents environ. 6

6
- Plante finement poilue; feuilles infér. en spatule, dentées, les supér. lancéolées, entières. . . *Arvensis* Var. *Integrifolia.* *Var.* à Feuilles entières.
- Plante presque glabre; toutes les feuilles ovales-lancéolées, plus ou moins entières, d'un vert noir en dessus, pâles-cendrées en dessous. . . . . *Sylvatica.* des Bois.

III CEPHALARIA. (Cephélaire.)

1
- Fleurs blanches, presque rayonnantes. . . . . *Leucantha.* à Fleurs blanches.
- Fleurs ord. bleues et égales. 2

2
- Cal. du fruit à 8 dents, 4 en arêtes, et 4 plus courtes . . . . *Syriaca.* de Syrie.
- Cal. du fruit à 4-5 dents acuminées ; tige presque simple. . . . . *Voir.* SUCCISA. IV

IV Succisa. (*Succise.*)

1 { Cal. à 4-5 dents acuminées ; tige presque simple.
. . . . *Arvensis.* des Champs
Cal. à 8 dents, dont 4 alternes plus grandes, en
arêtes, les 4 autres plus petites : tige rameuse.
(Cephalaria.). . . . . . *Syriaca.* de Syrie.

V Dipsacus. (Cardère.)

2 { Arêtes des écailles recourbées en dehors. . .
. . . . *Fullonum.* à Foulon.
Arêtes droites. 3

3 { Feuilles sinuées, découpées, pinnatifides. . .
. . . . *Laciniatus.* Découpée.
Feuilles oblongues, lancéolées. ord. dentées. .
. . . . *Sylvestris.* Sauvage.

55.me *Famille.* SYNANTHÉRÉES ou COMPOSÉES.

1 { Fleurons tous semblables ; ou tous tubuleux ou
tous en languette. 2
Fleurons de la circonférence en languette, ceux
du disque en tube. (*Radiées.*). 4

2 { Fleurons tous en tube. (*Flosculeuses.*) . . . 3
Fleurons tous en languette. (*Semiflosculeuses.*) 58

3 { Réceptable à peine charnu, membraneux ; stigmates non articulés sur le style ; feuilles jamais
épineuses. 4
Réceptacle charnu ; stigmates articulés sur le
style ; feuilles ord. épineuses. 41

4 { Graines couronnées d'une aigrette de poils ; réceptable nu. 5
Graines nues ou couronnées de membranes ou
d'arêtes ; réceptacle garni de paillettes. . . 22
Graines nues ou couronnées de membranes ou
d'arêtes ; réceptacle nu ou peu poilu. . . . 33

5 { Fleurs flosculeuses ; tous les fleurons en tube
denté. 6
Fleurs radiées ; fleurons du centre en tube, et
ceux de la circonférence en languette. . . . 14

6 { Fleurs jaunes. 7
Fleurs autrement que jaunes. 10

7 { Involucre foliacé. 8
Involucre scarieux ; coloré ou cotonneux. . . 13

20 { Toutes les graines munies d'aigrettes. . Arnica. vii
{ Graines extérieures des demi fleurons nues, sans aigrettes. . . . . Doronicum. vi

21 { Demi-fleurons très-étroits, linéaires, sur plusieurs rangs ; aigrettes à poils sur 1 seul rang. . . . . Erigeron. x
{ Demi-fleurons assez larges, oblongs, sur un seul rang ; folioles extér. du calice, lâches. Aster. ix

22 { Fleurs monoïques ; fruit hérissé en dehors d'aiguillons crochus . . . . . . Xanthium. xxi
{ Fleurs non monoïques ; fruit non hérissé de pointes crochues. 23

23 { Fleurs flosculeuses. 24
{ Fleurs radiées. 27

24 { Fleurs purpurines ; invol. scarieux ; graines externes nues, les autres non. Xeranthemum. xvii
{ Fleurs jaunes ; invol. non scarieux ; graines toutes nues ou toutes couronnées d'arêtes ou de membranes 25

25 { Aigrettes à 3-4 arêtes ; invol. entouré de longues bractées. . . . . Bidens. xix
{ Aigrettes membraneuses, obliquement tronquées, dentelées ; pas de bractées. Athanasia. xxiii
{ Aigrettes nulles ; invol. sans bractées. . . . 26

26 { Invol. à 5-9 folioles lâches enveloppant la graine ; herbe basse . . . . Micropus. xvi
{ Invol. imbriqué ; plante un peu ligneuse ; odeur très-forte . . . . Santolina. xxii

27 { Graines couronnées d'arêtes ou de dents. . . 28
{ Graines nues ou seulement à 2 dents avec ou sans membrane. 29
{ Graines couronnées d'une membrane plus ou moins dentée. 32

28 { Aigrettes à 2-4 arêtes molles et caduques ; fleurs de 5-30 cent. ; plante de jardin ou cultivée. . . . . Helianthus. xx
{ Aigrettes à 2-4 dents ou arêtes persistantes ; fleurs de 3 cent. au plus ; plante sauvage. . . 28 *b*.

28 *b*. { Graines tétragones, à 2-4 arêtes ; invol. entouré de longues bractées. . . . . . . Bidens. xix
{ Graines aplanies, ailées, à 2 dents. Anacyclus. xxvi

29 { Graines tétragones, à 2-4 arêtes, invol. entouré de longues bractées. . . . . . . BIDENS. XIX
Graines nues, aplaties, ailées, à 2 dents. . . . . ANACYCLUS. XXVI
Graines tout à fait nues 30

30 { Demi-fleurons 5-10, très-courts; invol. ovale; fleurs petites, en corymbe; graines ellipsoïdes. . . . . ACHILLÆA. XXIV
Demi-fleurons nombreux, allongés; invol. hémisphérique, fleurs assez grandes 31

31 { Graines tétraèdres, non membraneuses-bidentées . . . . ANTHEMIS. XXV
Graines aplaties, ailées-membraneuses au bord, à 2 dents . . . . ANACYCLUS. XXVI

32 { Réceptacle plane, invol. largement étalé, foliacé; feuilles entières, ou seulement. dentées . . . . BUPHTALMUM. XVIII
Réceptacle conique; invol. hémisphérique, à écailles scarieuses; feuilles 1-2 fois pinnatifides . . . . ANTHEMIS. XXV

33 { Fleurs flosculeuses 34
Fleurs radiées 36

34 { Fleurons tous hermaphrodites et à 5 dents. . . . . BALSAMITA. XXXII
Fleurons du bord pistillés, entiers ou à 3 dents. 35

35 { Écailles de l'involucre conniventes; fleurons du disque à 5 dents, ceux du bord entiers; graines cylindriques, nues . . ARTHEMISIA. XXXIV
Écailles de l'invol. aiguës; fleurons du disque à 5 lobes; ceux du bord à 3; graines anguleuses, couronnées d'une membrane entière. . . . . TANACETUM. XXXIII

36 { Rayons jaunes. 37
Rayons blancs ou rougeâtres. 39

37 { Graines couronnées de 5 arêtes. . . TAGETES. XXXI
Graines nues ou couronnées d'une membrane courte. 38

38 { Involucre simple; graines irrégulières, membraneuses, courbées, à dos chargé de pointes. . . . . CALENDULA. XXX
Involucre imbriqué; graines droites, régulières. . . . . CHRYSANTHEMUM. XXVIII

60 { Graines mûres persistantes , enveloppées dans les folioles de l'involucre , celui-ci étalé en étoile . . . . RHAGADIOLUS. LVII
Graines mûres caduques et non enveloppées dans les folioles de l'involucre. . LAPSANA. LVIII

61 { Aigrettes composées d'ailes , d'arêtes , de membranes ou d'écailles. 62
Aigrettes à poils simples ou un peu dentés. . 65
Aigrettes à poils plumeux. 83

62 { Plante épineuse ; fleurs jaunes , environnées de bractées très-épineuses . . SCOLYMUS. LIII
Plante et bractées non épineuses. 63

63 { Réceptacle garni de paillettes ; fleurs bleues , grandes , sur de longs pédoncules ; involucre scarieux , luisant. . . . CATANANCHE. LV
Réceptacle nu ou presque nu. 64

64 { Aigrettes uniformes , très-courtes , écailleuses ; fleurs bleues ou blanches. . CICHORIUM. LIV
Aigrettes du disque à poils écailleux, inégaux ; celles du bord à paillettes presque avortées ; fleurs jaunes. . . . . . . HYOSERIS. LVI

65 { Aigrettes sessiles 66
Aigrettes pédicellées ou paraissant l'être. . . 77

66 { Graines intér. à aigrette poilue ; les extér. à aigrette nulle ou en écailles demi-avortées . . 67
Aigrettes toutes semblables. 70

67 { Graines extérieures nues. 68
Graines extérieures couronnées d'écailles à demi-avortées. 69

68 { Graines extér. sillonnées en dedans de 3-5 petites ailes ; involucre redressé à la maturité. . . . . PTEROTHECA. LXVII
Graines extér. non ailées en dedans ; involucre mûr étalé en étoile . . . . . . CREPIS. LXVI

69 { Écailles extérieures de l'involucre en alène, étalées , à la fin courbées en faux ; fleurs à disque violet. . . . . TOLPIS LXIX
Écailles extér. ni étalées , ni en alène , ni courbées en faux ; fleurs tout à fait jaunes. . . . . HYOSERIS. LVI

70 { Réceptacle poilu, ou velu, ou soyeux. . . . 71
Réceptacle glabre, souvent alvéolé. 72

71	Graines longues, cylindriques, à 20-30 stries; aigrette blanche; poils de la plante simples, rar. glanduleux . . . . . . SOYERIA. LXX*b*. Graines très-petites, plus courtes que les lanières du bord des alvéoles, tétragones ou anguleuses; poils de la plante plumeux. ANDRYALA. LXVIII Graines coniques, à 10 côtes ou 10 stries, plus longues que les poils du réceptacle ou du bord des alvéoles; aigrette rousse, raide, fragile; poils de la plante dentés, étoilés ou glanduleux. . . . . HIERACIUM. LXX	

72 { Involucre garni de petites écailles à la base. . 73
{ Involucre imbriqué, non écailleux à la base. 75

73 { Invol. à la fin corriace, noueux, anguleux, sillonné; aigrette très-courte . . ZACINTHA. LIX
{ Involucre ni corriace, ni anguleux; aigrette égalant ou dépassant les graines 74

74 { Demi-fleurons sur un rang, au nombre de 5. . . . . PRENANTHES. LX
{ Demi-fleurons nombreux, imbriqués; écailles extérieures lâches . . . . . . CREPIS. LXVI

75 { Graines coniques, à 10 côtes ou stries; aigrette rousse, fragile. . . . . . HIERACIUM. LXX
{ Graines comprimées ou prismatiques; aigrettes molles, très-blanches; invol. ord. ventru à la base à la maturité. 76

76 { Écailles de l'invol. membraneuses au bord; graines tétragones, tuberculeuses en travers, et courbées; pédoncules épaissis au sommet; involucre ventru à la base. . . PICRIDIUM. LXIV
{ Écailles non membraneuses; graines comprimées, prismatiques, striées en long involucre ventru, oblong, ovoïde. . . . SONCHUS. LXIII.

77 { Réceptacle garni de paillettes; aigrettes du disque poilues, celles des bords nulles: graines sillonnées-ailées en dedans. . PTEROTHECA. LXVII
{ Réceptacle nu; graines sans ailes en dedans. . 78

78 { Involucre à un seul rang de folioles, au nombre de 7 à 8, entourées de courtes écailles à la base. 79
{ Involucre à fol. nombreuses, sur 2 ou plusieurs rangs 81

79 { Hampe nue et ord. uniflore. . Taraxacum. LXV
Tige feuillée et à plusieurs fleurs. 80

80 { 5 demi-fleurons sur un rang ; aigrette à peine
pédicellée. . . . . . . Prenanthes. LX
10-15 demi-fleurons presque imbriqués ; aigrette
longuement pédicellée . . . Chondrilla. LXI

81 { Involucre imbriqué, à foliol. membraneuses au
bord ; tige à plusieurs fleurs ; graines rhom-
boïdales-comprimées. . . . . Lactuca. LXII
Invol. à 2 rangs de fol. ; les extérieures plus
petites. 82

82 { Invol. sillonné, ventru et entourant les graines
à la maturité ; tige feuillée à plusieurs fleurs,
graines en fuseaux. . . . . . Crepis. LXVI
Invol. non ventru, ord. étalé et réfléchi en de-
hors, à la maturité ; hampe nue et à une fleur.
. . . . Taraxacum. LXV

83 { Réceptacle garni de paillettes ; invol. oblong,
imbriqué. . . . . . . Hypochæris. LXXI
Réceptacle nu ou alvéolé. 84

84 { Involucre garni de 5 écailles extérieures lâ-
ches, foliacées. . . . . . Helminthia. LXXV
Involucre non garni de 5 écailles extérieures-
lâches et foliacées. 85

85 { Invol. très-simple, à 8-12 folioles soudées à la
base. 86
Invol. simple, mais garni à la base d'écailles
très-courtes. 87
Invol. imbriqué. 88

86 { Feuilles entières ; graines striées en long ; pédi-
celle de l'aigrette très grêle ; folioles de l'invo-
lucre égalant ou dépassant les fleurs. . . .
. . . . Tragopogon. LXXIX
Feuilles roncinées dentées ; graines à côtes tu-
berculeuses ; aigrette à pédicelle creux et ven-
tru à la base. . . . . . Urospermum. LXXVIII

87 { Aigrettes toutes plumeuses ; tige feuillée. . .
. . . . Picris. LXXIV
Aigrettes du bord en coupe scarieuse, incisée-
dentée ; hampe nue. . . . . Thrincia. LXXII

88 { Graines portées sur un pédicelle creux à la base ;
réceptacle turberculeux, mamelonné. . .
. . . . Podospermum. LXXVII
Graines sessiles, non portées sur un pied creux. 89

89 {
Aigrette presque pédicellée; écailles de l'invol.
à bord scarieux. . . . . SCORZONERA LXXVI

Aigrette presque sessile; écailles non scarieuses au bord. . . . . PICRIS. LXXIV

Aigrette tout-à-fait sessile 90

90 {
Aigrettes du bord nulles ou avortées; hampe
nue. . . . . THRINCIA LXXII

Aigrettes égales: graines lisses ou striées en long;
écailles de l'involucre toutes appliquées. . .
. . . . LEONTODON. LXXIII

Aigrettes égales; graines courbées tuberculeuses ou striées en travers; écailles extérieures
de l'invol. lâches. . . . . . . PICRIS. LXXIV

1.re TRIBU CORYMBIFÈRES.

I EUPATORIUM. (Eupatoire.) *Cannabinum.* à feuilles de Chanvre.

II CACALIA. (Cacalie.) *Albifrons.* Velue.

III TUSSILAGO. (Tussilage.)

1 {
Fleurs jaunes, radiées. . . *Farfara.* pas d'Ane.
Fleurs blanchâtres ou rougeâtres. 2

2 {
Fleurs rougeâtres. 3
Fleurs blanchâtres. 5

3 {
Tige uniflore. . . . . . . *Alpina.* des Alpes.
Tige pluriflore. 4

4 {
Feuilles oblongues, en cœur, doublement den-
tées; fleurs nullement rayonnantes. . . .
. . . . *Petasites.* Pétasites.

Feuilles arrondies, en cœur, également dentées; 4 fleurs suaves et un peu rayonnantes. .
. . . . *Flagrans.* Parfumé.

5 {
Tige uniflore; feuilles petites, ord. réniformes.
. . . . *Alpina.* des Alpes.

Tige pluriflore; feuilles grandes, arrondies en
cœur. . . . . *Alba.* Blanchâtre.

IV CINERARIA. (Cinéraire.)

1 {
Plante glabre; feuilles en cœur, obtuses, à pétiole dilaté; aigrette à poils rudes; fleurs en
grappe garnie de bractées. *Sibirica.* de Sibérie.

Plante finement laineuse au sommet; feuilles
radicales lancéolées, en spatule: invol. rouge
au sommet; aigrette très-courte: fleurs en corymbe. . . . . *Pratensis.* des Prés.

V Senecio. (Séneçon.)

1 { Fleurs flosculeuses , non radiées. 2
{ Fleurs radiées. 4

2 { Plante très-visqueuse dans le haut. . . . .
{ . . . . *Viscosus.* Visqueux.
{ Plante non visqueuse. 3

3 { Feuilles embrassantes ; tige un peu fistuleuse ;
{ écailles extér. de l'involucre au nombre de 8-10,
{ très courtes . . . . . *Vulgaris.* Commun.
{ Feuilles non embrassantes , au moins les radica-
{ les ; tige raide ; écailles extérieures de l'invo-
{ lucre de 2-5, très-courtes. . *Jacobæa.* Jacobée.

4 { Demi-fleurons courts , peu apparents , roulés en
{ dehors. 5
{ Demi-fleurons grands , étalés. 7

5 { Sommet de la plante visqueux ; fruit glabre. .
{ . . . . *Viscosus.* Visqueux.
{ Plante non visqueuse. 6

6 { Feuilles supér. pinnatifides , les rad. simplement
{ dentées ; fruit pubescent. *Sylvaticus.* des Bois.
{ Feuilles simplement sinuées ou lancéolées , inci-
{ sées , dentées. . . . . . . *Lividus.* Livide.

7 { Feuilles découpées , pinnatifides , au moins les
{ supérieures. 8
{ Feuilles indivises , ou seulement dentées , créne-
{ lées , ou un peu sinuées. 14

8 { Feuilles glabres ou çà et là un peu cotonneuses ,
{ toutes pinnatifides 9
{ Feuilles tout-à-fait blanchâtres et cotonneuses des
{ 2 côtés. 13

9 { Lobes des feuilles étroits , linéaires et pointus ;
{ fleurs dorées , petites. . . . .
{ . . . . . *Arthemisiæfolius.* à feuilles d'Armoise.
{ Lobes des feuilles un peu larges , oblongs ou
{ obtus. 10

10 { Tige et feuilles à peu près glabres. 11
{ Tige et feuilles couvertes çà et là d'un duvet lâ-
{ che , peu adhérent . . . .
{ . . . . . . *Erucæfolius.* à feuilles de Roquette.

13*

11 {
Lobes des feuilles étroits et écartés, courts, à peine dentés ; écailles de l'involucre luisantes ; graines couvertes d'un duvet blanc. . . . . *Squalidus.* Sale.
Lobes des feuilles assez larges et rapprochés ; graines glabres ou hérissées de poils épars.   12
}

12 {
Lobes des feuilles à peu près égaux ; graines poilues. . . . . *Jacobœa.* Jacobée.
Lobe terminal des feuilles grand et ovale ; graines glabres ; feuilles inférieures presque entières. . . . . . . *Aquaticus.* Aquatique.
}

13 {
Plante de 15-18 cent., à duvet adhérent, uni. . . . . *Incanus.* Blanchâtre.
Plante de 3-4 déc., à duvet peu adhérent, inégal ; graines velues ; écailles de l'invol. lancéolées, à large nervure. . . . . , *Erucœfolius.* à feuilles de Roquette.
}

14 {
Plante glabre ou à peine pubescente.   15
Plante à tige ou à dessous des feuilles couvert d'un léger coton.   17
}

15 {
Feuilles de la tige un peu décurrentes, un peu glauques, dentées, glabres des deux côtés ; rayons presque nuls. . . . *Doria.* Doria.
Feuilles non décurrentes.   16
}

16 {
Feuilles glabres des 2 côtés, bidentées, un peu pliées, corriaces ; rayons étalés. . . . . *Saracenicus.* Sarrasin.
Feuilles un peu pubescentes en dessous, minces ; tige branchue. . . . *Nemorensis.* des Forêts.
}

17 {
Tige de 12-15 déc., un peu cotonneuse ; feuilles embrassantes, longues, étroites, pointues, fortement dentées en scie, un peu cotonneuses. . . . . *Paludosus.* des Marais.
Tige de 3-6 déc. ; feuilles non embrassantes.   18
}

18 {
Feuilles infér. pétiolées, orbiculaires, en cœur, un peu cotonneuses en dessous ; tige simple et velue ; fleurs grandes. *Doronicum.* Donoric.
Feuilles infér. sessiles, ovales-lancéolées, un peu velues en dessous ; tige branchue, presque glabre. . . . . . . *Nemorensis.* des Forêts.
}

VI DORONICUM. (Doronic.)

1 ⎰ Feuilles radicales en cœur. 2
 ⎱ Feuilles radicales non en cœur. . . . . .
 . . . . . *Plantagineum.* à feuilles de Plantain·

2 ⎰ Feuilles supér. en cœur, sessiles, arrondies. .
 ⎱ . . . . . *Pardalianches.* à Feuilles en cœur.
 Feuilles infér. bien plus petites que les supér. ;
 celles-ci lancéolées embrassantes. . . . .
 . . . . *Austriacum.* d'Autriche.

VII Arnica. (Arnique.)

1 ⎰ Feuilles opposées sur la tige. *Montana.* des Montagnes.
 ⎱ Feuilles alternes. . *Scorpioïdes.* à Racine noueuse.

VIII Chrysocoma. (Chrysocome.) *Lynosyris.* à feuilles de Lin.

IX Aster. (Aster.)

1 ⎰ Feuilles très-entières 2
 ⎱ Feuilles plus ou moins dentées , au moins les
 inférieures 3

2 ⎰ Fleurs solitaires; tige uniflore. *Alpinus.* des Alpes.
 ⎱ Fleurs en corymbe , presque en ombelle. . .
 . . . . *Acris.* Acre.

3 ⎰ Fleurs grandes , solitaires au bout des rameaux;
 feuilles à grosses dents . fleurs très grandes. .
 . . . . *Chinensis.* Reine-Marguerite.
 Fleurs en faisceaux , corymbe ou panicule. . 4

4 ⎰ Feuilles charnues , linéaires-lancéolées : tige
 glabre ; écailles de l'invol. obtuses , presque
 sur 1 seul rang. . *Tripolium.* des Lieux salés.
 Feuilles non charnues , oblongues-lancéolées . 5

5 ⎰ Fleurs en corymbe ; feuilles pubescentes , écailles
 de l'invol. raides-oblongues , un peu obtuses ,
 rouges au sommet . . . *Amellus.* œil de Christ.
 Fleurs en panicule ; feuiles glabres ; écailles
 de l'invol. acuminées-aiguës. *Serotinus.* Tardif.

X Erigeron. (Vergerette.)

1 ⎰ Fleurs jaunes , ou blanchâtres-jaunâtres ; demi-
 fleurons seuls pistillés. 2
 Fleurs bleuâtres ou purpurines : disque jaune
 ou jaunâtre ; demi-fleurons et fleurons du premier rang, ord., pistillés. 4

2 | Fleurs bien jaunes ; toutes les feuilles entières ; plante à odeur forte, visqueuse . . . . *Graveolens.* Fétide.
Fleurs très-pâles, jaunâtres ou blanchâtres ; feuilles infér. dentées. 3

3 | Feuilles ciliées, les infér. lancéolées, dentées en scie. . . . . *Canadensis.* du Canada.
Feuilles non ciliées, les infér. spatulées, dentées au milieu. . . . *Crispus.* à feuilles de Lin.

4 | Fleurs sans rayons ; plante velue, grisâtre ; les seuls demi-fleurons pistillés. . . . . *Crispus.* à feuilles de Lin.
Fleurs radiées, larges de 12-15 mil. ; aigrette 2 fois plus longue que la graine. *Acris.* Acre.
Fleurs radiées, larges de 2-3 cent. ; aigrette égalant ou dépassant peu la graine. *Alpinus.* des Alpes

XI SOLIDAGO. (Verge d'or.)

1 | Plante visqueuse ; feuilles très entières. (ERIGERON.) . . . . *Graveolens.* Fétide
Plante non visqueuse ; feuilles dentées. . . . 2

2 | Demi-fleurons allongés ; tige pubescente ; fleurs en panicule serrée, compacte, oblongue . . . . *Virga-Aurea.* Commune.
Demi-fleurons courts ; tige rude ; feuilles à 3 nervures ; fleurs en vaste panicule feuillée. . . . . *Canadensis.* du Canada.

XII CONYZA. (Conyze.)

1 | Tige frutescente, blanche, cotonneuse ; 3 fleurs sur chaque pédoncule. . *Sordida.* Blanchâtre.
Tige herbacée. 2

2 | Feuilles lancéolées ou linéaires, un peu roulées sur les bords, entières ; involucre scarieux. . . . . *Sicula.* de Sicile.
Feuilles ovales-lancéolées ou ovales-spatulées, crénelées ou dentées. 3

3 | Feuilles infér. dentées : les supér. entières ; tige velue grisâtre, de 3-7 déc. (*Erigeron Crispus.*) . . . . *Ambigua.* Ambiguë.
Feuilles toutes denticulées ou crénelées ; tige de 6-13 déc. ; odeur forte ; involucre foliacé. . . . . *Squarrosa.* Raide.

XIII INULA. (Inule.)

1 { Aigrette simple 2
  { Aigrette double , l'intér. poilue, l'extér. courte. 19

2 { Écailles extér. de l'invol. ovales ; les intér. en spa-
  {   tule , élargies au sommet et colorées. . . .
  { . . . . *Helenium.* Officinale.
  { Écailles étroites , non élargies au sommet. . 3

3 { Écailles étroites , lâches , foliacées au sommet ;
  {   feuilles non charnues. 4
  { Écailles raides , appliquées ; feuilles linéaires ,
  {   charnues , souvent à 3 dents ou pointes. . .
  { . . . . *Crihtmoïdes.* Charnue.

4 { Feuilles embrassantes , non décurrentes. . . 5
  { Feuilles décurrentes; plante visqueuse au sommet;
  {   odeur de musc. . . . *Bifrons.* Changeante.
  { Feuilles ni embrassantes , ni décurrentes. . . 10

5 { Bords des feuilles planes ; aigrette simple. . . 6
  { Bords des feuilles ondulés ou frisés ; aigrette dou-
  {   ble , l'intérieure poilue ; l'extérieure courte. . 9

6 { Feuilles obtuses entières ; plante odorante. .
  { . . . . *Suaveolens.* Parfumée.
  { Feuilles lancéolées, pointues, plus ou moins den-
  {   tées , au moins les inférieures 7

7 { Feuilles supérieures très-entières , demi-embras-
  {   santes, les infér. pétiolées, dentées ; plante odo-
  {   rante . . . . *Suaveolens.* Parfumée
  { Toutes les feuilles embrassantes ou demi-embras-
  {   santes, et plus ou moins dentées. 8

8 { Graines glabres ; feuilles à peine demi-embras-
  {   santes , comme sessiles. . . *Hirta.* Hérissée.
  { Graines pubescentes ; feuilles presque embras-
  {   santes . . . . *Britannica.* Aquatique.

9 { Rayons à limbe dressé , peu apparents , dépas-
  {   sant à peine les fleurons ; feuilles demi-em-
  {   brassantes . . . . . *Pulicaria.* Pulicaire.
  { Rayons très-apparents , rayonnants , dépassant
  {   longuement les fleurons ; feuilles très-embrassan-
  {   tes, fortement cordées. *Dyssenterica.* Dyssentérique.

10 { Feuilles glabres. 11
   { Feuilles velues. 14

11 { Feuilles charnues ; linéaires et souvent à 3 dents
   {   ou pointes . . . . . *Crithmoïdes.* Charnue.
   { Feuilles non charnues , jamais à 3 pointes. . . 12

12 { Feuilles linéaires, presque entières ; racines tubéreuses : tige un peu ligneuse à la base, rameuse-diffuse, basse ; rameaux uniflores. . .
. . . . *Tuberosa.* Tubéreuse.
Feuilles ovales ou oblongues; tige simple. . . 13

13 { Plante glabre ou un peu velue à la base ; feuilles
et involucre glabres . . . *Squarrosa.* Raide.
Plante peu hérissée ; feuilles velues sur les nervures en dessous, au bord ; involucre presque glabre. . . . . *Spiræifolia.* à feuilles de Spirée.

14 { Sommet de la plante visqueux ; aigrette double ,
l'extér. courte. . . . . *Viscosa.* Visqueuse.
Plante nullement visqueuse. 15

15 { Feuilles linéaires, presque entières ; racines tubéreuses ; tige basse , un peu ligneuse à la base,
rameuse-diffuse. . . . *Tuberosa.* Tubéreuse.
Feuilles ovales ou lancéolées ; tige ord. simple. 16

16 { Involucre imbriqué , hérissé ; feuilles lancéolées,
très entières , velues soyeuses, surtout en dessous ; tige ord. uniflore. *Montana.* des Montagnes
Involucre à folioles extér. étalées et recourbees ; 1*

17 { Graines glabres ; involucre à folioles ciliées, tige
velue , obscure. . . . . . *Hirta* Hérissée.
Graines pubescentes; involucre glabre ou presque
glabre ; tige glabre ou peu velue à la base ou
peu hérissée. 18

18 { Plante glabre, ou peu velue à la base; feuilles et
invol. glabres. . . . . *Squarrosa.* Raide.
Plante peu hérissée; feuilles velues sur les nervures en dessous, et aux bords ; involucre presque glabre. . . *Spiræifolia.* à feuilles de Spirée.

19 { Feuilles linéaires, lancéolées, visqueuses, ainsi
que la tige au sommet, fleurs en grappe pyramidale. . . . . *Viscosa.* Visqueuse.
Feuilles plus ou moins embrassantes ; non visqueuses; fleurs en corymbe, (ci-dessus) . . 5

XIV Gnaphalium.(Gnaphale.) et Helichrysum.*Helichryse*

1 { Écailles extérieures des involucres entièrement
scarieuses , ni roses, ni blanches, mais jaunes ,
jaunâtres ou d'un brun foncé. 2
Écailles scarieuses au sommet, roses ou blanches.
. . . . *Dioïcum.* Dioïque.
Écailles extérieures cotonneuses, au moins à la
base jusque vers le sommet. 6

2 { Fleurs en têtes ou en corymbes terminaux. . . 3
{ Fleurs en épis terminaux et axillaires. . . .
. . . . *Sylvaticum.* des Bois. *

* *Var.* **a.** Feuilles cotonneuses des 2 côtés ; fleurs serrées ; involucre d'un brun foncé. . . .
. . . . *Fuscum.* d'un Brun foncé.
b. Feuilles presque glabres en dessus : fleurs
moins serrées ; invol. d'un roux pâle. .
. . . . *Rectum.* Droite.

3 { Plante ligneuse à la base ; feuilles roulées en dessous ; corymbe des fleurs lâche ou serré ; invol.
jaune. . . . . (HÉLICHRYSUM.) 4
Plante herbacée ; feuilles non roulées en dessous ;
invol. blanc jaunâtre. 5

4 { Feuilles cotonneuses ; fleurs serrées presque en
têtes globuleuses , d'un beau jaune. . . . .
. . . . *Stœchas.* Doré.
Feuilles presque glabres ; fleurs en corymbe lâche ;
de 20-60 fleurs d'un jaune pâle. . . . . .
. . . . . *Angustifolium.* à Feuilles étroites.

5 { Écailles intér. de l'invol. à la fin presque rayonnantes ; aigrette presque plumeuse ; feuilles inférieures et écailles obtuses ; fleurs en tête serrées. . . . . . . *Luteo-Album.* Jaunâtre.
Écailles toutes presque égales , aigrette à poils
simples ; feuilles et écailles un peu pointues ;
fleurs en paquets mêlés de feuilles. . . . .
. . . . *Uliginosum.* des Marais.

6 { Feuilles radicales spatulées ; écailles obtuses , rosées ou blanches ; involucre non anguleux. .
. . . . *Dioïcum.* Dioïque.
Feuilles radicales spatulées ou non , écailles aiguës ; invol. anguleux, cotonneux. *Voir* FILAGO. XV

XV FILAGO. (Cotonnière.)

1 { Fruits du rang extér. renfermés dans les écailles
de l'invol. ; feuilles roulées en dessous ; involucres en alêne ; fleurs axillaires dépassées par
les feuilles . . . . . . *Gallica.* en Alêne.
Fruits tous libres. 2

2 { Capitules des fleurs sessiles, disposés par 8-25
en glomérules compactes , sub-globuleux ;
écailles cuspidées. 3
Capitules sub-sessiles, ou un peu pédonculés ,
disposés par 1-7 en fascicule ; écailles non cuspidées. 5

3 { Glomérules munis d'un involucre de 3-4 feuilles dépassant les capitules; ceux-ci à 5 angles aigus, très saillants. . . *Jussiæi.* de Jussieu.
Glomérules à invol nul ou composé de 1-2 feuilles très-courtes; capitules à 5 angles à peines marqués. 4

4 { Feuilles laineuses, linéaires-lancéolées ; écailles presque égales ; involucre très-cotonneux. . *Germanica.* Commune. Var. *Lanuginosa.* Laineuse.
Feuilles vertes, lancéolées en spatule ; écailles imbriquées. . . . . *Germanica.* Var. *Pyramidata.* Pyramidale.

5 { Capitules à 5 angles obtus, saillants; invol. tomenteux, soyeux à la base, glabre, scarieux, et jaunâtre au sommet. . *Montana.* Lancéolées.
Capitules à 8 angles ou 8 côtes peu prononcées ; involucre tomenteux-laineux presque jusqu'au sommet. . . . . *Arvensis.* à courtes Feuilles.

XVI MICROPUS. (Micrope.)

1 { Fleurons du disque hermaphrodites , à 5 dents , et 5 étamines: plante ayant une tige apparente , portant des feuilles et des fleurs, droite . . . . *Rectus.* Dressé.
Fleurons du disque staminés , à 4 divisions; involucre à écailles en alêne , foliacées, glabres ; feuilles et fleurs comme radicales. . . . . *Pygmœus.* Nain.

XVII XERANTHEMUM. (Immortelle). *Inapertum.* à Fleurs fermées.

XVIII BUPHTALMUM. (Buphtalme.)

1 { Feuilles florales , ou écailles extérieures de l'involucre très grandes, en gouttières, épineuses. . . . . *Spinosum.* Épineux.
Feuilles florales ou écailles extérieures très-grandes et en spatules, non épineuses. . . . , ... *Aquaticum.* Aquatique.

XIX BIDENS. (Bident.)

1 { Feuilles simples , lancéolées , dentées en scie. . . . . *Cernua.* Penché.
Feuilles ternées, digitées ou ailées. 2

2 { Feuilles à 3-5 folioles, lancéolées, dentées. . . . . *Tripartita.* Trifolié.
Feuilles 2 fois ailées, à foliol incisées , pinnatifides. . . . . *Bipinnata.* Bipenné.

XX **Helianthus.** (Hélianthe,) *Annuus.* Tournesol.

XXI **Xanthium.** (Lampourde.)

1 { 3 Épines à la base des feuilles *Spinosum.* Épineuse.
{ Pas d'épines à la base des feuilles. 2

2 { Feuilles arrondies, cordiformes ; fruit hérissé,
{ surmonté de 2 pointes droites. . . . . .
{ . . . . *Strumarium.* Glouteron.
{ Feuilles ovales, cunéiformes à la base ; fruit hé-
{ rissé, surmonté de 2 pointes recourbées. . .
{ . . . . *Macrocarpum.* à gros Fruits.

XXII **Santolina.** (Santoline.)

1 { Feuilles blanchâtres, cotonneuses, à dents très-
{ courtes, ovales élargies au sommet, très-obtu-
{ ses, imbriquées sur 4 rangs. . . . . . .
{ . . . . *Chamæcyparissus.* Citronelle.
{ Feuilles presque vertes, à dents cylindriques,
{ très-fines, obtuses, étalées, sur 4 rangs. . .
{ . . . . . . *Var. Squarrosa.* à dents Cylindriques.

XXIII **Athanasia.** (Athanasie.) *Annua.* Annuelle.

XXIV **Achillea.** (Achillée.)

1 { Fleurs jaunes ou jaunâtres. 2
{ Fleurs blanches ou rougeâtres. 4

2 { Feuilles simples, dentées ; tiges et feuilles gla-
{ bres. . . . . . . *Ageratum.* Agglomérée.
{ Feuilles bi-tri-pinnatifides ; tiges et feuilles pu-
{ bescentes ou cotonneuses. 3

3 { Fleurs bien jaunes ; tiges et feuilles cotonneuses ;
{ celles-ci bi-pinnatifides. *Tomentosa.* Cotonneuse.
{ Fleurs d'un blanc jaunâtre ; tiges et feuilles pu-
{ bescentes ; celles-ci tri-pinnatifides . . . . .
{ . . . . *Compacta.* Compacte.

4 { Feuilles indivises, simplement dentées. . . . .
{ . . . . *Ptarmica* Bouton d'argent.
{ Feuilles découpées, pinnatifides ou ailées. . . 5

5 { Feuilles simplement pinnatifides ou une fois ai-
{ lées, à lobes entiers ou dentés ; plante basse. 6
{ Feuilles 2-3 fois pinnées, à lobes incisés ou pin-
{ natifides. 7

14

6 {
Plante brièvement velue , cotonneuse-soyeuse ; lanières des feuilles linéaires, obtuses; les supérieures presque dentées au sommet ; 6-7 fleurs en corymbe , presque en ombelle. . . . . *Clavennæ*. Argentée.

Plante très-velue cotonneuse , blanchâtre , lanières des feuilles linéaires aiguës , dentées ; écailles de l'invol. bordées de brun ; corymbe simple et serré. . . . . . . *Nana*. Naine.
}

7 {
Plante de 17 cent. au plus, cotonneuse ; feuilles 1-2 fois ailées ; écailles bordées de brun. . . . . *Nana*. Naine.

Plante de plus de 17 cent. , glabre ou pubescente , non cotonneuse ; feuilles 2-3 fois ailées ou pinnatifides. 8
}

8 {
Involucre très-glabre. 9
Involucre plus ou moins velu-pubescent. . . . 11
}

9 {
Feuilles petites , longues de 2-5 cent. au plus ; fleurs d'un blanc-rosé. . . *Setacea*. Sétacée.
Feuilles de 10 cent. au moins. 10
}

10 {
Feuilles radicales de 10-14 cent. : fleurs blanches , odorantes. . . . . . *Nobilis*. Noble.
Feuilles radicales très-grandes , de 2-3 déc. sur 5-9 cent.; écailles bordées de brun ; fleurs ord. purpurines ou rosées . . . . *Tanacetifolia*. à feuilles de Tanaisie.
}

11 {
Fleurs d'un blanc-jaunâtre; feuilles planes , velues; tige pubescente . *Compacta*. Compacte.
Fleurs très-blanches ou rosées. 12
}

12 {
Feuilles planes , pubescentes ; plante plus ou moins grisâtre ; écailles glabres au centre , brunes et poilues au bord. . *Setacea*. Sétacée.
Feuilles jamais planes , vertes , presque glabres ; tige velue pubescente. *Millefolium*. Mille Feuilles.
}

XXV ANTHEMIS. (Camomille.)

1 {
Fleurs à rayons entièrement jaunes. . . . . *Tinctoria*. des Teinturiers.
Fleurs à rayons blancs au sommet et jaunes à la base. . . . . *Mixta*. Panachée.
Fleurs à rayons entièrement blancs. 2
}

2 {
Graines nues , non surmontées de membranes. 3
Graines couronnées d'une courte membrane. . 6
}

3 { Paillettes du récept. presque rongées , accumi-
nées en arête , égalant les fleurons ; tige rougeâtre , lisse; feuilles charnues, glabres , à lanières obtuses-élargies au sommet ; plante maritime. . . . . *Maritima.* Maritime.
Paillettes du récept. en alêne , aiguës , effilées ;
plante non maritime. 4
Paillettes lancéolées , plus ou moins obtuses ,
mucronées ou non ; plante non maritime. . . 5

4 { Feuilles glabres , au moins les inférieures : réceptacle conique ; pédoncules grêles ; odeur
fétide. . . . . *Cotula.* Fétide.
Feuilles pubescentes ; réceptacle convexe ; pédoncules à la fin très-épaissis au sommet. . . .
. . . . *Incrassata.* Renflée.

5 { Feuilles glabres au moins les inférieures ; réceptacle convexe ou plane ; paillettes mucronées ,
en arête, raides ; feuilles à lanières lancéolées ,
dentées , aiguës. . . . *Altissima.* Élevée.
Feuilles pubescentes , à lanières presque capillaires , trifides ; paillettes molles , lancéolées ,
obtuses , sans arêtes ; fleurs odorantes. . . .
. . . . *Nobilis.* Romaine.

6 { Feuilles à lanières obtuses , incisées dentées , ou
trifides au sommet ; paillettes non saillantes.   7
Feuilles à lanières étroites et pointues , paillettes
saillantes ; tige à plus de 3 fleurs . . . . .
. . . . *Arvensis.* des Champs.

7 { Plante des montagnes ; lanières des feuilles trifides ; tige à 1-3 fleurs *Montana.* des Montagnes.
Plante des sables maritimes ; lanières incisées-
dentées, charnues ; à lobes obtus-élargis au sommet. . . . . *Maritima.* Maritime.

XXVI ANACYCLUS. (Anacycle.)

1 { Fleurs blanches , à disque jaune. . . . . .
. . . . *Tomentosus.* Pubescent.
Fleurs tout à fait jaunes. . *Radiatus.* Camomille.
Fleurs jaunes , purpurines en dessous. . . .
. . . . *Purpurascens.* Pourprée.

XXVII MATRICARIA. (Matricaire.) *Chamomilla.* Camomille.

XXVIII CHRYSANTHEMUM. (Chrysanthême.) et PYRE-
THRUM. (Pyréthre.)

1 { Toutes les graines nues. 2
{ Toutes les graines, ou seulement celles du bord, surmontées d'une couronne membraneuse ou scarieuse. 3

2 { Fleurs à rayons et disque jaunes. . . . . .
{ . . . . *Segetum.* des Blés.
{ Fleurs à rayons blancs et à disque jaune ; tige ord. rameuse . . . .
{ . . . . . *Leucanthemum.* Grande-Marguerite. *

Var. Tige simple uniflore. *Montanum*, des Montagnes.

3 { Graines du disque nues ; celle du bord couron- nées d'une membrane scarieuse. 4
{ Toutes les graines couronnées d'une membrane. 7

4 { Feuilles inférieures presque palmées, à lanières pinnatifides. . . *Monspeliense.* de Montpellier.
{ Feuilles inférieures spatulées ou cunéïformes. . 5

5 { Feuilles spatulées, peu ou point dentées : les su- périeures linéaires lancéolées, dentées ; écailles de l'involucre blanchâtres ou roussâtres, bor- dées d'une ligne noire. 6
{ Feuilles cunéïformes, à 4-6 dents ; les supérieu- res linéaires, étroites, ord. entières ; écailles très-brunes au bord. . . . .
{ . . . . *Graminifolium.* à feuilles de Graminées.

6 { Écailles roussâtres, bordées d'une ligne noire ; couronne des graines à 1-2 oreillettes ; fleurs larges de 5-9 cent . *Maximum.* à grandes Fleurs.
{ Écailles pâles, scarieuses, blanchâtres au sommet ; couronne des graines à 3-4 dents ; fleurs moins grandes. . . . . *Montanum.* des Montagnes.

7 { Tige uniflore. . . . . *Alpinum.* des Alpes.
{ Tige multiflore. 8

8 { Réceptacle conique ; graines trigones ; couronne entière ; feuilles à lobes linéaires et très-étroits.
{ . . . . *Inodorum.* Inodore.
{ Réceptacle hémisphérique ; feuilles à lobes ova- les ou oblongs et dentés. 9

9 { Tige rameuse ; involucre pubescent ; feuilles tou- tes pétiolées et à segments obtus et dentés ; couronne des graines à 5 dents. . . . . .
{ . . . . *Parthenium.* Matricaire.
{ Tige simple ; invol. glabre ; feuilles supér. ses- siles, à segments aigus ; couronne des graines membraneuse. . . *Corymbosum.* en Corymbe.

XXIX Bellis. (Paquerette.)

1 { Hampe feuillée ; écailles de l'involucre glabres, ciliées au sommet . . . *Annua.* Annuelle.
Hampe nue ; écailles hérissées 2

2 { Hampe de 13-22 cent. ; feuilles oblongues-lancéolées , grisâtres presque crénelées , à 3 nervures . . . . . . *Sylvestris.* Sauvage.
Hampe de 5-10 cent. ; feuilles ovales spatulées. crénelées , pubescentes. . *Perennis.* Vivace. *

* *Var.* Il y a une variété qui tient de l'annuelle et de la vivace . . . . *Hybrida.* Hybride.

XXX Calendula. (Souci.)

1 { Feuilles infér. ovales-lancéolées , presque en cœur à la base ; graines extérieures prolongées en pointe, droites , rudes ; fleurs assez petites . . . . *Arvensis.* des Champs.
Feuilles infér. en spatule ; graines toutes recourbées , les extér. presque lisses ou velues , obtuses. . . . . . . *Officinalis.* des Jardins.

XXXI Tagetes. (Tagète.)

1 { Plante à feuilles glanduleuses , transpirant une odeur agréable . . *Glandulifera.* à Glandes.
Plante à feuilles non glanduleuses ; odeur non suave 2

2 { Pédoncule fortement renflé sous la fleur très-grande ; cal. anguleux . . . *Erecta.* Droite.
Pédoncule peu renflé sous la fleur , de 2-3 cent. de largeur ; cal. cylindrique. *Patula.* Étalée.

XXXII Balsamita. (Balsamite.) *Annua.* Annuelle.

XXXIII Tanacetum. (Tanaisie.) *Vulgare.* Commune.

XXXIV Artemisia. (Armoise.)

1 { Plante très-visqueuse , à feuilles pinnatifides , menues ; fleurs en panicules. *Glutinosa.* Gluante.
Plante non visqueuse, à feuilles lancéolées , entières . . . . *Dracunculus.* Estragon.
Plante non visqueuse, à feuilles pinnatifides , au moins la plupart. 2

2 { Réceptacle garni de poils. 3
Réceptacle nu. 4

14*

$$3 \begin{cases} \text{Tige un peu ligneuse à la base ; feuilles auricu-} \\ \text{lées à la base, blanchâtres, à la fin presque gla-} \\ \text{bres . . . . . . } \textit{Corymbosa.} \text{ en Corymbe.} \\ \text{Tige herbacée ; feuilles non auriculées à la base,} \\ \text{toujours blanchâtres, soyeuses. . . . . .} \\ \text{. . . . . } \textit{Absinthium.} \text{ Absinthe.} \end{cases}$$

$$4 \begin{cases} \text{Fleurs globuleuses ou hémisphériques. . . . } \quad 5 \\ \text{Fleurs ovoïdes ou cylindriques ; involucre plus} \\ \text{ou moins cotoneux. . . . . } \quad 6 \end{cases}$$

$$5 \begin{cases} \text{Feuilles toutes entières et lancéolées. . . .} \\ \text{. . . . . } \textit{Dracunculus.} \text{ Estragon.} \\ \text{Feuilles, la plupart au moins, pinnatifides ;} \\ \text{feuilles supér. et invol. glabres. . . . . .} \\ \text{. . . . . } \textit{Campestris.} \text{ des Champs.} \end{cases}$$

$$6 \begin{cases} \text{Feuilles larges, glabres et vertes en dessus ;} \\ \text{blanches en dessous ; involucre cotonneux. .} \\ \text{. . . . . } \textit{Vulgaris.} \text{ Commune.} \\ \text{Feuilles, au moins les infér., cotonneuses ou} \\ \text{pubescentes des 2 côtés. . . . . . . } \quad 7 \end{cases}$$

$$7 \begin{cases} \text{Invol. entièrement glabre ; feuilles supér. gla-} \\ \text{bres. . . . . . . } \textit{Campestris.} \text{ des Champs.} \\ \text{Écailles cotonneuses à la base ; plante blanchâ-} \\ \text{tre et cotonneuse. . . . } \textit{Gallica.} \text{ de France.} \end{cases}$$

2.me TRIBU. CYNAROCÉPHALES.

XXXV Echinops. (Échinope.)

$$1 \begin{cases} \text{Feuillles vertes et visqueuses, pubescentes en} \\ \text{dessus, pinnatifides ; invol. particulier envi-} \\ \text{ronné à la base de poils dépassant la moitié de} \\ \text{l'invol. ; écailles extérieures poilues, glandu-} \\ \text{leuses. . . . } \textit{Sphærocephalus.} \text{ à Tête ronde.} \\ \text{Feuilles vertes et glabres en dessus, rar. cou-} \\ \text{vertes de fils laineux blanchâtres ; invol. par-} \\ \text{ticulier à poils de moitié plus courts que l'in-} \\ \text{vol. ; écailles glabres. . . . . } \textit{Ritro.} \text{ Ritro.} \end{cases}$$

XXXVI Carthamus. (Carthame.) *Lanatus.* Kentrophyllum. *Lanatum.* Laineux.

XXXVII Centaurea. (Centaurée.)

1 — Écailles extér. de l'invol. très-larges en forme de bractées, très-grandes et épineuses; graines à triple aigrette, en coupe crénelée, à poils très-longs et à poils courts. Fleurs jaunes. (CNICUS). . . . . *Benedicta.* Chardon béni.
Écailles à peu près égales; aigrette simple; bractées nulles ou sensiblement différentes des écailles. 2

2 — Écailles sans épines ou terminées par une pointe épineuse et simple 3
Écailles bordées par des épines ou terminées par de fortes épines plus ou moins composées . . 20

3 — Écailles foliacées, entières sans cils; feuilles ailées-pinnatifides, à lanières linéaires; fleurs purpurines . . . . . . *Crupina.* Chondrille.
Écailles scarieuses ou ciliées ou plumeuses. . 4

4 — Écailles scarieuses, ni ciliées, ni plumeuses; fleurs ord. purpurines, rar. blanches. . . . 5
Écailles ciliées ou plumeuses. 8

5 — Écailles scarieuses, entières ou dentées, mucronées, brunes au sommet. 6
Écailles à rebord scarieux, entier ou déchiré; pas de tache brune au sommet; graines à aigrette presque invisible à l'œil nu. 7

6 — Écailles blanches, dentelées; plante toute couverte d'un duvet blanchâtre. . *Alba.* Blanche.
Écailles jaunâtres; tige glabre. . . . . *Salmantica.* de Salamanque.

7 — Écailles blanchâtres, toutes scarieuses, luisantes entières ou un peu frangées. *Amara.* Amère.
Écailles roussâtres-brunâtres, ovales, concaves, plus ou moins déchirées; les extérieures ord. ciliées . . . . *Jacea.* Jacée.

8 — Écailles simplement ciliées, non plumeuses. . 9
Écailles plumeuses, couvertes de cils noirs, sans appendice recourbé. . . *Nigra* Noire.
Écailles plumeuses, à appendice allongé, réfléchi ou recourbé au sommet. 18

9 — Écailles sans pointe au sommet. 10
Écailles terminées par une pointe épineuse. . 12

10 — Fleurs purpurines, rar. blanches; écailles intér. déchirées, scarieuses. . . . *Jacea.* Jacée.
Fleurs purpurines, rar. blanches; écailles toutes recouvertes par les cils noirs. . *Nigra.* Noire.
Fleurs bleues. 11

11 { Tige de 6-10 déc., multiflore ; écailles ciliées, dentées ; feuilles inférieures pinnatifides à la base. . . . . *Cyanus*. Bleuet.
Tige de 3 déc au plus, uniflore ; écailles vertes, bordées de noir, ciliées et dentées ; feuilles infér. très-entières. . . *Montana* des Motagnes.

12 { Fleurs jaunes ou presque jaunes ou à disque blanc, rouge au bord. 13
Fleurs jamais jaunes, ni à disque blanc, rouge au bord. 15

13 { Feuilles supér. linéaires et entières ; fleurs quelquefois à disque blanc, rouge au bord. . . . . *Hybrida*. Hybride.
Feuilles supér. dentées ou pinnatifides ; fleurs toujours jaunes. 14

14 { Lobes des feuilles larges et obtus ; feuilles infér. 1 fois pinnatifides, à lobes terminaux bien plus grands. . . *Centauroïdes* à larges Découpures.
Lobes étroits, aigus, à quelques grosses dents ; feuilles infér. 2 fois pinnatifides ; lobes à peu près égaux . . . . . *Collina*. des Collines.

15 { 2-3 tiges simples menues, ord. uniflores, partant des racines ; involucre entouré de bractées ; écailles vertes, bordées de noir. . . . . *Pullata*. en demi-Deuil.
Véritable tige portant des feuilles et des fleurs ; pas de bractées. 16

16 { Feuilles à lobes décurrents, ord. dentés, terminés par un petit corps calleux ; invol. globuleux, gros ; écailles fortement ciliées, à cils noirs. . . . . *Scabiosa* Scabieuse.
Feuilles à lobes non décurrents ; écailles à cils blancs ou blancs mêlés à des noirs ou ferrugineux-brunâtres. 17

17 { Involucre oblong, petit ; écailles striées, d'un vert pâle ou rougeâtres, appliquées, tachées ou non ; graines ovoïdes, blanchâtres. . . . . *Paniculata*. Paniculée.
Invol. globuleux assez petit ; écailles blanchâtres, longuement ciliées, tachées de noir au sommet ; les extér. lâches, graines brunesgrises . . . . *Maculosa*. Tachée.

18 { Sommet des écailles plumeux et dressé ; invol. tout couvert par les cils noirs. . *Nigra*. Noire.
Sommet des écailles allongé, plumeux et réfléchi ou recourbé. 19

19 { Feuilles cotonneuses ; invol. verdâtre ; fleurs petites . . . . . *Pectinata*. à dents de Peignes.
Feuilles pubescentes , vertes, un peu rudes ; invol. non verdâtre ; fleurs grandes. . . . .
. . . . *Phrygia*. Plumeuse.

20 { Écailles à une seule épine simple . . . . . .
. . . . *Salmantica*. de Salamanque.
Écailles à plusieurs épines , ou à une épine ra-
meuse. 21

21 { Fleurs purpurines ou blanches. 22
Fleurs jaunes. 25

22 { Épines des écailles non rameuses , mais comme
palmées ; aigrette des graines rousse . . . 23
Épine terminale , forte , rameuse-ailée des 2 côtés vers la base ; aigrette nulle ou blanche. 24

23 { Feuilles demi-décurrentes , écailles à 7-9 épines
réfléchies , jaunes ; fleurs rouges au bord , blanches au disque ; graines externes sans aigrette.
. . . . *Seridis*. à feuilles de Prenanthe.
Feuilles sessiles non décurrentes ; écailles à 3-6
épines très-petites , ord. rougeâtres ; fleurs
purpurines ; graines toutes à aigrettes rousses.
. . . . *Aspera*. Rude.

24 { Aigrettes nulles ; feuilles infér. pinnatifides. .
. . . . *Calcitrapa* Chausse-Trappe.
Toutes les graines à aigrettes blanches ; feuilles
entières ou simplement dentées. . . . .
. . . *Calcitrapoïdes*. à fausse Chausse-Trappe.

25 { Fleurs sessiles , entourées de bractées ; épines
droites. . . . . . . *Melitensis*. de Malte.
Fleurs pédonculées , sans bractées ; épines divergentes , longues. . *Solstitialis*. du Solstice.

XXXVIII Cnicus. (Cnicus.) *Benedictus*. Chardon béni.

XXXIX Arctium. (Bardane.) *Lappa*. Commune.

{ **a.** Fleurs grandes, pédonculées , solitaires. .
. . . . . . Var. *Majus*. à grosses Têtes.
b. Fleurs petites , ramassées , quelquefois les
3-4 supér. pédonculées et solitaires. . .
. . . . Var. *Minus*. à petites Têtes.

XL Onopordon. (Onoporde.)

1 {
Plante verte , brièvement pubescente et un peu visqueuse, ainsi que le calice; feuilles larges , presque glabres. . . . . *Virens.* Verdâtre.
Plante blanchâtre , cotonneuse , non visqueuse.   2

2 {
Écailles de l'invol. étroites, linéaires, en alêne , étalées , non réfléchies. . *Acanthium.* Acanthe.
Écailles larges à la base , lancéolées , rougeàtres au sommet, les extérieures réfléchies. . . . . *Illyricum.* d'Illyrie.

XII Carduncellus. (Cardoncelle.)

1 {
Feuilles de la tige découpées jusqu'à à la côte ; invol. ovale ; écailles extérieures à 3 nervures, et épineuses au bord et au sommet. . . . . *Monspeliensium.* de Montpellier.
Feuilles de la tige découpées à peine jusqu'au milieu du limbe ; involucre presque cylindrique ; écailles presque sans nervures et non épineuses . . . . *Mitissimus.* sans Épines.

XLII Serratula. (Sarrète).

1 {
Tige presque nulle , uniflore : feuilles laineuses, surtout en dessous, c'est le *Jurinea*, N.° XLIII . . . . *Humilis.* Humble.
Tige de 3-10 déci. ; fleurs en corymbe ; feuilles la plupart pinnatifides. *Tinctoria.* des Teinturiers.*

* *Var.* Feuilles toutes entières-indivises. . . . . *Indivisa.* à Feuilles simple.

XLIII Jurinea. (Jurinée.) *Bocconi.* de Boccone.

XLIV Silybum. (Silybe.) *Marianum.* Chardon-Marie.

XLV Carduus. (Chardon.)

1 {
Involucre presque globuleux ; fleurs ord. solitaires.   2
Involucre oblong-cylindrique; fleurs agrégées. . . . . *Tenuiflorus.* Voir les *Var.*   5

2 {
Pédoncules courts , rapprochés ; fleurs droites. . . . . *Acanthoïdes* à feuille d'Acanthe.
Pédoncules allongés , uniflores; fleurs penchées , plus ou moins.   3

3 {
Feuilles tachées de blanc , et glabres en dessus. . . . . *Leucographus.* à taches Blanches.
Feuilles non tachées de blanc.   4

4 { Écailles linéaires, en alêne, peu épineuses, tou-
tes arquées-réfléchies ; fleurs peu penchées. .
. . . . *Nigrescens.* Noircissant.
Écailles lancéolées, piquantes, les intérieures
redressées ; fleurs très-penchées vers la terre.
. . . . *Nutans.* Penché.

5 { **a.** Involucre presque cylindrique ; épines jaunâtres ; pédoncules ailés, épineux ; rameaux
courts ; feuilles très-larges. . . . .
. . . . . *Acanthifolius.* à feuilles d'Acanthe.
b. Involucre oblong ; épines vertes ; pédoncules
nus ; rameaux courts. . . . . . .
. . . . . *Pycnocephalus.* à Épines vertes.
c. Involucre oblong ; épines vertes rameaux
longs . . . *Elongatus.* à Rameaux allongés.

XLVI **Cirsium.** (Cirse.)

1 { Fleurs jaunâtres 2
Fleurs purpurines ou blanches. 3

2 { Fleurs entourées de bractées assez longues. . .
. . . . *Oleraceum.* des lieux Cultivés.
Fleurs pédonculées et sans bractées. . . . .
. . . . *Ochroleucum.* Jaunâtre.

3 { Feuilles très-décurrentes. 4
Feuilles peu ou point décurrentes. 7

4 { Fleurs solitaires au sommet des rameaux. . .
. . . . *Lanceolatum.* Lancéolé.
Fleurs réunies plusieurs ensemble. 5

5 { Feuilles cotonneuses sur les 2 faces ; épines des
écailles ailées ou rameuses. . *Acarna.* Acarna.
Feuilles glabres, au moins en dessus ; plante de
1 mètre au moins. 6

6 { Feuilles glabres sur les 2 faces, et presque entières . . . *Monspessulanum.* de Montpellier.
Feuilles lanugineuses seulement en dessous, pinnatifides . . . . . . *Palustre.* des Marais.

7 { Feuilles blanches-cotonneuses en dessous. . . 8
Feuilles glabres, ou à peine velues en dessous. 9

8 { Involucre très-cotonneux: feuilles sessiles, à lobes
courts, arrondis, géminés. . . . . . .
. . . . *Eriophorum.* Laineux.
Involucre presque glabre; feuilles presque décur-
rentes, à lobes longs, écartés, divergents. .
. . . . *Ferox.* Féroce.

9 { Tige d'un mètre et plus , terminée ordinairement par 3 fleurs sessiles , agglomérées. . . . .
. . . . *Tricephalodes.* à trois Têtes.
Tige à une ou plusieurs fleurs pédonculées. . . 10

10 { Tige nulle ou haute de 1 déc. environ ; feuilles glabres , glauques en dessous. *Acaule.* Naine.
Tige haute de 3 5 déc. ; feuilles plus ou moins velues ou blanchâtres en dessous. . . . 11

11 { Pédoncules courts ; tige à plus de 3 fleurs ; feuilles sessiles ; racines fibreuses. *Arvense* des Champs.
Pédoncules longs ; tige à 1-3 fleurs ; feuilles radicales pétiolées ; racines tuberculeuses. . .
. . . . *Tuberosum.* Tubéreux.

XLVII Leuzea. (Leuzée.) *Conifera.* Conifère.

XLVIII Cynara. (Artichaut.)

1 { Feuilles épineuses ; toutes 2 fois pinnatifides ; écailles terminées ordinairement par une épine aiguë. . . . . . . *Cardunculus.* Cardon.
Feuilles presque épineuses , pinnatifides et indivises ; écailles obtuses, peu ou point épineuses.
. . . . *Scolymus.* Commune.

XLIX Carlina. (Carline.)

1 { Fleurs d'un rose très-vif ; plante blanchâtre-laineuse. . . . . *Lanata.* Laineuse.
Fleurs purpurines ; plante glabre . . . . .
. . . . *Acaulis.* à courte Tige.
Tige de 2-3 déc. Var. *Caulescens.* à Tige plus longue.
Fleurs blanchâtres ou jaunes, ou un peu purpurines en dessous. 2

2 { Fleurs blanches luisantes ; tige nulle. . . .
. . . . *Acaulis.* à courte Tige.
Tige de 2 3 déc. Var. *Caulescens.* à Tige plus haute.
Fleurs bien jaunes. 3
Fleurs jaunâtres ou blanchâtres ou un peu rougeâtres en dessous. 4

3 { Tige nulle ; feuilles cotonneuses en dessous , presque glabres en dessus. . . *Cynara.* Artichaut.
Tige de 3 déc.; feuilles glabres. . . . . .
. . . . *Corymbosa.* en Corymbe.

4 { Tige de 2-3 déc. ; fleurs blanchâtres , ordinairement 3 ou plus en corymbe. rar. une seule . .
. . . . *Vulgaris.* Commune.
Tige nulle ; une seule fleur très-large. . . . 5

5
{
Fleurs un peu rouges en dessous, blanches en dessus ; feuilles longuement pétiolées , longues de
plus de 2 déc. . *Acanthifolia*. à feuille d'Acanthe.
Fleurs jaunes ou jaunâtres; feuilles sessiles , longues de 11 cent. au plus. . *Cynara*. Artichaut.
}

L Stehelina. (Stéhéline.) *Dubia*. à feuilles de Romarin.

LI Atractylis. (Atractyle.) *Cancellata*. Grillée.

LII Galactites. (Galactite.) *Tomentosa*. Cotonneuse.

| **LIII** Scolymus. (Scolyme.) *Hispanicus*. d'Espagne.

LIV Chicorium. (Chicorée.)

1
{
Fleurs toutes sessiles ou 1 sessile et 1-2 pédonculées; feuilles à nervures velues. *Intibus*. Sauvage.
Fleurs , les unes brièvement , les autres longuement pédonculées. 2
}

2
{
Pédoncules axillaires , géminés dont 1 allongé,
uniflore , et l'autre court ord. à 2 fleurs ; feuilles radicales roncinées , les autres oblongues ,
dentées. . . . . . *Divaricatum*. Divergente.
Pédoncules axillaires , géminés , dont 1 allongé
uniflore et l'autre court à 3-4 fleurs ; feuilles
glabres , toutes oblongues , denticulées. . .
. . . . *Endivia*. Endive. *
}

* *Var.* A feuilles crépues. *Crispum* Crépue.

LV Catananche. (Cupidone.) *Cærulea*. Bleue.

LVI Hyoseris. (Hyoséris.)

1
{
Involucre glabre à la maturité. . . . . . .
. . . . *Hedypnois*. Dormeuse.
Involucre un peu hérissé ; fleurs à raies livides
en dessous. Var. . *Rhagadioloïdes*. Rhagadiole.
}

LVII Rhagadiolus. (Rhagadiole.)

1
{
Feuilles lancéolées , entières ou dentées , à peine
sinuées ; involucre lisse. . . *Stellatus*. Étoilé.
Feuilles lyrées; lobe terminal grand ; involucre
un peu hérissé de soies ou dentelé. . . . .
. . . . *Edulis*. Comestibles.
}

LVIII Lapsana. (Lampsane.)

1
{
Tige feuillée , de 6 déc. à plusieurs fleurs. . .
. . . . *Communis*. Commune.
Feuilles radicales; hampe nue , à peu de fleurs.
. . . . *Minima*. Fluette.
}

| **LIX** Zacyntha. (Zacynthe.) *Verrucosa*. à Verrues.

15

LX Prenanthes. (Prénanthe.)

1 { Fleurs purpurines.   2
  { Fleurs jaunes.   3

2 { Feuilles linéaires et sans dents. . . . . .
  { . . . . *Tenuifolia.* à Feuilles étroites.
  { Feuilles oblongues , cordées à la base , dentelées
  { . . . . *Purpurea.* à Feuilles larges.

3 { Feuilles radicales ; hampe nue, uniflore. Taraxacum. . . . . *Bulbosa.* Bulbeux.
  { Tige feuillée multiflore.   4

4 { Feuilles décurrentes sur la tige ; les infér. pinnatifides ; les supér. linéaires. *Viminea.* Osier.
  { Feuilles non décurrentes.   5

5 { Feuilles de la tige ovales-lancéolées , en fer de flèche à la base. Crepis. . *Pulchra.* Élégant.
  { Feuilles de la tige pinnatifides , lobe terminal grand , anguleux. . . . *Muralis.* des Mars.

LXI Chondrilla. (Chondrille.)

1 { Feuilles de la tige linéaires et entières. . . .
  { . . . . *Juncea.* Effilée.
  { Feuilles de la tige pinnatifides , lobe terminal grand et anguleux. Prenanthes . . . . .
  { . . . . *Muralis.* des Murs.

LXII Lactuca. (Laitue.)

1 { Fleurs bleues ou violettes. . *Perennis.* Vivace.
  { Fleurs jaunes.   2

2 { Feuilles ni épineuses , ni hérissées sur la côte médiane   3
  { Feuilles aiguillonnées ou hérissées sur la côte médiane   4

3 { Feuilles supér. cordées-amplexicaules ; fleurs en corymbe étalé ; plante cultivée ; fruit égal à son bec . . . . *Sativa.* Cultivée.
  { Feuilles supér. sagittées , amplexicaules , linéaires , acuminées , très-entières ; fleurs presque sessiles , en grappe spiciforme ; plante sauvage ; fruit égal à la moitié du bec . *Saligna.* Effilée.

4 { Feuilles de la tige sagittées , linéaires , très-entières ; fleurs en grappe spiciforme. . . . .
  { . . . . *Saligna.* Effilée.
  { Feuilles de la tige découpées ou dentées ; fleurs en panicule   5

	Feuilles pointues, verticales, pinnatifides ; fruit velu au sommet; panicule des fleurs pyramidale.
5	. . . . *Sylvestris.* Sauvage.
	Feuilles obtuses, horizontales, sinuées ; fruit glabre au sommet ; panicule des fleurs étalée.
	. . . . *Virosa.* Vireuse.

LXIII Sonchus. (Laitron.)

1	Fleurs bleues . . . . . . *Alpinus.* des Alpes.
	Fleurs jaunes 2

2	Pédoncules et involucres hérissés de poils glanduleux ou cotonneux. 3
	Pédoncules et invol glabres ou seulement cotonneux étant jeunes. . . . *Oleraceus.* Cultivé. *
	* *Var.* **a.** Feuilles sans piquants. *Lævis.* Lisse.
	b. Feuilles à piquants. . *Asper.* Rude.

3	Feuilles seulement dentées ou épineuses, lancéolées . . . . . . *Maritimus.* Maritime.
	Feuilles découpées ou profondément lobées. . 4

4	Pédoncules cotonneux ou un peu hérissés ; feuilles non bordées de cils raides. . . . . .
	. . . . *Tenerrimus.* Délicat.
	Pédoncules hérissés de poils glanduleux ; feuilles bordées de cils raides. 5

5	Tige de 1 mètre au plus ; feuilles caulinaires à oreillettes courtes et arrondies. . . . . .
	. . . . *Arvensis.* des Champs.
	Tige de 2-3 mètres ; oreillettes des feuilles caulinaires lancéolées et aiguës. *Palustris.* des Marais.

LXIV Picridium. (Picridie.)

1	Involucre environné d'écailles en cœur à la base, ainsi que le sommet du pédoncule ; les autres écailles blanches et glabres au bord. . . .
	. . . . *Vulgare.* Commune.
	Toutes les écailles blanches et ciliées au bord, non en cœur. . . . . *Albidum.* Blanchâtre.

LXV Taraxacum. (Pissenlit.)

1	Racines portant des tubercules oblongs ; graines lisses. . . . . *Bulbosum.* Bulbeux.
	Racines ne portant pas de tubercules. . . . .
	. . . . *Officinale.* Officinale. *

* *Var.* **a.** Premières feuilles radicales presque entières, les autres lyrées à lanières linéaires, très-inégales; plante vigoureuse.*Obovatum.* Obové.

b. Toutes les feuilles roncinées-pinnatifides ; hampe lisse. . . . *Lœvigatum*. Lisse.

c. Feuilles linéaires-lancéolées , sinuées-dentées souvent lanugineuses. . . . . .

. . . . *Palustre*. des Marais.

LXVI Crepis. (Crépide.) et Barkhausia. (Barkhausie.)

1 { Graines à aigrettes sessiles. (Crepis.) . . .   2 !.
Aigrettes du disque pédicellées , au moins à la maturité. (Barkhausia.) . . . .   6 |

2 { Calice très-glabre , étalé en étoile à la maturité ; plante visqueuse ; aigrette nulle aux graines du bord. . . . . *Pulchra*. Élégante.
Calice velu ou pubescent , au moins à la base , resséré au sommet à la maturité ; plante non visqueuse ; graines toutes à aigrettes. . . .   3

3 { Graines à côtes tuberculeuses ; feuilles supér. plus ou moins roulées sur leur bord. . . .
. . . . *Tectorum*. des Toits.
Graines lisses ; côtes ni rudes ni tuberculeuses ; feuilles ord. planes.   4

4 { Feuilles rudes, hérissées, blanchâtres; tige sillonnée, droite. . . . . . *Biennis*. Bisannuelle.
Feuilles glabres ou presque glabres.   5

5 { Tige droite , feuillée, un peu hérissée à la base; feuilles supér. dentées à la base. *Virens*. Verte.
Tige étalée , diffuse, presque nue; feuilles supér. entières , en fer de flèche. . *Diffusa*. Diffuse.

6 { Involucre étalé ou presque étalé.   7
Involucre oblong , connivent, resséré au sommet.   8

7 { Tige presque nue , très-hérissée à la base, glabre au sommet; fleurs peu nombreuses , petites , à involucre presque glabre. . . . .
Stricta. Raide. Var. *Suffreniana*. Var. de Suffrens.
Tige feuillée, plus ou moins hérissée ou lisse ; fleurs en corymbe , à pédoncule et involucre très-hérissés, l'involucre au moins. *Setosa*. Hérissée.

8 { Involucre à écailles extérieures scarieuses , ovales , glabres , très-lâches ; les intér. droites , linéaires , hérissées de poils raides, et 3-4 fois aussi longues. . . . . . *Alpina*. des Alpes.
Involucre à écailles à peu près toutes semblables , plus ou moins velues.   9

9 { Graines mures inégales , celles du bord plus courtes ; plante puante ; involucre hérissé de poils
saillants ; plante annuelle. . *Fœtida.* Fétide.
Graines égales ; plante non puante , bisannuelle ;
invol. couvert d'un léger duvet. . . . . .
. . . . . *Dioscoridis.* à feuilles de Pissenlit.

LXVII Pterotheca. (Plérothèque.) *Nemausensis.* de Nimes.

LXVIII Audryala. (Audryale.)

1 { Feuilles entières, sinuées ou dentées ; les infér.
roncinées. . . *Integrifolia.* à Feuilles entières.
Feuilles radicales sinuées , dentées ; les supér.
entières. . . . . . Var. *Sinuata.* Sinuée.

LXIX Tolpis. (Drépane.) *Barbata.* ou Drepania.
Barbata. Barbue.

LXX Hieracium. (Épervière.)

1 { Tige à 1 rar. à 2 fleurs.   2
Tige toujours à plusieurs fleurs et à plusieurs
feuilles caulinaires.   5
Tige à plusieurs fleurs et nue , rar. à 1-2 feuilles caulinaires   14

2 { Hampe nue ou rar. à 1-2 feuilles caulinaires,
ord. glauques ou blanchâtres..   3
Tige à plusieurs feuilles caulinaires , ord. vertes.   5

3 { Plante non stollonifère ou sans rejets rampants
au collet de la racine ; feuilles vertes , dente-
telées , ovales-spatulées ou presque linéaires.
. . . . *Alpinum.* des Alpes.
Plante ord. stollonifère ou à rejets rampants ;
feuilles ovales-oblongues , glauques ou presque
glauques , dentées ou entières.   4

4 { Fleurs jaunes en dessous ; feuilles glabres des 2
côtés, sauf sur les nervures. *Auricula.* Auricule. *
* Var. **a.** A 1 fleur. . . . . *Dubia.* Douteuse.
b. A plus d'une fleur. . . . *Pilosa.* Poilue.
Fleurs rougeâtres en dessous ; feuilles hérissées ou velues des 2 côtés. *Pilosella.* Piloselle. *

* *Var.* **a.** Feuilles cotonneuses des 2 côtés . . . .
. . . . *Incana.* Blanchâtre·

b. Feuilles vertes en dessus. . . . . . .
. . . . . . *Peleteriana.* de Lepelletier.

15*

5 { Feuilles garnies de poils longs et laineux ; ceux de l'invol. dentés ; ceux de la tige insérés sur une proéminence noire ; fleurs peu nombreuses. . . . . *Villosum.* Velue.
Feuilles et tige garnies de poils insérés sur une proéminence ; fleurs de 15-25. *Fallax.* Trompeuse.
Feuilles glabres ou à poils épars, non laineux ; ceux de l'involucre glanduleux, souvent mêlés à d'autres dentés 6

6 { Feuilles de la tige embrassantes à leur base. . 7
Feuilles de la tige non embrassantes. . . . 11

7 { Base des feuilles à 2 oreillettes pointues ; feuilles glabres, ainsi que la tige ; feuilles radicales, roncinées. . . . . *Paludosum.* des Marais.
Base des feuilles arrondie 8

8 { Tige visqueuse dans le haut. 9
Tige non visqueuse dans le haut. 10

9 { Plante s'élevant jusqu'à 4-5 déc. ; feuilles longues de 2 déc. . . *Amplexicaule* Embrassante.
Plante maigre, peu élevée : feuilles bien plus courtes. . . . *Brevifolium.* à Courtes Feuilles.

10 { Tige ord. rougeâtre, hérissée ; feuilles supér. souvent presque glabres ; fleurs nombreuses, de 15-20, presque en corymbe. . . . . *Sabaudum.* de Savoie.
Tige verte ou presque glauque ; fleurs peu nombreuses, grandes et d'un jaune clair. . . . . *Villosum.* Velue.

11 { Feuilles radicales évidemment pétiolées ; tige presque nue. 12
Feuilles radicales sessiles ; tige très-feuillée. . 13

12 { Feuilles rad. un peu en cœur à la base ; tige à 1-2 feuilles, rar. nue . . *Murorum.* des Murs.
Feuilles rad. prolongées sur le pétiole, molles ; tige à 3-4 feuilles. . . *Sylvaticum* des Bois.

13 { Feuilles ovales, oblongues ; les supér. quelquefois presque glabres, un peu embrassantes ; fleurs en corymbe ; tige ord. rougeâtre, hérissée, à écailles appliquées. *Sabaudum* de Savoie.
Feuilles lancéolées linéaires, nullement embrassantes ; fleurs comme en ombelle ; tige glabre, au moins dans le haut, à écailles recourbées au sommet. . . . *Umbellatum,* en Ombelle.

$\left\{\begin{array}{l}\end{array}\right.$ 14

Pédicelles simples ; fleurs serrées , de 2-5 . . . . . . *Auricula*. Auricule. Var. *Pilosa*. Poilue.
Pédicelles rameux ; fleurs lâches , de 15-30 ; plante verte ou un peu glauque ; feuilles-ovales-oblongues , garnies de longs poils. . . . . *Cymosum*. en Bouquet.
Pédicelles rameux ; fleurs lâches , de 15-25 ; plante blanchâtre ; feuilles lancéolées-linéaires, couvertes de poils insérés sur des proéminences noires. . . . *Fallax*. Trompeuse.

LXX *b*. Soyeria. (Soyerie.) *Blattarioïdes*. Fausse-Blattaire.

LXXI Hypochæris. (Porcelle.)

1
Feuilles glabres ou à peine ciliées ; aigrettes extér. sessiles ; involucre égalant environ les fleurons. . . . . *Glabra*. Glabre.
Feuilles velues ; toutes les aigrettes pédicellées. . . **2**

2
Tige velue et feuillée , à 1-2 feuilles au moins ; aigrettes à soies toutes plumeuses sur un seul rang. . . . . *Maculata*. Tachée.
Tige glabre et nue , écailleuse ; aigrettes sur 2 rangs , l'extér. non plumeux ; invol. plus court que les fleurons. . *Radicata*. à longues Racines.

LXXII Thrincia. (Thrincie.)

1
Racines fibreuses ou en fuseau , non tuberculeuses ; feuilles lancéolées sinuées-dentées. . . . . *Hirta*. Hérissée.
Racines à 4-6 tubercules oblongs , en faisceaux ; feuilles ovales-spatulées , roncinées. . . . . *Tuberosa*. Tubéreuse.

LXXIII Leontodon. (Liondent.)

1
Hampe à plusieurs fleurs ; tous les poils des aigrettes plumeux et à peu près égaux . . . . *Autumnale*. d'Automne.
Hampe à 1 rar. 2 fleurs ; poils des aigrettes différents , inégaux **2**

2
Feuilles glabres ou seulement couvertes de quelques poils rares **3**
Feuilles hérissées **5**

3
Hampe et involucre glabres ; poils des feuilles bi-tri-furqués. . . . *Hastile*. en Fer de lance·
Hampe velue au sommet ; invol. également velu ; poils de la plante simples. **4**

$\left\{\begin{array}{l}\text{4}\end{array}\right.$ Aigrette blanche ; invol. à poils longs et noirs ; 1-2 écailles sous l'involucre. . . . . *Taraxaci.* des Montagnes. Aigrette d'un blanc sale ; invol. simplement velu ; plusieurs écailles sous l'invol. . . . . *Squamosum.* Écailleux.

5 { Poils des feuilles simples ou à peine fourchus à la loupe. . . . . *Villarsii.* de Villars. Poils sensiblement bi-tri-furqués. 6

6 { Segments des feuilles perpendiculaires à la côte ; racine tronquée ; aigrettes à soies extérieures non plumeuses. . . . . . *Hispidum.* Hérissé. Segments des feuil. obliques à la côte ; racine fusiforme ; toutes les aigrettes plumeuses ; feuilles blanchâtres, crépues. . *Crispum.* Crépu.

LXXIV. Picris. (Picride.)

1 { Pédoncules ord. uniflores, renflés au sommet ; feuilles supérieures lancéolées, acuminées, presque entières ; écailles de l'invol. à la fin un peu roulées en côtes. . *Pauciflora.* Pauciflore. Pédoncules pluriflores ; toutes les feuilles sinuées-dentées ; écailles de l'invol, planes . . . . *Hieracioïdes.* Epervière.

LXXV Helminthia. (Helminthie). *Echioïdes.* Vipérine.

LXXVI Scorzonera. (Scorzonère.).

1 { Fleurs pourpres. . . . *Purpurea.* Purpurines. Fleurs jaunes. 2

2 { Feuilles hérissées ; graines velues-laineuses ; tige uniflore. . . . . *Hirsuta.* Hérissée. * *Var.* Plante glabre et graines velues laineuses. . . . . *Glabra.* Glabre. Feuilles glabres ou un peu cotonneuses, au moins vers la base ; graines ord. glabres ; tige cotonneuse ou non. 3

3 { Feuilles un peu denté es ; tige multiflore, de 5-8 fleurs . . . . *Hispanica.* d'Espagne. Feuilles entières ; tiges uniflores ou pauciflores. 4

4 { Tige ord. un peu rameuse ; invol. glabre ; feuilles lancéolées ; longuement rétrécies aux 2 bouts. . . . . *Glastifolia.* à feuilles de Pastel. Tige ord. simple ; feuilles planes, très-étroites, ou très-largement ovales. 5

5 {
Invol. cylindrique , glabre ; écailles intér. brunâtres ; tige velue-laineuse à la base ; feuilles étroites, presque glauques. . . . . . .
. . . . . . *Angustifolia.* à Feuilles étroites.
Var. Tige toute glabre ; feuilles assez larges. . .
. . . . *Provincialis.* de Province.
Invol. globuleux à la base , laineux ; tige toute laineuse cotonneuse . . . *Humilis.* Humble.
Invol. cylindrique ; feuilles très-largement ovales , glauques , ondulées , à plusieurs nervures fortes , suivant la forme du limbe. . . .
. . . . *Crispa.* Crépue.
}

LXXVII Podospermum. (Podosperme.)

1 {
Feuilles entières , linéaires , raides , carénées , en alène. . . . . . *Subulatum.* en Alène.
Feuilles toutes ou la plupart pinnatifides . . 2
}

2 {
Une seule tige simple ou rameuse; feuil. supér. linéaires , les autres pinnatif. à lanières linéaires acuminées, non décurrentes. *Laciniatum* Découpé.
Plusieurs tiges ; feuilles toutes ou presque toutes pinnatifides , à lanières oblongues , obtuses , mucronées , décurrentes. . . . .
. . *Calcitrapifolium.* à Feuilles de Chausse-Trappe.
}

LXXVIII Urospermum (Urosperme.)

1 {
Poils mous ; invol. pubescent et bordé de noir ; aigrettes roussâtres ; feuilles supérieures comme verticillées . . . *Dalechampii.* de Daléchamp.
Poils raides ; invol. hérissé ; aigrettes très-blanches ; feuilles supérieures alternes , sagittées , roncinées ; tige de 3 déc. ; feuilles un peu embrassantes. . . . *Picroïdes.* Fausse picride. *
}

* *Var.* Feuilles supér. alternes , entières ou presque entières , ovales ; tige d'un déc. ; feuilles rétrécies à la base. . . . *Asperum.* Rude.

LXXIX Tragopogon. (Salsifis.)

1 {
Fleurs jaunes. 2
Fleurs bleues ou violettes 3
}

2 {
Feuilles en gouttière ; invol. à 8 folioles , à peu près égales aux demi-fleurons ; pédoncule cylindrique ou très-peu renflé au sommet. . . .
. . . . *Pratensis.* des Prés.
Feuilles planes ; invol. à 12 fol. environ , dépassant beaucoup les demi-fleurons ; pédoncule très-renflé au sommet. *Major.* à gros Pédoncule.
}

3 { Tige de 5 déc. et plus ; plante glabre ; feuilles un peu glauques ; involucre bien plus long que les fleurs. . . . *Porrifolium.* à feuilles de Poireau.
Tige de 3 déc. au plus ; plante jeune cotonneuse ; feuilles velues ; involucre presque égal aux fleurs. . . . *Crocifolium.* à feuilles de Safran.

56.me *Famille.* LOBELIACÉES.

1 { Fleurs régulières, réunies en tête bleue. JASIONE.　I
Fleurs irrégulières, à 2 lèvres, en grappe ou épi allongé . . . . LOBELIA.　II

I JASIONE. (Jasione.)

1 { Feuilles planes ; folioles de l'invol. profondément dentées ; pédoncules nus, fermes, allongés ; racine souvent stollonifère. . *Perennis.* Vivace.
Feuilles ondulées crépues ; folioles de l'invol. presque entières ; pédoncules nus ; fleurs de 15 mil. environ ; plante annuelle. . . . . .
. . . . *Montana.* des Montagnes.

* *Var.* à fleurs 2 fois plus grandes ; plante vivace. .
. . . . *Major.* Grande.

II LOBELIA. (Lobélie.) *Urens.* Brûlante.

57.me *Famille.* CAMPANULACÉES.

1 { Anthères soudées à la base ; corolle régulière à 5 lanières ; fleurs réunies dans un involucre commun à 8-12 folioles. JASIONE. *Famille* 56.me
Anthères libres ; corolle régulière. . . . .　2
Anthères ord. soudées en tube ; corolle irrégulière. . . . . . LOBELIA. *Famille* 56.me

2 { Corolle en cloche ; filets des étamines dilatés à la base. . . . . CAMPANULA.　III
Corolle en roue, à lanières ou à lobes plus ou moins profonds . . . .　3

3 { Fleurs solitaires ou presque solitaires ; capsule longue prismatique ; corolle en roue à 5 lobes.
. . . . PRISMATOCARPUS.　II
Fleurs en têtes ou en épis munis de bractées ; corolle à 5 lanières. . . . . . PHYTEUMA.　I

I PHYTEUMA. (Raiponce.)

1 { Fleurs en épis allongés, cylindrique, au moins à la maturité . . . .　2
Fleurs en tête arrondie ou hémisphérique. . .　3

2 { Feuilles supér. entières ; pétioles des infér. hérissés, ciliés. *Betonicæfolium.* à feuilles de Bétoine.
Feuilles supér. dentées ; pétioles des infér. glabres. . . . . *Spicatum.* en Épi.

3 { Feuilles entières ou presque entières, longues,
linéaires. . . *Hemisphæricum.* Hémisphérique.
Feuilles dentées ; les infér. crénelées, larges. .
. . . . *Orbiculare.* Orbiculaire.

II PRISMATOCARPUS. (Prismatocarpe.)

1 { Corolle égalant à-peu-près le calice. . . . .
. . . . *Speculum.* Miroir.
Corolle bien moins grande que le calice, de moi-
tié environ. . . . . . *Hybridus.* Hybride.

III CAMPANULA. (Campanule.)

1 { Calice comme à 10 divisions, dont 5 droites et 5
réfléchies sur la capsule. 2
Calice à 5 divisions, non-réfléchies en dehors
sur la capsule. 3

2 { Style ord. à 5 stigmates, rar. à 3-4 sur le même
pied . . . . *Medium.* Carillon.
Style toujours à 3 stigmates. . . . . . .
. . . . *Longifolia.* à longues Feuilles.

3 { Fleurs sessiles, agglomérées en tête, au moins
les supérieures . . . *Glomerata.* Agglomérée.
Fleurs solitaires sessiles ou pédonculées, en
grappe, en panicule ou en épis. 4

4 { Corol. et cal. plus ou moins pubescents; feuilles infér. plus ou moins cordées. 5
Corol. et cal. tout-à-fait glabres. 6
Corol. très-petite, glabre; cal. hérissé, à la fin
plus grand que la corol.; tige plusieurs fois bifurquée. . . . . *Erinus.* Erine.

5 { Cal. pubescent ou presque glabre, à la fin réfléchi sur l'ovaire; fleurs en grappe presque unilatérale, solitaires sur les pédoncules. . . .
. . . . *Rapunculoïdes.* fausse Raiponce.
Cal. hérissé de poils blancs, jamais réfléchi;
fleurs en grappe ou panicule, de 1-3 sur chaque
pédoncule . . . . . . *Trachelium.* Gantelée.

6 { Feuilles infér. plus ou moins poilues sur le
limbe ou les côtes. 7
Feuilles très-glabres, ou seulement ciliées sur
les pétioles. 9

7 {
Lobes du cal. linéaires-lancéolés, dentelés à la base; corol. lobée jusqu'au milieu; tige à rameaux étalés; fleurs lâchement paniculées. . . . . *Patula.* Étalée.
Lobes du cal. très-étroits, linéaires, en alène, entiers; corol. non lobée jusqu'au milieu; fleurs en grappe ou panicule serrées. . . . 8
}

8 {
Cal. très-étalé; feuilles dentées en scie; fleurs presque unilatérales. *Rhomboïdalis.* Rhomboïdale.
Cal. ord. dressé; feuilles à peine crénelées ou non; fleurs supér. solitaires; les infér. ord. ternées; racines charnues en fuseau. . . . . *Rapunculus.* Raiponce.
}

9 {
Feuilles infér. réniformes ou ovales-cordées, crénelées ou lâchement dentées, longuement pétiolées; les autres linéaires-lancéolées. . . . . *Rotundifolia.* à Feuilles rondes.
Feuilles inf. linéaires ou oblongues, très-rar: en cœur arrondi, et alors entières. 10
}

10 {
Lobes du cal. dentelés à la base; tige à rameaux très-étalés; fleurs redressées, à lobe de la corol. atteignant le milieu. . . *Patula.* Étalée.
Lobes du cal. très-entiers; tige à peu près simple; lobes de la corol. n'atteignant pas son milieu. 11
}

11 {
Segments du cal. lancéolés, très-étalés; feuilles rar. un peu ciliées sur les pétioles. . . . . *Persicifolia.* à feuilles de Pêcher.
Segments du cal. très-étroits, linéaires, en alène; feuilles très glabres, et les supérieures très-entières; tige portant au sommet 1-6 fleurs. . . . . *Linifolia.* à feuilles de Lin.
}

58·me *Famille.* VACCINIÉES.

I Vaccinium. (Airelle.)

1 {
Corolle en cloche ouverte, à 4 lobes; fleurs disposées en grappe terminale; feuilles ponctuées de noir en dessous; anthères simples; fruits rouges. . . . . *Vitis-Idœa.* Rouge.
Corolle en grelot presque fermé, à 4-5 dents; pédoncules axillaires, uniflores; anthères à 2 cornes; fruit noir et blanc. 2
}

$2\begin{cases}\end{cases}$ Calice entier; rameaux anguleux. . . . . *Myrtillus.* Myrtille.
Calice à 4 divisions; rameaux cylindriques. . . . . *Uliginosum.* Fangeuse.

59.me *Famille.* ÉRICINÉES.

$1\begin{cases}\end{cases}$ Plante herbacée ; feuilles presque radicales ; des écailles ou non sur la tige. . . . PYROLA. II
Plante ligneuse et assez haute, en arbuste ou arbrisseau feuillé. 2

$2\begin{cases}\end{cases}$ 10 étam. ; corolle et calice à 5 dents ; feuilles ovales-oblongues. . . . . . . ARBUTUS. I
8 étam. ; corolle et calice à 4 divisions. . . 3

$3\begin{cases}\end{cases}$ Calice entouré de 4 bractées ; corolle ne dépassant pas le calice coloré, rose. . CALLUNA. III
Cal. sans bractées ; corolle dépassant le calice. . . . . ERICA. IV

I ARBUTUS. (Arbousier.)

$1\begin{cases}\end{cases}$ Arbrisseau droit ; étamines velues à la base ; fruit tuberculeux. . . . . *Unedo.* Fraisier.
Sous-arbrisseau couché ; étamines glabres ; fruit lisse. . . . . *Uva-Ursi.* Busserole.

II PYROLA. (Pyrole.)

$1\begin{cases}\end{cases}$ Style recourbé en trompe, 1 fois plus long que la corolle ; fleurs nombreuses et en tout sens; feuilles arrondies. *Rotundifolia* à Feuilles rondes.
Style droit ; fleurs ou feuilles différentes. . . 2

$2\begin{cases}\end{cases}$ Tige uniflore; feuilles arrondies. . . . . *Uniflora.* Uniflore.
Tige pluriflore ; feuilles ovales. 3

$3\begin{cases}\end{cases}$ Fleurs unilatérales ; style saillant. . . . . *Secunda.* Unilatérale.
Fleurs en grappe égale ou pyramidale ; style non saillant. 4

$4\begin{cases}\end{cases}$ Corolle ressérée au sommet, globuleuse; hampe et écailles colorées ; fleurs rosées, en grappe lâche, presque pyramidale. . . . . . *Rosea.* Rosée.
Corolle ouverte au sommet; hampe blanchâtre ; fleurs peu rosées, en grappe ressérée. . . . . *Minor.* à Style court.

III CALLUNA. (Callune.) *Erica.* Bruyère.

IV ERICA. (Bruyère.)

1
Feuilles opposées et prolongées en fer de flèche à leur base ; cal. double ou environné de bractées. (Calluna.) . . . *Vulgaris*. Commune.
Feuilles éparses ou verticillées, non prolongées à leur base ; cal. simple. 2

2
Rameaux cotonneux, blanchâtres ; tige de 1-2 mètres', très-rameuse. . . *Arborea*. en Arbre.
Rameaux glabres ou presque glabres, non cotonneux. 3

3
Style très-saillant hors de la corolle ; celle-ci en cloche ou globuleuse à 4 lobes profonds. . . 4
Style inclus ou presque inclus dans la corolle urcéolée, ovoïde ou tubuleuse. 5

4
Anthères cachées dans la corolle ; stigmate en plateau ; corolle globuleuse à 4 lobes profonds. . . . . *Scoparia*. à Balais.
Anthères saillantes hors de la corolle en cloche ; fleurs rosées. . . . . *Multiflora*. Multiflore.

5
Stigmate en plateau, à peu-près inclus ; fleurs d'un vert pourpre ; anthères non éperonnées à à la base. . . . . . . *Scoparia*. à Balais.
Stigmate en tête, un peu saillant ; fleurs roses ou purpurines, rar. blanches ; anthères éperonnées non saillantes. . . . *Cinerea*. Cendrée.

60.me *Famille*. MONOTROPÉES.

I Monotropa. (Monotrope.)

1
Corolle, étamines et pistil hérissés. . . . . *Hypopytis*. Sucepin.
Corolle, étam. et pistil glabres . . . . *Hypophegea*. des Hêtres.

IIIme SECTION. COROLLIFRORES.

Calice et sépales plus ou moins soudés ; corolle monopétale, portant les étamines et insérée sur le réceptacle ; ovaire libre.

61.me *Famille*. JASMINÉES.

1
Calice nul ou à 4 dents ; corolle à 4 dents ou à 4 divisions 2
Cal. et corolle à 5 lobes ; fruit en baie ; feuilles ailées. . . . . *Jasminum*. IV

2 { Feuilles ailées à 2-6 paires de folioles. . . . 3
{ Feuilles simples. 4

3 { Fleurs purpurines ou blanches , très-élégantes ,
en thyrses fort beaux. . Syringa *ou* Lilac. V
{ Fleurs verdâtres , brunâtres ou blanchâtres sans
éclat. . . . . Fraxinus. VI

4 { Fleurs axillaires , verdâtres. 5
{ Fleurs purpurines ou blanches , en grappes terminales ou en thyrses élégants. 6

5 { Feuilles blanchâtres en dessous ; fruit en drupe,
à un noyau dur et long ; stigmate bifide. Olea. I
{ Feuilles vertes des 2 côtés ; fruit en baie , à 1
graine ; stigm. simple. . . . Phyllirea. II

6 { Fruit en baie , à 2-4 graines ; feuilles ovales ,
entières ; fleurs en grappe terminale , blanches.
. . . . Ligustrum. III
{ Fruits en capsule ; feuilles ord. cordées ou pinnées ; fleurs en thyrse très-élégant , très-blanches ou purpurines. . Syringa *ou* Lilac. V

I Olea. (Olivier.) *Europea.* d'Europe.

II Phyllirea. (Alaterne ou Philaria.)

1 { Feuilles linéaires-lancéolées , très-entières. .
. . . . *Angustifolia.* à Feuilles étroites.
{ Feuilles ovales , presque en cœur , presque ses-
siles , dentées. . . *Latifolia.* à larges Feuilles.

III Ligustrum. (Troëne.) *Vulgare.* Commun,

IV Jasminum. (Jasmin.)

1 { Fleurs blanches. (Jardin.) *Officinale.* Commun.
{ Fleurs jaunes. (les Champs.) *Fruticans.* Arbuste.

V Syringa *ou* Lilac. (Lilas.)

1 { Feuilles ou folioles en cœur , entières ; rameaux
dressés. . . . . . . *Vulgaris.* Commnn.
{ Feuilles à folioles lancéolées ou découpées-pin-
nées. . . . . *Persica.* de Perse.

VI Fraxinus. (Frène.)

1 { Fleurs à corolle et à calice ; anthères pedicellées.
. . . . *Ornus.* à la Manne.
{ Fleurs sans corolle ni calice ; anthères sessiles ,
fruit émarginé. . . . . *Excelsior.* Élevé. *
{ * Var. à fruit non émarginé au sommet, mais en-
tier. . . *Oxifolia* ou *Oxycarpos.* à fruit Aigre.

62.me *Famille.* APOCYNÉES

1 { Graines nues ; fleurs bleues ou violettes. . . . . VINCA. IV
Graines surmontées d'une aigrette ou houpe ; fleurs jamais bleues. 2

2 { Corolle très-grande à tube allongé, rouge ou blanche. . . . . NERIUM III
Corolle petite en roue, tube nul ou presque nul. 3

3 { Divisions de la corolle étalées; feuilles vertes des 2 côtés. . . . . CYNANCHUM. II
Divisions de la corol. réfléchies; feuilles blanchâtres en dessous. . . . . . . ASCLEPIAS. I

a. ASCLEPIADÉES.

I ASCLEPIAS. (Asclépiade.) *Syriaca.* de Syrie.

II CYNANCHUM. (Cynanque.)

1 { Tige grimpante ; feuilles très-cordées à la base ; lobes de la corol. alternativement étalés et terminés en cornes. 2
Tige non grimpante ; feuilles peu ou point cordées ; lobes de la corol. presque dressés, non terminés en corne. 3

2 { Tige glabre; feuilles réniformes en cœur; lobes de la corolle aigus. *Monspeliacum.* Montpellier.
Tige pubescente ; feuilles oblongues en cœur ; lobes de la corolle obtus. . . *Acutum.* Aigu.

3 { Fleurs blanches ; tige dressée, rar. grimpante ; capsule renflée à la base. . . . . *Vincetoxicum.* Dompte-Venin.
Fleurs pourpres-noirâtres; capsule renflée au milieu. . . . . *Nigrum.* Noir.

III NERIUM. (Laurier-Rose.) *Oleander.* Commun.

b. VINCÉES.

IV VINCA. (Pervenche.)

1 { Feuilles lancéolées, glabres ; divisions du calice plus courtes que le tube de la corol.; tige couchée. . . . . . *Minor.* à petites Fleurs.
Feuilles ovales, un peu ciliées ; divisions du cal. égalant environ le tube de la corol; tige un peu dressée. . . . . . *Major.* à grandes Fleurs.

63.me *Famille.* GENTIANÉES.

1 { Feuilles à folioles ternées ; plante aquatique . . . . MENYANTES. **I**
   Feuilles jamais à folioles ternées **2**

2 { Plante aquatique, feuilles orbiculaires, en cœur, nageantes. . . . . VILLARSIA. **II**
   Plante terrestre ; feuilles jamais orbiculaires en cœur **3**

3 { Capsule à 2 loges formées par les valves repliées ; fleurs petites, à 4-5 étam. ; style filiforme. . **4**
   Capsule à 1 loge ; fleurs à 4-12 étamines. . . . **5**

4 { Étam. 5 ; anthères contournées en spirale après la fécondation ; cal. tubuleux à 5 angles saillants, et à 5 divisions linéaires. . . ERYTHRÆA. **V**
   Étam. 4 ; anthères défleuries non contournées ; cal. à 4 divisions. . . . . . . EXACUM. **VI**

5 { Étam. 5, rar. 4-6-9, style nul ou presque nul ; stigm. sessiles ; corol. assez grande, glanduleuse au fond ; cal. plus ou moins tubulé ou campanulé, à 1-10 lobes. . . . . GENTIANA. **IV**
   Étam. 8 ; rar. 6-10-12 ; style filiforme ; cal. divisé jusqu'à la base ou à-peu-près en 6-8-12 divisions linéaires. . . . . CHLORA. **III**

I MENYANTHES (Menyanthe.) *Trifoliata.* Trèfle d'eau.

II VILLARSIA (Villarsie.) *Nymphoïdes.* Faux Nénuphar.

III CHLORA. (Chlore.)

1 { Feuilles perfoliées ; sépales à 1 nervure ; style entier. . . . . *Perfoliata.* Perfoliée.
   Feuilles simplement sessiles : sépales à 3 nervures ; style bifide. *Imperfoliata.* à Feuilles sessiles.

IV GENTIANA (Gentiane.)

1 { Entrée du tube de la corolle garnie d'appendices frangés ; fleurs violettes pourpres, rar. blanches . . . . *Campestris.* des Champs.
   Entrée du tube nue **2**

2 { Corolle à 4 lobes dentés, ciliés, incisés ; fleurs bleues . . . . *Ciliata.* Ciliée.
   Corolle à lobes non ciliés, à peine dentés ou crénelés **3**

16*

3 { Corolle en entonnoir ; tube cylindrique-prismatique ou lisse-nerveux, non renflé ; fleurs ord.
bleues ; tige uniflore . . . *Verna.* Printanière.
Corolle en cloche ouverte ou en roue 4

4 { Calice membraneux déjeté d'un seul côté. . . 5
Cal. à deux ou plusieurs lobes , ord. égaux. . 6

5 { Feuilles ovales ; fleurs jaunes , très-ouvertes , en
roue , à lobes lancéolés , aigus, profonds. . .
. . . . *Lutea.* Jaune
Feuil'es lancéolées ; fleurs variables , purpurines
ou jaunâtres , ou blanchâtres , ou ponctuées; corolle en cloche , à lobes arrondis en spatule. .
. . . . *Purpurea.* Purpurine.

6 { Corolle à 4 divisions ; anthères libres ; fleurs verticillées. . . . . *Cruciata.* Croisette.
Corolle à plus de 5 divisions ; anthères presque
libres ; fleurs verticillées , très-ponctuées de
noir. . . . . *Punctata.* Ponctuée.
Corolle à 5 divisions ou plus ; anthères soudées ;
fleurs solitaires ou géminées. 7

7 { Corolle ord. à 5 divisions ; tige uniflore , sou-
vent plus courte que sa fleur bleue ou blanché.
. . . . *Acaulis.* à Tige courte.
Corolle ord. à 5 divisions; tige à plus d'une fleur,
et de près de 1 déc. au moins 8
Corolle à plus de 5 divisions , en cloche , ponc-
tuée de noir ; cal. à 6 lobes inégaux et en coupe
. . . . *Punctata.* Ponctuée.

8 { Fleurs peu nombreuses , pédonculées ; feuilles
étroites , univervées , obtuses , roulées en dessous . . . . *Pneumonantha.* Pneumonanthe
Fleurs opposées , axillaires , presque sessiles ;
feuilles ovales-lancéolées , trinervées , acuminées . . . . *Asclepiadea.* Asclépiade.

V ERYTHRÆA. (Erythrée.) ou CHIRONIA. (Chironie.)

1 { Fleurs jaunes . . . . . . *Maritima.* Maritime.
Fleurs rouges ou roses , rar. blanches. . . . 2

2 { Fleurs sessiles , en épi , écartées , presque unilatérales . . . . *Spicata.* en Épi.
Fleurs en bouquet ou corymbe ou panicule. . 3

Ord. 2-3 bractées sous le calice à divisions soudées à moitié ; fleurs très brièvement pédicellées , presque en corymbe compacte , fourni.
Centaurium. Var. *Fascicularis.* Centaurée. *Var.* en
Faisceaux.

3 { Pas de bractées sous le calice à divisions presque
libres; fleurs assez longuement pédicellés , en
corymbe lâche ou presque diffuse. . . . .
. . . . *Pulchella.* Élégante.

Tige naine à 1 ou peu de fleurs . . . . .
. . . . Var. *Pusilla.* *Var.* Petite.

VI EXACUM. (Exaque.)

Fleurs jaunes ; très-longuement pédonculées ;
feuilles rad. arrondies. . *Filiforme.* Filiforme.

1 { Fleurs un peu rosées , peu pédicellées ; feuilles
oblongues , lancéolées. . . . .
Pusillum. Var. *Candollii.* Nain *Var..* de Candolle.

64.me *Famille.* POLÉMONIACÉES.

I POLEMONIUM. (Polémoine.) *Cœruleum.* Bleue.

65.me *Famille.* CONVOLVULACÉES.

1 { Tige capillaire , sans feuilles , sans racines , parasite . . . . CUSCUTA.   III

{ Plante feuillée , non parasite. 2

2 { Corolle tubuleuse; capsule à 1 graine ; fleurs
jaunes. . . . . CRESSA.   II

{ Corolle campanulée , très-ouverte ; capsule à 4
graines, fleurs jamais jaunes . CONVOLVULUS.   I

I CONVOLVULUS (Liseron.)

1 { Tiges volubiles, s'entortillant ou grimpantes. . 2

{ Tiges ascendantes-redressées ou couchées , mais
non entortillées. 3

2 { 2 grandes bractées sous le cal. ; lobes de la base
des feuilles tronqués. . . *Sepium.* des Haies.

{ Pas de grandes bractées sous le cal ; lobes de la
base des feuilles aigus. . *Arvensis.* des Champs.

3 { Feuilles linéaires-lancéolées aiguës; cal. très-velu;
fleurs roses ou blanches. *Cantabrica.* de Biscaye.

{ Feuilles oblongues , dilatées au sommet , pres-
quée spatulées , très-nerveuses; fleurs purpurines. . . . . *Lineatus.* Rayé. *

* *Var.* Plante droite , toute argentée. . . . . .
. . . . *Intermedius.* Intermédiaire.

II Cressa (Cresse.) *Cretica.* de Crète.

III Cuscuta. (Cuscute.)

1 {
Fleurs brièvement pédonculées , à 4 lobes et à 2 styles plus courts que l'ovaire. . . . . *Major.* à grandes Fleurs.
Fleurs sessiles , à 5 lobes et à 2 styles beaucoup plus longs que l'ovaire . *Minor.* à petites Fleurs.
Fleurs à 5 lobes et à 1 style court . . . . *Monogyna.* Monogyne.
Fleurs à 5 dents aiguës , et à 2 styles courts ; sur le lin. . . . . . *Epilinum.* étrangle-Lin.
}

66.me *Famille.* BORRAGINÉES.

1 {
Fruit formé de 2 carpelles lisses ; cal. à 5 divisions ; corolle presque cylindrique , un peu renflée , à gorge nue. . . . . . . Cerinthe.   **i**
Fruit formé de 4 carpelles , dont quelques-uns avortent par fois à la maturité. **2**
}

2 {
Carpelles soudés entre eux ; corol. blanche en soucoupe , à 5 lobes séparés par 5 petits plis terminés par une petite dent. Heliotropium.   **ii**
Carpelles distincts , libres ; pas de petites dents entre les lobes de la corolle. **3**
}

3 {
Gorge de la corolle nue ou seulement entourée ord. de 5 pinceaux de poils. **4**
Gorge fermée d'écailles velues ou non. . . .   **8**
}

4 {
Calice renflé en vessie à la maturité ; gorge de de la corolle obstruée par les anthères et portant 5 pinceaux de poils ; fruits ridés ; fleurs blanches . . . . Nonnea.   **v**
Calice non renflé à la maturité. **5**
}

5 {
Corol. irrégulière , à 5 lobes inégaux. Echium.   **iii**
Corolle régulière. **6**
}

6 {
Corolle tubuleuse , jaunâtre ou jaune ; anthères en flèche, soudées à la base ; fruits lisses. . . . . Onosma.   **vii**
Corolle en entonnoir ; anthères libres , obstruant la gorge de la corolle ; fleurs rar. jaunes ou jaunes , mais alors fruits non lisses. . . .   **7**
}

<table>
<tr><td rowspan="3">7</td><td>Calice à 5 divisions ; stigmate bifide; gorge bos-selée , plissée ou lisse. . . Lithospermum.</td><td>IV</td></tr>
<tr><td>Cal. à 5 div. , renflé en vessie à la maturité ; gorge de la corol. à 5 pinceaux de poils; fruits ridés. . . . . Nonnea.</td><td>V</td></tr>
<tr><td>Calice prismatique, à 5 dents; stigmate échancré, gorge de la corol. portant ord. 5 pinceaux de poils ; fruits lisses. . . . . . Pulmonaria.</td><td>VI</td></tr>
<tr><td rowspan="2">8</td><td>Cal. dilaté à la maturité , formé d'abord de 2 la-mes appliquées et à 6-7 dents ; fleurs axillaires. . . . . Asperugo.</td><td>XIII</td></tr>
<tr><td>Cal. non dilaté à la maturité , ni composé d'abord de 2 lames appliquées. . . . .</td><td>9</td></tr>
<tr><td rowspan="2">9</td><td>Corolle en roue ou en soucoupe étalée, peu ou point tubulée. . . . .</td><td>10</td></tr>
<tr><td>Corolle en tube ou en entonnoir. . . . . .</td><td>13</td></tr>
<tr><td rowspan="2">10</td><td>Corolle en roue; étamines conniventes , formant comme un petit pavillon au centre de la fleur. . . . . Borrago.</td><td>XIV</td></tr>
<tr><td>Corolle en soucoupe ou en entonnoir ; étamines jamais en pavillon aigu et saillant. . . . .</td><td>11</td></tr>
<tr><td rowspan="3">11</td><td>Carpelles très-lisses; divisions de la corolle pres-que un peu échancrées , à écailles très petites et presque glabres. . . . . Myosotis.</td><td>XI</td></tr>
<tr><td>Carpelles ridés , creusés , sculptés à la base ; écailles de la corolle plus ou moins pubescentes ou laciniées; lobes de la corol. entiers. . . . . Anchusa.</td><td>IX</td></tr>
<tr><td>Carpelles hérissés d'aiguillons, au moins sur les angles. . . . .</td><td>12</td></tr>
<tr><td rowspan="2">12</td><td>Corolle en entonnoir ; carpelles déprimés, héris-sés d'aiguillons de tous côtés ; style long. . . . . Cynoglossum.</td><td>XII</td></tr>
<tr><td>Corolle en soucoupe ; carpelles bordés de 1-2 rangs d'aiguillons , seulement sur les angles ; style court. . . . . Myosotis.</td><td>XI</td></tr>
<tr><td rowspan="2">13</td><td>Corolle en tube cylindrique , ventru , à 5 lobes courts ; écailles de la gorge allongées , subulées en alène, conniventes. . . . Symphitum.</td><td>VIII</td></tr>
<tr><td>Corolle en entonnoir ou à limbe étalé ou demi étalé. . . . .</td><td>14</td></tr>
<tr><td rowspan="2">14</td><td>Tube de la corolle coudé dans le milieu ; corolle oblique, à divisions inégales . . Lycopsis.</td><td>X</td></tr>
<tr><td>Tube de la corolle droit , non coudé. . . . .</td><td>15</td></tr>
</table>

$$15 \begin{cases} \text{Calice irrégulier, composé d'abord de 2 lames} \\ \text{appliquées, dentées. . . . . . Asperugo. XIIII} \\ \text{Calice régulier; corolle plus ou moins tubulée.} \\ \text{. . . . . Ci-dessus. 10} \end{cases}$$

I Cerinthe. (Mélinet.)

$$1 \begin{cases} \text{Corolle plus courte que le calice; filaments des} \\ \text{étam. 4 fois plus courts que les anthères. .} \\ \text{. . . . . Glabra. Glabre.} \\ \text{Corolle plus longue que le cal; filaments des} \\ \text{étam. égaux aux anthères. . . Aspera. Rude.} \end{cases}$$

II Heliotropium. (Héliotrope).

$$1 \begin{cases} \text{Feuilles très-entières; épis latéraux solitaires,} \\ \text{les supér. conjugués; calice mur ouvert. . .} \\ \text{. . . . . Europeum. d'Europe.} \\ \text{Feuilles ondulées, crénelées, tous les épis con-} \\ \text{jugués; calice appliqué sur le fruit; tiges nom-} \\ \text{breuses couchées. . . . Supinum. Couché.} \end{cases}$$

III Echium. (Vipérine.)

$$1 \begin{cases} \text{Feuilles élargies à leur base; tige demi-couchée.} \\ \text{. . . . . Violaceum. à long Calice.} \\ \text{Feuilles ovales ou oblongues; rétrécies à leur base;} \\ \text{tige droite, ou à-peu-près. . . . . . . 2} \end{cases}$$

$$2 \begin{cases} \text{Divisions du cal. lancéolées linéaires, très-aiguës} \\ \text{dépassant le tube de la corolle; tige peu héris-} \\ \text{sée; étamines velues au sommet. . . . .} \\ \text{. . . . . Australe. Méridionale.} \\ \text{Tige très-hérissée; étam. glabres; cal. à divi-} \\ \text{sions ne dépassant pas ord. le tube de la corolle. 3} \end{cases}$$

$$3 \begin{cases} \text{Corolle presque régulière; tige non ponctuée de} \\ \text{noir, extrèmement hérissée et rude; étam. une} \\ \text{fois plus longues que la corol. Italicum. d'Italie.} \\ \text{Corolle très-irrégulière; tige ponctuée de noir,} \\ \text{à poils raides. . . . . . Vulgaré. Commun.} \\ \text{Corolle très-irrégulière; tige non ponctuée, à} \\ \text{poils mous; 3 étam. dans la corolle et 2 sail-} \\ \text{lantes. . . . . . Violaceum. à long Calice.} \end{cases}$$

IV Lithospermum. (Grémil.)

$$1 \begin{cases} \text{Fleurs blanches ou jaunes, très rar. purpurines,} \\ \text{dépassant peu ou point le calice. . . . . 2!} \\ \text{Fleurs toujours pourpres, bleues ou violettes;} \\ \text{beaucoup plus longues que le cal. . . . . 4.} \end{cases}$$

2 ⟨ Fleurs jaunes ; corol. dépassant un peu le cal ;
  fruit luisant, à côtes tuberculeuses ; tige de
  8-11 cent. . . . . . . *Apulum.* de la Pouille.
  Fleurs blanches ou blanchâtres, très-rar. purpurines ; tige de plus de 3 déc. 3

3 ⟨ Semences lisses, luisantes ; gorge de la corolle
  bosselée, à 5 empreintes ; fleurs un peu jaunâtres, rar. purpurines. *Officinale.* Officinal.
  Semences ridées ; gorge plissée ; fleurs blanchâtres. . . . . *Arvense.* des Champs.

4 ⟨ Tige ligneuse ; feuilles linéaires hérissées, roulées ; gorge de la corolle lisse ; fruits très-lisses
  aussi. . . . . *Fruticosum.* Ligneux.
  Tige herbacée. 5

1 ⟨ Gorge de la corol. lisse ; fruits très-lisses ; tiges,
  stériles, couchées. *Purpurea Cœruleum.* Violet.
  Gorge de la corol. plissée ; fruits rudes, ridés ;
  tiges toutes fleuries-étalées. . . . . . .
  . . . . *Tinctorium.* des Teinturiers.

V Nonnea (Nonnée.) *Alba.* Blanche.

VI Pulmonaria. (Pulmonaire.) *Officinalis.* Officinale.

VII Onosma. (Orcanette.)

1 ⟨ Corolle presque cylindrique, à moitié, au plus,
  plus longues que le cal. anthères lisses, de moitié plus courtes que les filets. *Echioïdes.* Vipérine.
  Corolle renflée au sommet, une fois plus longue
  que le calice ; anthères rudes au bord, une fois
  plus longues que les filets. *Arenaria.* des Sables.

VIII Symphytum. (Consoude.)

1 ⟨ Racines non tuberculeuses ; toutes les feuilles
  décurrentes . . . . . *Officinale.* Officinale.
  Racines tuberculeuses ; feuilles peu ou point
  décurrentes ; les infér. pétiolées. . . . . .
  . . . . *Tuberosum.* Tubéreuse.

IX Anchusa. (Buglosse.)

1 ⟨ Calice à divisions linéaires, très-allongées ; écailles de la gorge longuement hérissées de poils
  en pinceaux ; feuilles infér. lancéolées ou oblongues. . . . . *Italica.* d'Italie.
  Cal. à div. ovales-lancéolées ; écailles un peu pubescentes ; feuilles radicales ovales aiguës ou acuminées, très-amples, ord. tachées de blanc.
  . . . . *Sempervirens.* Toujours verte.

X Lʏᴄᴏᴘsɪs (Lycopside) *Arvensis.* ᵈᵉˢ Champs.

XI Mʏᴏsᴏᴛɪs. (Myosote) et Eᴄʜɪɴᴏsᴘᴇʀᴍᴜᴍ. (Echi-
nosperme.)

1 Fruit hérissé d'épines crochues ; fleurs en épis
feuillés. Eᴄʜɪɴᴏsᴘᴇʀᴍᴜᴍ. . *Lappula.* Bardane.
Fruit lisse et luisant, sans épines ; épis non feuillés 2

2 Cal. velu à poils courts et appliqués, ouvert après
la floraison ; limbe de la corolle plane . . . 3
Cal. velu à poils étalés , ceux de la base très-étalés et crochus 4

3 Style aussi long que le cal. ; feuilles caulinaires
aiguës ; tige anguleuse ; cal. à 5 dents. . .
. . . . *Palustris.* des Marais.
Style très-court ; feuilles caulinaires obtuses ; tige
cylindrique ; cal. à 5 divisions. . . . . .
. . . . *Var. Cæspitosa.* Gazonnante.

4 Cal. ouvert , étalé après la floraison ; limbe de la
corolle concave; son tube plus court que le cal.;
fleurs jaunâtres au centre. *Hispida.* Hérissée.
Cal. à 5 divis. profondes , redressées ascendantes
à la maturité ; corolle à limbe plane , à tube au
moins égal au cal. ; plante vivace. . . . .
. . . . *Sylvatica.* des Forêts.
Cal. fermé après la floraison ; limbe de la corolle
concave 5

5 Pédicelles fructifères étalés ; les infér. environ
2 fois plus longs que le calice. . . . . .
. . . . *Intermedia.* Intermédiaire.
Pédicelles fructifères dressés ou presque dressés
plus courts que le calice. 6

6 Corolle bleue , à tube ne dépassant pas les lobes
du calice. . . . . *Stricta.* Raide.
Corolle d'abord jaune , puis rougeâtre , enfin
bleue ; tube dépassant longuement les lobes du
calice. . . . . . . *Versicolor.* Changeant.

XII Cʏɴᴏɢʟᴏssᴜᴍ (Cʏɴᴏɢʟᴏssᴇ.)

1 Corolle moitié plus grande que le calice ; plante
toute couverte d'un duvet blanc-soyeux. . .
. . . . . . *Cheirifolium.* à feuilles de Giroflée.
Corolle presque égale au calice. 2

2 { Fleurs rayées, veinées, d'un bleu clair ; plante velue, blanchâtre . . . . *Pictum*. Rayé.
Fleurs ni rayées, ni veinées, d'un rouge sale, rar. blanches   3

.3 { Plante glabre ou à poils étalés ; feuilles luisantes, à poils longs, épars et dressés. . . . . *Montanum*. des Montagnes.
Plante velue à poils appliqués contre la tige ; feuilles finement cotonneuses, à poils courts, nombreux, couchés. . *Officinale*. Officinale.

XIII Asperugo. (Rapette.) *Procumbens*. Couchée.

XIV Borrago. (Bourrache.) *Officinalis*. Officinale.

67.me *Famille*. SOLANÉES.

1 { Arbuste épineux, à épines ord. placées à la base des feuilles ; fruit très-petit ; feuilles oblongues spatulées. . . . . Lycium.   I
Arbuste non épineux. . . . .
Plante herbacée, ou un peu ligneuse et non épineuse.   2
Plante herbacée ou un peu ligneuse, épineuse ; fruit très-gros. . . . .

2 { Corolle en roue, peu ou point tubulée . . .   3
Corolle en tube, en entonnoir ou en cloche. .   8

3 { Fruit indéhiscent, en baie succulente plus ou moins grosse.   4
Fruit en capsule non succulente.   7

4 { Fruit gros comme une cerise et rouge, renfermé à la maturité, dans le calice renflé en vessie. . . . . Physalis.   V
Fruit non renfermé à la maturité dans un cal. renflé en vessie.   5

5 { Fleurs jaunes ; fruit gros, très-succulent, rouge ; graines velues . . . . . Lycopersicum.   IV
Fleurs jamais jaunes   6

6 { Baies pleines, charnues ; anthères s'ouvrant au sommet par 2 pores. . . . . Solanum.   III
Baies vides en partie, sèches, corriaces, à saveur piquante ; anthères s'ouvrant en long. . . . . Capsicum.   II

7 {
Corolle régulière ; fruit gros à saveur piquante ; étamines droites, conniventes glabres. CAPSICUM   II
Corolle un peu irrégulière ; fruit petit , en capsule ; étam. inclinées , souvent velues. . . . . VERBASCUM . . XI

8 {
Corolle à lobes inégaux, coupés obliquement; calice à 5 dents , en godet ; capsule s'ouvrant par un opercule. . . . . . . HYOSCYAMUS   X
Corolle très-régulière. 9

9 {
Corolle en cloche ; étam. écartés, à 2 paires inégales et 1 impaire ; tige feuillée ; baie noire , charnue. . . . . ATROPA. VI
Corolle en cloche ; fruit charnu , jaune ; toutes les feuilles radicales ; hampes basses, nues , radicales . . . . MANDRAGORA. VII
Corol. en entonnoir, très-évasée ; à tube plus ou moins long et à fruit non épineux ; ou corol. en cloche plissée et à fruit épiueux. . . . 10

10 {
Arbrisseaux épineux ; étamines un peu velues à la base. . . . . LYCIUM. I
Plante ord. herbacée, non épineuse ; étamines glabres. 11

11 {
Corolle à 5 angles et 5 plis à sa partie supérieure; fruit épineux. . . . . DATURA. VIII
Corolle à 5 lobes étalés , non pliés ; fruit lisse. . . . . NICOTIANA. IX

I LYCIUM. (Lyciet.) *Europæum.* d'Europe.

II CAPSICUM (Piment.) *Annuum.* Annuel.

III SOLANUM. (Morelle.)

1 {
Souche ligneuse à la base , sarmenteuse ; feuilles en cœur , les supér. à oreillettes.. . . . . *Dulcamara.* Douce-amère.
Plante herbacée ou tout au plus un peu sous-ligneuse à la base, ni sarmenteuse, ni grimpante. 2

2 {
Feuilles découpées en lobes distincts , comme pinnées, ailées , à folioles inégales ; fruit gros comme une noix ; racines à gros tubercules. . . . . *Tuberosum.* Pomme de terre.
Feuilles simples, ovales , entières ou peu sinuées, ou anguleuses ; fruit très-petit ou gros et long en corne ou ovoïde 3

3 { Pédoncules à une fleur ; fruit ovoïde ou en corne, très-gros ; feuilles duvetées ; tige forte et cal. à aiguillons . . . . *Esculentum.* Aubergine.
Pédoncules à plusieurs fleurs ; fruit petit , sphérique ; tige et cal. sans aiguillons. **4**

4 { Plante presque glabre ; fruit noir ; tige anguleuse; feuilles vertes. . . . . *Nigrum.* Noire.
Plante très-velue ; fruit rouge ou jaune ; tige cylindrique ; feuilles blanchâtres. . . . . *Villosum.* Velue.

IV Lycopersicum. (Tomate.) *Esculentum.* Pomme d'Amour.

V Physalis. (Coqueret.) *Alkekengi.* Officinal.

VI Atropa. (Belladone.) *Belladona.* Vénéneuse.

VII Mandragora (Mandragore.) *Officinalis.* Officinale.

VIII Datura. (Stramoine.)

1 { Feuilles ovales , sinuées ; fleurs blanches , rar. violettes . . . . *Stramonium.* à Feuilles sinuées.
Feuilles en cœur , doublement dentées , fleurs pourpre-lilas. . . . *Tatula.* à Feuilles dentées.

IX Nicotiana. (Nicotiane.)

1 { Feuilles sessiles ; lobes de la corolle pointus ; fleurs roses. . . . . *Tabacum.* à Fleurs roses.
Feuilles pétiolées ; lobes de la corolle obtus ; fleurs jaunes-verdâtres. *Rustica.* à Fleurs jaunàtres.

X Hyoscyamus. (Jusquiame.)

1 { Feuilles sessiles et embrassantes. *Niger.* Noire.
Feuilles pétiolées , en cœur à la base. . . . **2**

2 { Corolle d'un blanc sale ; angles des feuilles obtus. . . . . *Albus.* Blanche.
Corolle d'un jaune doré ; angles des feuilles aigus. . . . . *Aureus.* des Canaries.

XI Verbascum. (Molène.)

1 { Feuilles , les supérieures au moins, décurrentes sur la tige. **2**
Feuilles pétiolées ou sessiles , mais non décurrentes. **4**

2 { Feuilles supér. à peine décurrentes, ou arrivant à peine au milieu de l'entre-nœud. **3**
Feuilles caulinaires décurrentes , au moins d'un côté sur tout l'entre-nœud. *Thapsus.* Bouillon blanc. *

* *Var.* A feuilles longuement cuspidées ; épi interrompu. . . . . *Cuspidatum.* Acuminé.

3 { Poils des étam. blanchâtres ou jaunes.   .   .   .
.   .   .   .   *Phlomoïdes.* Phlomide.
Poils des étam. violets.   .   .   *Sinuatum.* Sinué

4 { Filets des étam. glabres ou à poils blanchâtres
ou jaunes.   9
Filets des étam. à poils violets.   5

5 { Fleurs réunies en fascicules , formant des grappes ou épis simples ou paniculés.   6
Fleurs solitaires ou géminées, ou ternées, non
en fascicules, mais formant aussi des grappes
ou épis simples ou paniculés.   8

6 { Fleurs en grappe unique, simples, allongées ;
feuilles d'un vert-noir en dessus : plante à tige
simple.   .   .   .   .   *Nigrum.* Noire.
Fleurs en grappe , ou épis nombreux, panicu-
lés ; tige rameuse au sommet.   7

7 { Feuilles infér. ou radicales sessiles ; celles de la
tige ; un peu décurrentes.   .   *Sinuatum.* Sinuée.
Feuilles infér. ou radicales pétiolées ; celles de la
tige un peu en cœur.   .   .   *Chaixii.* de Chaix.

8 { Plante couverte d'un coton blanc, caduc ; feuilles
pulvérulentes-cotonneuses en dessous ; les 2
grandes étam. glabres ou poilues au milieu.   .
.   .   .   .   *Maiale.* de Mai.
Tige et feuilles glabres ou à peine pubescentes.   10

9 { Tige et feuilles glabres ou à peine pubescentes.   10
Tige et feuilles cotonneuses ou pulvérulentes.   11

10 { Feuilles à limbe très glabre ; pédicelles ord. solitaires , dépassant longuement les bractées et les
cal. fructifères.   .   .   .   .   *Blattaria.* Blattaire.
Feuilles un peu velues ; pédicelles ord. de 2-4, ne
dépassant pas les cal. fructifères , et plus courts
que les bractées. *Blattarioïdes.* fausse Blattaire.

11 { Les 2 filets des étam. infér. glabres ou presque
glabres ; feuilles de la tige , au moins un peu
décurrentes ; pédicelles bien plus courts que le
cal. , grappe presque simple.   .   .   .   .   .   .
.   .   .   .   *Phlomoïdes.* Phlomide.
Tous les filets des étam. couverts d'une laine blanchâtre ; feuilles nullement décurrentes ; pédicelles égalant au moins le calice ; grappes en
panicule   12

$$\left.\begin{array}{l}\end{array}\right.$$

12 { Feuilles vertes et presque glabres en dessus ; feuilles infér. un peu en pointe au sommet ; les supér. lancéolées-aiguës. . . . . *Lychnitis.* Lychnite. Feuilles tomenteuses des 2 côtés, feuilles infér. obtuses ; les supér. brusquement acuminées. . . . . *Pulverulentum.* Pulvérulente·

68.me *Famille.* PERSONÉES.

1 { Plante parasite, charnue, sans feuilles ou écail-leuse 2
Plante ni charnue, ni parasite, ayant des feuil-les au moins à la base. 3

2 { Fleurs radicales et sans tige ou ayant une tige ; mais alors fleurs pendantes ; calice tubuleux, à 4 lobes. . . . . LATHRÆA. II
Fleurs toujours droites, sur une tige ou hampe ; calice à 2-3 pièces ou tubuleux à 5 lobes. . . . . OROBANCHE. I

3 { Corolle régulière, à 5 lobes. 4
Corolle irrégulière ou à 4 lobes ou 4 divisions. 5

4 { Fleurs petites, élégantes, en grappe lâche termi-nale ; plante terrestre . . . . . ERINUS. XV
Fleurs petites solitaires, radicales ; plante aqua-tique ou des lieux très-humides. LIMOSELLA. XVI

5 { Corolle rotacée, sans tube apparent. 6
Corolle à tube apparent, presque campanulacée, ou bi-labiée, ou en gueule ; 4 étamines dont 2 parfois stériles 7

6 { 2 étamines ; corolle à 4 divisions dont une plus petite. . . . . VERONICA. XIV
4 étamines ; corolle à 5 divisions. . ERINUS. XV

7 { Calice à 4-5 segments ou dents ou à 2 lèvres ; base de la corolle tout-à-fait enfermée dans le cal. sans saillie ou éperon ou talon. 8
Base de la corolle formant saillie, en dehors du calice, en épéron ou talon. 17

8 { Cal. à 4 segments plus ou moins profonds. . 9
Calice à 5 dents ou segment ou à 2 lèvres cré-nelées. 12

17*

9 { Calice renflé , vésiculeux , ventru , renfermant entièrement la capsule ; fleurs jaunâtres. . . . . Rhinanthus. . **v**
Calice plus ou moins tubuleux, non renflé, vésiculeux ou ventru. 10

10 { Capsule acuminée , à 1-2 graines lisses ; bord de la lèvre supér. roulé en dessus. Melampyrum. **iii**
Capsule acuminée ou obtuse, à graines nombreuses ; lèvre supér. étalée ou dressée , non roulée. 11

11 { Capsule obtuse, entière ou émarginée ; lèvre supér. échancrée. . . . . . . Euphrasia. **vii**
Capsule acuminée ; lèvre supér. dressée , entière. . . . . Bartsia. **vi**

12 { Feuilles 1-2 fois ailées ; calice vésiculeux , renflé ; corolle à cimier comprimé ; fleurs élégantes. . . . . Pedicularis. **iv**
Feuilles entières ou dentées , incisées ou pinnatifides , mais non ailées. 13

13 { Feuilles opposées 14
Feuilles alternes ou radicales. 15

14 { Corolle tubuleuse ; cal. à 2 bractées ; 4 étam. dont 2 stériles. . . . . Gratiola. **viii**
Corolle en grelot ; cal. sans bractées ; 4 étam. fertiles ; tige anguleuse. . . Scrophularia. **x**

15 { Feuilles radicales ; hampe très-courte ou nulle et nue , uniflore ; plante aquatique ou des lieux très-humides . . . . Limosella. **xvi**
Tige feuillée ; plante des lieux secs. 16

16 { Corolle tubuleuse , presque régulière , à 5 segments en cœur ; tige de 1-10 cent. ; fleurs très-petites. . . . . Erinus. **xv**
Corolle en cloche longue , à 4-5 segments inégaux ; tige de 6-10 déc. ; fleurs grandes. . . . . Digitalis. **ix**

17 { Saillie de la corolle simplement en talon ; corolle fermée par la lèvre infér. à palais renflé. . . . . Antirrhinum. **xii**
Saillie de la corolle en éperon droit ou recourbé. 18

18 { Corolle à gorge ouverte . . . Anarrhinum. **xi**
Corolle à gorge fermée par la lèvre infér. à palais renflé. . . . . Linaria. **xiii**

a. OROBANCHÉES.

I OROBANCHE. (Orobanche) et **PHELIPÆA** (Phélipée.)

1 { Une seule bractée sous les fleurs ; cal. de 2 pièces libres ou un peu soudées ; corol. ord. à 4-5 lobes, à 2 lèvres. . . . . . . (OROBANCHE.) **2**
Bractées ternées ; cal. monosépale, en cloche, à 4-5 lobes ; corol. à 5 lobes. . (PHELIPÆA.) **18**

2 { Plante parasite du *prenanthe osier ;* corol. blanche-scarieuse du milieu à la base ; étam. glabres, insérées vers le milieu du tube. . . . . .
. . . . *Virginis.* de la Vierge. (1)
Plante non parasite du *prénanthe osier ;* corolle non blanche-scarieuse, etc. **3**

3 { Stigmates jaunes ou blanchâtres. **4**
Stigmates rouges, bruns ou violets. **10**

4 { Étam. insérées vers le milieu du tube de la corol. **5**
Étam. insérées à la base ou vers la base de la corol **6**

5 { Bractées dépassant les fleurs et rendant l'épi chevelu ; parasite du *Lierre.* . *Hederæ.* du Lierre.
Bractées ne dépassant pas les fleurs ; parasite des *Luzernes.* . . . *Medicaginis.* de la Luzerne.

6 { Tige d'un pourpre noir, fétide ; bractées dépassant les fleurs ; parasite du *Scorpiure rude.* .
. . . . *Fœtida.* Fétide.
Tige jaunâtre, brunâtre ou rosée. **7**

7 { Fleurs jaunes, puis livides-brunâtres ; parasite des *Luzernes.* . . *Medicaginis.* de la Luzerne.
Fleurs plus ou moins rouges ou blanchâtres ; non parasite des *Luzernes.* **8**

8 { Fleurs couleur de sang noir, au moins en dedans ; étam. velues à la base. . *Cruenta.* couleur de Sang.
Fleurs seulement rougeâtres ou blanchâtres ; étam. glabres ou peu velues à la base. **9**

---

(1) Cette orobanche que j'ai trouvée en quantité dans l'enclos de la chapelle de N.-D.-de-Rochefort (Gard), me paraît inédite, et c'est dans cette persuasion que je lui donne le nom d'orobanche de la Vierge, en souvenir du lieu où je l'ai trouvée. Voici d'ailleurs sa description : *Tige de 1-3 déc.; rousse-brunâtre ; bractée unique ; 2 sépales entiers ; corolle violette au sommet, très-blanche-scarieuse du milieu à la base ; plante parasite du* prénanthe osier.

9 { Étam. glabres à la base ; parasite du *Spartium*
à *Balais.* . . . . . *Rapum.* du Spartium.
Étam. un peu velues à la base ; parasite du *Ser-*
polet et autres *Labiées. Épithymum.* du Serpolet

10 { Étam. insérées vers le milieu du tube de la corol.   11
Étam. insérées à la base ou vers la base de la
corol.   13

11 { Bractées dépassant longuement les fleurs ; parasite du *Panicaut.* . . . *Eryngii.* du Panicaut.
Bractées ne dépassant pas ou dépassant peu les
fleurs.   12

12 { Stigmates d'un pourpre foncé ou violet ; non parasite des *Luzernes.* . . *Minor.* à petite Fleur.
Stig. d'un jaune-rougeâtre ; parasite des *Luzer-*
nes. . . . . . *Medicaginis.* de la Luzerne.

13 { Fleurs jaunes , puis livides brunâtres ; parasite
des *Luzernes.* . . *Medicaginis.* de la Luzerne.
Fleurs plus ou moins rouges , ou blanches ; non
parasites des *Luzernes*   14

14 { Fleurs d'un rouge très-foncé , au moins en dedans ; filet des étam. hérissé ou très-velu. .   15
Fleurs simplement rougeâtres ou blanchâtres. .   16

15 { Stigmates d'un brun-jaunâtre ; tige ord. d'un
rouge de sang ; parasite de certaines papillonacées. . . . . . *Cruenta.* couleur de Sang.
Stigm. d'un pourpre foncé ; tige blanchâtre ou
rougeâtre ; parasite des *Gaillets. Galii.* du Gaillet

16 { Fleurs grandes , blanches , agréablement rayées
de violet ; sépales égaux au tube de la corol.
obtusément dentée ; parasite de la fève , etc. .
. . . . *Pruinosa.* de la Fève.
Fleurs blanchâtres-rougeâtres ou jaunâtres, non
rayées de violet ; stigm. d'un pourpre-foncé.   17

17 { Filet des étam. très-velu hérissé ; sépales de moitié plus courts que le tube de la corol.; parasite
des *Gaillets.* . . . . . *Galii.* du Gaillet.
Filet des étam. peu velu ; sépales dépassant le
milieu du tube de la corol.; parasite du serpolet
et autres labiées. . *Epithymum.* du Serpolet.

18 { Corolle à lobes aigus ; stigm. blancs ; tige simple.
. . . . *Cærulea.* Bleue. *
* *Var.* à fleurs d'un bleu très-pâle et très-petites.
. . . . *Cærulescens.* Bleuâtre
Corol. à lobes obtus, dilatée plus ou moins dans
sa partie supérieure.   19

19 { Tige simple ; fleurs grandes ; stigmate d'un jaune
pâle ; corol. à lobes très-obtus ; anthères à longs
poils blancs. . . . . *Arenaria.* des Sables.
Tige ord. rameuse ; fleurs assez petites ; stigm.
blancs, ou un peu bleuâtres . *Ramosa.* Rameuse.

II Lathræa. (Clandestine.)

1 { Tige rameuse, cachée sous terre ; pédoncules
dressés . . . . . *Clandestina.* Souterraine.
Tige simple, non cachée sous terre ; pédoncules
penchés. . . . . *Squammaria.* Écailleuse.

b. RHINANTHÉES.

III Melampyrum. (Mélampyre.)

1 { Fleurs en épi conique ou quadrangulaire, en tous
sens ; cal. pubescent au moins en partie. . . 2
Fleurs ord. géminées, unilatérales, en épis allongés ; cal. glabre ou laineux. 3

2 { Épi conique assez lâche ; feuilles florales d'un
beau rouge, planes. . . *Arvense.* des Champs.
Épi quadrangulaire, compacte ; feuilles florales
non rouges et pliées. . *Cristatum.* en Crêtes.

3 { Feuilles velues ; calice laineux ; feuilles florales
ord. violettes. . . . . *Nemorum.* des Bois.
Feuilles et calice glabres ; feuilles florales vertes
ou noirâtres. 4

4 { Corol. tout-à-fait jaune et ouverte, égale au cal.
ou à peine une fois plus longue que large. .
. . . . *Sylvaticum.* des Forêts.
Corol. blanche, tachée de jaune, presque fer-
mée, 2-4 fois plus grande que le calice. . .
. . . . *Pratense.* des Prés.

IV Pedicularis. (Pédiculaire.)

1 { Feuilles verticillées ; fleurs rouges. . . . .
. . . . *Verticillata.* Verticillées.
Feuilles éparses. 2

2 { Casque de la corolle terminé par un bec. . . 3
Casque de la corolle obtus, sans bec ou tronqué. 4

3 { Fleurs jaunes ou d'un blanc jaunâtre. . . . .
. . . . *Tuberosa.* à Fibres renflées.
Fleurs ni jaunes ni jaunâtres. *Rostrata.* à long Bec.

4 { Fleurs d'un blanc-jaunâtre . . *Comosa.* à Toupet.
Fleurs ni jaunes ni jaunâtres. 5

$\left\{\begin{array}{l}\end{array}\right.$ 5

Tige solitaire; cal. hérissé, bi-lobé, à lobes dentés ; corol. à lèvre supér. obtuse, environ égale à l'infér., à 2 dents vers le milieu de sa longueur. . . . . *Palustris.* des Marais.

Tiges nombreuses, les extér. étalées ; cal. glabre, à 5 divis. ; corol. à lèvre supér. bidentée, plus longue que l'infér ; pas de dents latérales. . . . . *Sylvatica.* des Forêts.

V Rhinantus. (Rhinanthe.)

1 Calice glabre, ainsi que la plante. *Glabra.* Glabre.
Calice velu. . . . . . . *Hirsuta.* Hérissée.

VI Bartsia. (Bartsie.)

1 Feuilles incisées-palmées; fleurs purpurines ; tige non visqueuse; anthères presque glabres. . . . . *Latifolia.* à larges Feuilles·
Feuilles seulement dentées ; fleurs jaunes ou bigarrées; tige visqueuse au sommet; anthères hérissées. . . . . . *Trixago.* Changeante.

VII Euphrasia. (Euphraise.)

1 Anthères incluses, 2 plus longuement dentées; style caduc ; lobes inférieurs de la corol. émarginés-bi-lobés **2**
Anthères ord. saillantes, toutes à dents égales; lobes infér. de la corol. très-entiers. . . . **3**

2 Dents des feuilles courtes, obtuses ou aiguës. . . . . . . *Officinalis.* Officinales. *Var.* A.
Dents des feuilles profondes, aiguës ou cuspidées. . . . . *Officinalis.* Var. B.

A Fleurs entièrement jaunes ou à lèvre supér. bleuâtre rayée de violet et l'infér. jaune. . . . . *Minima.* Naine.
Fleurs à lèvre supér. blanche rayée de 6 lignes violettes; l'infér. tachée de jaune et à 9 lignes violettes. . . . . . . *Pratensis.* des Prés.
Fleurs entièrement blanches ou à lèvre infér. rougeâtre, rayées ou non. *Alpestris.* des Alpes.

B Dents des feuilles supér. également espacées, au nombre de 2-3. . . . . . *Aristata.* Aristée.
Dents inégalement espacées et de 4-5; fleurs bleuâtres ou lilas, à palais jaune ; plante à poils crépus appliqués. . . *Nemorosa.* des Forêts.
Dents inégalement espacées et de 4-5 ; fleurs blanches à palais jaune ; plante à poils étalés. . . . . *Neglecta.* Négligée.

$3 \left\{ \begin{array}{l} \text{Fleurs jaunes.} \dots \dots \dots \dots \dots \quad 4 \\ \text{Fleurs rougeâtres ou blanchâtres} \dots \dots \dots \quad 7 \end{array} \right.$

$4 \left\{ \begin{array}{l} \text{Anthères très-saillantes ; corol. d'un beau jaune,} \\ \quad \text{à lobes ciliés-barbus.} \dots \dots \dots \dots \quad 5 \\ \text{Anthères peu ou point saillantes ; corol. d'un} \\ \quad \text{jaune-pâle ou d'un jaune-rougeâtre.} \dots \dots \quad 6 \end{array} \right.$

$5 \left\{ \begin{array}{l} \text{Plante pubescente , non visqueuse ; cal. pubes-} \\ \quad \text{cent ; feuilles infér. dentées.} \quad . \quad \textit{Lutea.} \text{ Jaune.} \\ \text{Plante ord. toute glabre , non visqueuse ; cal.} \\ \quad \text{glabre ; feuilles infér. linéaires entières.} \quad . \\ \quad \dots \dots \dots \textit{Linifolia.} \text{ à feuilles de Lin.} \end{array} \right.$

$6 \left\{ \begin{array}{l} \text{Plante visqueuse au sommet ; corol. glabre ; cal.} \\ \quad \text{pubescent} \dots \dots \dots \textit{Viscosa.} \text{ Visqueuse.} \\ \text{Plante non visqueuse ; corol. très-pubescente,} \\ \quad \text{mais non ciliée-barbue ; cal. pubescent.} \quad . \\ \quad \dots \dots \dots \textit{Jaubertiana.} \text{ de Jaubert.} \end{array} \right.$

$7 \left\{ \begin{array}{l} \text{Corol. à lèvres conniventes ; style inclus, même} \\ \quad \text{avant l'épanouissement.} \textit{ Jaubertiana.} \text{ de Jaubert.} \\ \text{Corol. à lèvres écartées ; style longuement sail-} \\ \quad \text{lant , surtout avant l'épanouissement complet} \\ \quad \text{de la fleur.} \dots \dots \textit{Odontites.} \text{ Odontalgiques.} * \end{array} \right.$

$* \textit{Var.} \left\{ \begin{array}{l} \text{Rameaux allongés, dressés ; feuilles lancéolées ou} \\ \quad \text{lancéolées-linéaires, fortement dentées; bractées} \\ \quad \text{plus longues , ord. , que les fleurs.} \dots \quad . \\ \quad \dots \dots \dots \textit{Latifolia.} \text{ à Feuilles larges.} \\ \text{Rameaux assez courts , ord. étalés ; feuilles li-} \\ \quad \text{néaires , peu dentées ; bractées égalant à peine} \\ \quad \text{les fleurs.} \quad . \quad . \textit{Angustifolia.} \text{ à Feuilles étroites.} \end{array} \right.$

c. ANTIRRHINÉES.

VIII GRATIOLA. (Gratiole.) *Officinalis.* Officinale.

IX DIGITALIS. (Digitale.)

$1 \left\{ \begin{array}{l} \text{Fleurs purpuriues , rar. blanches.} \dots \dots \\ \text{Fleurs jaunâtres, d'un jaune pâle.} \dots \dots \\ \text{Fleurs jaunâtres, plus ou moins lavées de rouge.} \\ \quad \dots \dots \dots \textit{Purpurascens.} \text{ Rougeâtre.} \end{array} \right.$

$2 \left\{ \begin{array}{l} \text{Plante pubescente ; feuilles ovales , crénelées ,} \\ \quad \text{velues des 2 côtés; corolle un peu campanulée} \\ \quad \text{ouverte.} \dots \dots \dots \textit{Purpurea.} \text{ Pourprée.} \\ \text{Plante presque glabre ; feuilles lancéolées , fine-} \\ \quad \text{ment dentées en scie , glabres en dessous ; co-} \\ \quad \text{rol. tubuleuse, un peu ventrue.} \dots \dots \quad . \\ \quad \dots \dots \dots \textit{Purpurascens.} \text{ Rougeâtre.} \end{array} \right.$

3 {
Tiges feuilles et cal. pubescents , les feuilles en dessous ; corol. ventrue presque en cloche, veinée ou tachée de pourpre , pubescente . . . . *Grandiflora.* à grandes Fleurs.

Tige , feuilles et cal. très-glabres ; corol. en tube à 5 lobes aigus , glabre ; fleurs uni-latérales. . . . . *Parviflora.* à petites Fleurs

X Scrophularia (Scrophulaire.)

1 {
Fleurs axillaires ; pédoncules pluriflores , en corymbe ou à 1-2 fleurs ; lanières du cal. herbacées, non scarieuses au bord.   2

Fleurs en grappes terminales, non feuillées, oblongues , composées de rameaux dichotomes ; lanières du cal. scarieuses au bord   3

2 {
Fleurs d'un vert-jaunâtre ; feuilles pubescentes; pédoncules à 3-7 fleurs. . *Vernalis.* Printanière.

Fleurs d'un pourpre sombre ; feuilles glabres ; pédoncules à 1-4 fleurs. *Peregrina.* Voyageuse.

3 {
Feuilles pinnatifides , à découpures étroites. . . . . *Canina.* Canine. *

* *Var.* à lanières des feuilles élargies. . . . . *Lobis-Latis.* à Lobes larges.

Feuilles simplement dentées ou crénelées ou entières.   4

4 {
Cal. à lobes très-peu scarieux au bord ; feuilles aiguës ; tige à angles obtus ou aigus , mais non ailés. . . . . *Nodosa.* Noueuse.

Calice à lobes largement scarieux ; feuilles obtuses ; tige à angles ord. ailés. *Aquatica.* Aquatique.

XI Anarrhinum. (Anarrhine.) *Bellidifolium.* à feuilles de Paquerette.

XII Antirrhinum. (Muflier.)

1 {
Feuilles arrondies , échancrées en cœur à la base; fleurs grandes , axillaires; tiges couchées , radicantes . . . . . . *Asarinum.* Faux asaret.

Feuilles ovales oblongues ou linéaires, non échancrées en cœur ; tiges dressées.   2

2 {
Lobes du cal. obtus et bien plus courts que la corolle ; fleurs grandes , purpurines ou jaunes ou blanches. . . . . *Majus.* à grandes fleurs.

Lobes du cal. linéaires , et plus longs que la cor. ou l'égalant ; fleurs petites , purpurines , rar. blanches. . . . . . *Orontium.* Rubicond.

XIII Linaria. (Linaire.)

1 { Feuilles pétiolées , larges , anguleuses , lobées ou dentées , ou entières , réniformes ou ovales ou lancéolées en fer de flèche ; fleurs axillaires et solitaires. **2**

Feuilles sessiles ou presque sessiles , au moins les supérieures. **5**

2 { Plante glabre , couchée ; feuilles réniformes-arrondies , à 5-7 lobes ; fleurs blanchâtres , à palais jaune, rar. blanches. *Cymbalaria.* Cymbalaire.

Plante glabre , couchée ; feuilles lancéolées en fer de flèche ; tiges ou pédoncules s'enroulant en vrilles ; fleurs bleuâtres. *Cirrhosa.* en Vrille.

Plante poilue, couchée; feuilles ni réniformes-lobées , ni lancéolées en fer de flèche. **3**

3 { Tiges ou pédoncules se roulant en vrilles ; feuilles lancéolées en fer de flèche , 2-4 fois plus courtes que les pédoncules ; fleurs bleuâtres. . . . . *Cirrhosa.* en Vrille.

Tiges ou pédoncules ne se roulant pas en vrilles ; feuilles ovales , plus ou moins en cœur ou en fer de flèche **4**

4 { Pédoncules glabres ; feuilles 1-2 fois plus courtes que les pédoncules ; fleurs jaunâtres ou bleuâtres à lèvre supér., rar. violette. *Elatine.* Elatine.

Pédoncules très-velus ; feuilles plus longues ou un peu plus courtes que les pédoncules ; fleurs jaunes à lèvre supér. pourpre-noire. . . . . *Spuria.* Velvote.

5 { Corol. ouverte , sans palais proéminent ; feuilles lancéolées ou linéaires ; fleurs blanches-violettes ; palais jaune ; capsule à loges égales. . . . . *Minor.* Naine.

Corol. ouverte , sans palais proéminent ; feuilles ovales , ou arrondies , presque sessiles ; capsules à loges inégales. **6**

Corol. exactement fermée ; palais proéminent ; feuilles au moins les supér. sessiles , linéaires ou lancéolées ; fleurs ord. en grappes ou épis non feuillés. **7**

6 { Tige un peu ligneuse , tortueuse ; feuilles supér. opposées ; fleurs bleuâtres ; rar. blanches ; éperon droit obtus. . *Origanifolia.* à feuilles d'Origan.

Tige herbacée; feuilles supér. alternes ; fleurs pourpres-bleues ; éperon aigu ; feuilles infér. épaisses , ord. rouges en dessous. . . . . *Rubrifolia.* à feuilles Rouges.

18

7 { Pédoncules solitaires aux aisselles des feuilles ; corol. un peu ouverte, blanchâtre , violette à palais jaunâtre. . . . . *Minor*. Naine.
Fleurs en grappes, épis ou tête non feuillés , au sommet des rameaux ou tiges. 8

8 { Plante toute glabre. 9
Plante velue ou glanduleuse au sommet ou sur les pédoncules et les cal. 14

9 { Fleurs jaunes ou jaunâtres, à palais orangé ou pâle 10
Fleurs violettes ou bleues ou blanchâtres ou rayées. 12

10 { Fleurs grandes , belles , à palais orangé-barbu ; feuilles toutes éparses ou alternes ; tige dressée. . . . . *Vulgaris*. Commune.
Fleurs rar. jaunâtres ; palais non orangé-barbu ; feuilles infér. verticillées ou opposées. . - . 11

11 { Éperon très-long , grèle , aigu ; lobes du cal. plus longs que les bractées , la corol. et la capsule. . . . . . . *Chalepensis*. de Chalep.
Éperon très-court , conique , presque obtus ; lobes du cal. plus courts que la capsule. . . . . *Repens*. à Racine rampante.

12 { Lobes du cal. plus courts que la capsule ; éperon très-court , conique presque obtus. . . . . *Repens*. à Racine rampante.
Lobes du cal. 2 fois plus longs que la capsule ; éperon , très-long aigu 13

13 { Éperon déjeté ; corol. d'un bleu-violet ; palais moins coloré. . . *Pelissierana*. de Pelissier.
Éperon droit ; corol. blanchâtre ou jaunâtre , rar. veinée de violet. . *Chalepensis*. de Chalep.

14 { Fleurs jaunes ou jaunâtres ; palais orangé ou brun ou pâle. 15
Fleurs bleues , très-petites ou striées de violet : tige ord. rameuse. . . *Arvensis*. des Champs. *

* *Var.* Tige ord. simple ; corol. jaune, rayée ou non de violet. . . . . *Simplex*. Simple.

15 { Fleurs grandes , belles , palais orangé-barbu ; tige de 4-7 déc. , dressée ; feuilles toutes éparses ou alternes. . . . *Vulgaris*. Commune.
Fleurs à palais non orangé-barbu ; tiges couchées ou basses de moins de 3 déc. ; feuilles infér. verticillées ou opposées. 16

Tiges ord. nombreuses, couchées, diffuses ; fleurs assez belles ; feuilles linéaires. . . .
. . . . *Supina.* Couchée. *

16 { * *Var.* Feuilles infér. lancéolées-linéaires ; sommet de la tige et cal. visqueux. . . . . .
. . . . *Pyrenaïca.* des Pyrénées.

Tiges ord. simples, dressées ; fleurs très-petites.
. . . . . *Arvensis.* Var. *Simplex.* Simple.

XIV Veronica. (Véronique.)

1 {
Fleurs en grappes axillaires, à pédon. non feuillés. 2
Fleurs solitaires aux aisselles des feuilles, écartées. 8
Fleurs en grappes terminales ou sommet des rameaux. 14

2 {
Calice débordé en tout sens par la capsule glabre, orbiculaire, très-comprimée, profondément échancrée. . . . . *Scutellata.* à Écusson.
Cal. jamais débordé latéralement par la capsule, débordant quelquefois par en haut. 3

3 {
Feuilles glabres ; capsule à peine comprimée ; loges à graines nombreuses. 4
Feuilles pubescentes ou velues ; capsule échancrée au sommet ; loges à 5 graines au plus. . 5

4 {
Tige subtétragone ; feuilles sessiles ; ovales, aiguës ou lancéolées, demi-embrassantes. . .
. . . . *Anagallis.* Mouron d'eau.
Tige cylindrique ; feuilles pétiolées, ovales ou oblongues, obtuses . *Beccabunga.* Beccabunga.

5 {
Calice à 5 divisions, la supér. bien plus petite. 6
Calice à 4 divisions. 7

6 {
Capsule pubescente, échancrée, orbiculaire, non rétrécie à la base ; feuilles un peu cordées à la base . . . .
Teucrium. Teucriette. Var. *Latifolia.* à larges Feuilles.
Capsule pubescente, en cœur renversé, rétrécie à la base ; feuilles ord. atténuées à la base. .
. . . . . . Var. *Intermédia.* Intermédiaire.
Capsule glabre, en cœur renversé, rétrécie à la base. . . . . *Prostrata.* Couchée.

7 {
Tige munie de 2 lignes de poils opposées ; divisions du cal. dépassant la capsule. . . . .
. . . . *Chamædrys.* Petit-Chêne.
Tige velue en tout sens ; divisions du cal. plus courtes que la capsule. . *Officinalis.* Officinale.

8 { Feuilles florales de même forme que les autres, et de même grandeur environ ; pédicelles fructifères courbés , réfléchis au sommet. **9**
Feuilles florales en formes de bractées ; pédicelles fructifères jamais courbés-réfléchis au sommet. **11**

9 { Cal. à divisions cordées à la base , à rebords rejetés en dehors , dressés à la maturité ; capsule à 4 lobes ; loges à 2 graines ; feuilles à 5 lobes , les supér. à 3 , plus courtes que les pédicelles. . . . . . . *Hederæfolia.* à feuilles de Lierre.
Cal. à divisions non cordées à la base ; capsule à 2-4 lobes , à 2-12 graines. **10**

10 { Capsule à 4 lobes ; feuilles arrondies , en cœur, à 7-9 dents obtuses ; pédoncules une fois plus longs que les feuilles ; divisions du cal. étalées à la maturité ; fleurs blanches. . . . . *Cymbalaria.* Cymbalaire.
Capsul. à 2 lobes ; loges à 4-12 graines ; pédicelles dépassant peu les feuilles à dents aiguës. . . . . *Agrestis.* Rustique.

11 { Feuilles du milieu des tiges à 5-7 lobes ou divisions. **12**
Feuilles entières , dentées ou crénelées. . . . **13**

12 { Capsule 2 fois aussi large que longue , à lobes comprimés ; graines jaunâtres ; feuilles infér. en cœur ; les supér. à 3-5 lobes linéaires-digités . . . . *Triphyllos.* à trois lobes.
Capsule suborbiculaire, à lobes renflés à la base ; graines noires ; feuilles infér. ovales-oblongues ; les moyennes pinnatifides , à 5-7 segments. . . . . *Verna.* Printanière.

13 { Cal. fructifères sessiles ou presque sessiles ; corolle d'un bleu clair. . . *Arvensis.* des Champs.
Cal. fructifères à pédicelles égalant ou dépassant les bractées ; corol. d'un beau bleu. . . . . *Præcox.* Précoce.

14 { Fleurs ord. bleues , en épis longs , serrés , dabord chevelus par les bractées ; feuilles ord. très-pubescentes ; lobes de la corol. allongés-aigus. . . . . *Spicata.* en Épi.
Fleurs en grappes ou épis lâches ; feuilles ord. glabres ; lobes de la corolle obtus , ou si non , capsule ovale aiguë peu ou point émarginée. **15**

15
- Tige herbacée ; capsule glabre, obcordée ; feuilles à peine crénelées. . . . . *Serpyllifolia.* à feuilles de Serpolet.
- Tige sous-ligneuse à la base ; capsule ord. velue ou glanduleuse, peu ou point émarginée, non obcordée; feuilles ord. dentelées en scie. . . 16

16
- Capsule aiguë, 1 fois plus longue que le cal. ; fleurs bleues avec un cercle pourpre à la gorge, rar. blanchâtres ou roses. *Saxatilis.* des Rochers.
- Capsule obtuse, dépassant à peine le cal. ; fleurs rosées-veinées. . . *Fruticulosa.* Fruticuleuse,

d. LINDERNIÉES.

XV ERINUS. (Erine.) *Alpinus.* des Alpes.

XVI LIMOSELLA. (Limoselle.) *Aquatica.* Aquatique.

69.me *Famille.* LENTIBULARIÉES.

1
- Fleurs bleues; feuilles radicales entières . . . . PINGUICULA. I
- Fleurs jaunes; feuilles submergées, très-découpées. . . . . UTRICULARIA. II

I PINGUICULA. (Grassète.)

1
- Lèvre supér. à 2 lobes pointus ; corolle de moins de 2 cent. y compris l'éperon aigu, très-grêle ; corolle non renflée. . . *Vulgaris.* Commune.
- Lèvres supér. à 2 lobes arrondis ; corolle de plus de 2 cent. y compris l'éperon obtus, conique ; corolle renflée. . *Grandiflora.* à grandes Fleurs.

II UTRICULARIA. (Utriculaire.)

1
- Éperon conique ; corolle fermée par le palais ; lèvre supér. entière. . . *Vulgaris.* Commune.
- Éperon très-court, courbé en dehors ; corolle un peu ouverte ; lèvre supér. échancrée. . . . . *Minor.* Naine.

70.me *Famille.* ACANTHACÉES.

I ACANTHUS. (Acanthe.)

1
- Feuilles sinuées-pinnatifides, dentées, non épineuses. . . . . *Mollis.* Doux.
- Feuilles pinnatifides, dentées, épineuses. . . . . *Spinosus.* Épineux.

71.me *Famille.* LABIÉES.

1 { 2 étamines fertilles et 2 stériles. 2
{ 4 étamines fertiles. 5

2 { Calice fermé par des poils à la gorge. Melissa. vii
{ Cal. nu à la gorge. 3

3 { Corolle tubuleuse, à 4-5 lobes presque égaux. . .
{ . . . . Lycopus. i
{ Corolle à 2 lèvres très-prononcées. 4

4 { Arbrisseau de 6-17 déc., très rameux, fleurs gé-
{ minées; feuilles linéaires, très-entières. . .
{ . . . . Rosmarinus xxvii
{ Plante peu ou point ligneuse, tétragone, au
{ moins étant jeune; fleurs verticillées; feuilles
{ non entières. . . . . . . Salvia xxviii

5 { Corolle à 1-2 lèvres bien marquées, très-pronon-
{ cées. 6
{ Corolle à lobes presque égaux, ou à lèvre supér.
{ nulle ou très-petite. 53

6 { Étamines inclinées couchées sur la lèvre infér.;
{ corolle renversée; plante très-odorante, des jar-
{ dins. . . . . Ocymum. xxiv
{ Étam., dressées ou déjetées vers la lèvre supér.
{ ou incluses dans le tube. 7

7 { Filets des étam. bifurqués au sommet; bractées
{ du cal. très-larges . . . . . Brunella. xxii
{ Filets des étam. simples. 8

8 { Cal. fermé d'un opercule à la maturité, et chargé
{ d'une bosse saillante, comprimée-arrondie, en
{ capuchon. . . - . . . . Scutellaria xxiii
{ Cal. privé d'opercule et de bosse saillante en des-
{ sus. 9

9 { Lèvre infér. de la corol. munie vers sa base et
{ presque dans la gorge de 2 saillies renflées en
{ dents coniques. . . . . . . Galeopsis. xi
{ Lèvre infér. à lobes latéraux nuls ou très-petits,
{ ou remplacés par 2 dents sétacées. 10
{ Lèvre infér. ord. à 3 lobes, n'ayant ni saillies en
{ dents vers la gorge, ni dents sétacées vers sa base. 12

10 { Anthères glabres; fleurs jaunes de 5-15 par ver-
{ ticille; lèvres infér. à 2 petits lobes latéraux;
{ feuilles cordées. . . . . Galeobdolon. x
{ Anthères plus ou moins hérissées; fleurs purpu-
{ rines, blanches ou un peu jaunâtres, mais alors
{ feuilles non cordées. 11

11 ⎰ Lèvre infér. à lobes latéraux nuls ou remplacés par 2 dents sétacées ; pas de saillies en dents coniques vers la gorge ; anthères velues en dehors. . . . . **LAMIUM.** x
Lèvres infér. à 3 lobes et à 2 saillies renflées en dents coniques vers la gorge; anthères velues en dedans . . . . **GALEOPSIS.** XI

12 ⎰ Cal. à 2 lèvres bien prononcées. 13
Cal. non à 2 lèvres bien prononcées. 26

13 ⎰ Cal. nu en dedans, sans poils avant et après la la floraison ; fleurs jaunes. . . . . 13 *b*.
Cal. nu en dedans, sans poils avant et après la floraison ; fleurs jamais jaunes. 14
Cal. velu en dedans ou fermé par des poils après la floraison. 18

13 *b*. ⎰ Feuilles cordées; pas de saillies en dents coniques vers la gorge ; anthères glabres. **GALEOBDOLON.** x
Feuilles non cordées ; 2 saillies renflées en dents coniques vers la gorge ; anthères plus ou moins velues . . . . **GALEOPSIS.** XI

14 ⎰ Dent supér. du cal. prolongée en appendice en forme d'opercule ; feuilles linéaires ou lancéolées, entières; fleurs ord. bleues ou pourpres. . . . . **LAVANDULA.** XIX
Dent supér. du cal. non prolongée en opercule. 15

15 ⎰ Verticilles des fleurs épais entourés de nombreuses bractées longues, velues sétacées, formant avec les fleurs des glomérules. **CLINOPODIUM.** VIII
Pas de verticilles entourés de nombreuses bractées longues, velues, sétacées. 16

16 ⎰ Fleurs blanches, grandes, en verticilles unilatéraux ; cal. aplati en dessus. . . **MUTELIA.** VII
Fleurs jamais entièrement blanches, ord. rouges-purpurines. 17

17 ⎰ Fleurs belles, grandes, axillaires; lèvres supér. entières ou crénelées ; feuilles cordées à la base, larges, grandes. . . . **MELITTIS.** IX
Fleurs petites, en épis imbriqués de bractées colorées ; épis petits, courts ou presque paniculés; lèvre supér. de la corol. échancrée. . . . . **ORIGANUM.** III

18 ⎰ Verticilles des fleurs entourés de bractées nombreuses, longues, sétacées, velues ; fleurs en glomérules. . . . . **CLINOPODIUM.** VIII
Verticilles non entourés de pareilles bractées. . 19

19 { Fleurs petites, en épis imbriqués de bractées colorées ; épis petits, courts, presque paniculés. . . . . ORIGANUM. III
Fleurs en verticelles plus ou moins garnis, non en épis paniculés 20

20 { Bractées ou dents du cal. sensiblement épineuses, surtout à la maturité ; fleurs blanches ou jaunâtres. . . . . SIDERITIS. XVIII
Bractées ou dents du cal. nullement épineuses. 21

21 { Fleurs blanches, petites, de 1 cent. environ ; cal. non aplati en dessus. . . . . MELISSA. VII
Fleurs blanches, grandes ; verticilles unilatéraux ; cal. aplati en dessus ; plante à odeur de *Citronnelle.* . . . . MUTELIA. VII
Fleurs jamais parfaitement blanches. 22

22 { Cal. bossu à la base. . . . . . MELISSA. VII
Cal. cylindrique, égal à la base, ovale ou non. 23

23 { Corol. à 4-5 lobes presque égaux, le supér. entier. . . . . MENTHA. II
Corol. à 2 lèvres, la supér. échancrée, l'infér. à 3 lobes. 24

24 { Corol. grande, à tube très-saillant ; gorge un peu renflée. . . . . MELISSA. VII
Corol. très petite, tube peu ou point saillant ; gorge non renflée. 25

25 { Cal. cylindrique, à 2 lèvres étalées ; étam. incluses dans le tube de la corol. ; dents du cal. ord. épineuses, surtout à la maturité. SIDERITIS. XVIII
Cal. ovale, tubuleux, à lèvre supér. réfléchie, l'infér. infléchie ; étam. saillantes hors du tube ; dents du cal. non épineuses . . . THYMUS. VI

26 { Feuilles infér. incisées-palmées, les supér. ord. à 3 lobes plus ou moins dentés, pétiolées, larges ; verticilles distincts, à 6-15 fleurs ; étam. velues. . . . . LEONURUS. XV
Feuilles non incisées-palmées, etc. 27

27 { Cal. à 10-20 dents égales, crochues ; étam. et style inclus. . . . . . MARRHUBIUM. XVII
Cal. jamais à 10-20 dents égales et crochues. . 28

28 { Fleurs en épis imbriqués de bractées colorées ; épis petits, presque paniculés. . ORIGANUM. III
Fleurs axillaires, 1-2 à chaque aisselle. . . 29
Fleurs en verticelles plus ou moins garnis. . . 31

29 { Fleurs très-petites ; feuilles.linéaires-lancéolées, entières petites , sessiles . . . Saturbia.   v
Fleurs grandes ; feuilles larges , ovales , cordiformes ou réniformes , dentées-crénelées. . . 30

30 { Cal. tubuleux-oblique , à 15 nervures , à 5 dents égales ; étam. infér. plus courtes que les supér.; feuilles réniformes; plante rampante. Glechoma. xxi
Cal. campanulé , membraneux , irrégulièrement veiné , à 2 lèvres inégales, presque à 3-4 lobes; étam. infér. plus longues que les supér. ; plante dressée. . . . . Melittis. ix

31 { Étam. incluses dans le tube de la corolle. . . 32
Étam. saillantes hors du tube de la corolle. . . 33

32 { Tube de la corol. ayant un anneau de poils vers la base des étam. ; dent supér. du cal. non prolongée en appendice ; fleurs blanches ou jaunâtres. . . . . Sideritis.xviii
Tube de la corol. nu ; dents supér. du cal. à appendice ; fleurs renversées , bleues ou pourpres ou violettes , rar. blanches. Lavandula. xix

33 { Fleurs jaunes ou jaunâtres non ponctuées. . . 34
Fleurs jamais jaunes ou à peine jaunâtres, mais ponctuées. 36

34 { Plante très-cotonneuse blanchâtre ; feuilles sessiles, embrassantes , très-entières. Phlomis. xvi
Plante verte , plus ou moins velue , ou presque glabre ; feuilles pétiolées , crénelées ou dentées. 35

35 { Lèvre supér. bifide ; feuilles fortement crénelées , en cœur à la base ; corol. à lèvre infér. à lobes obtus ; pas de saillies en dents coniques vers la gorge. . . . . Betonica. xii
Lèvre supér. entière ; feuilles dentées , en cœur à la base ; corol. à lobes de la lèvre infér. aigus ; pas de saillies en dents coniques vers la gorge. . . . . Galeobdolon.   x
Lèvre supér. entière ; feuilles dentées , ovales ou oblongues-lancéolées ; corol. 4 fois aussi grande que le cal. ; 2 saillies en dents coniques vers la gorge. . . . . . . Galeopsis. xi

36 { Lèvre infér. de la corol. à un seul lobe entier ou non, lobes latéraux nuls ou très-petits et courts. 37
Lèvre infér. à 3 lobes bien prononcés , et assez larges. 38

37 { Cal. à 5-10 nervures ; 2 petites dents sétacées à la base de la lèvre infér. de la corol. , quelque fois indistinctes; étam. infér. plus longues que les supér. . . . . **Lamium.**   **x**

{ Cal. à 13-15 nervures ; lobes latéraux de la lèvre infér. très-petits et réfléchis ; étam. infér. plus courtes que les supér. . . . . . **Nepeta.**   **xx**

38 { Tube de la corol. cylindrique , non renflé à la gorge. 39

{ Tube de la corol. plus ou moins renflé à la gorge. 40

39 { Feuilles sessiles, linéaires-lancéolées , petites et entières ; tube de la corol. court. **Satureia.**   **v**

{ Feuilles pétiolées , en cœur allongé , crénelées ; tube de la corol. assez long. . . **Betonica.**   **xii**

{ Feuilles infér. incisées-palmées ; les supér. à 3 lobes plus ou moins dentés. . . **Leonurus.**   **xv**

40 { Cal. largement évasé , à 5 angles plissés et à 5 lobes larges ; feuilles ovales, crénelées-dentées, aiguës ; plante fétide. . . . . . **Ballota**   **xiv**

{ Cal. cylindrique , tubuleux ou campanulé , régulier ou non. 41

41 { Étam. dressées , distantes , ou écartées en tous sens, ou plus ou moins inclinées-arquées. . . 42

{ Étam. rapprochées par paire sous la lèvre supér. ou déjetées d'un seul côté. 44

42 { Corol. presque régulière , à lèvres peu prononcées , ou à une seule lèvre, la supérieure manquant ou paraissant manquer. 43

{ Corol. à 2 lèvres bien prononcées. 52

43 { Corol. ne paraissant avoir qu'une lèvre ; la supér. nulle ou paraissant telle. 54

{ Corol. presque régulière , à 4-5 lobes presque égaux. 55

44 { Lèvre supér. de la corol. très-entière. . . . 45

{ Lèvre supér. bifide , échancrée , crénelée ou un peu émarginée. 46

45 { Cal. ample, membraneux, irrégulièrement veiné, à 2 lèvres, presque à 3-4 lobes plus ou moins dentés ; lèvre infér. de la corol. à 3 lobes. . . . . **Melittis.**   **ix**

{ Cal. strié ou nervé, à 5 dents. 47

46 { Anthères conniventes , disposées en croix ; fleurs 1-3 aux aisselles des feuilles. . . **Ci-dessus.** 29

{ Anthères non conniventes en croix. 47

47	Lèvre infér. de la corol. à 3 lobes bien marqués.	48
	Lobes latéraux de la lèvre infér. nuls ou presque nuls. . . . . Lamium.	x

48	Feuilles petites, sessiles, linéaires-lancéolées, très-entières; fleurs blanches ou purpurines; lobes de la lèvre infér. presque égaux. Satureia.	v
	Feuilles linéaires-lancéolées, ni crénelées, ni dentées; fleurs ord. d'un beau bleu; lèvre infér. à lobe du milieu bien plus long que les latéraux . . . . Hyssopus.	iv
	Feuilles crénelées ou dentées, ou cordées ou réniformes.	49

49	Feuilles infér. incisées-palmées, les supér. ord. à 3 lobes, dentées ou non . . . Leonurus.	xv
	Feuilles ni incisées-palmées, ni cordées, ni réniformes.	50
	Feuilles réniformes, ou cordées à la base, crénelées, non incisées-palmées.	51

50	Étam. déjetées sur les côtés après la floraison; lèvre supér. de la corolle éloignée de l'infér.; pas d'appendice filiforme à la base des grandes étamines. . . . . Stachys.	xiii
	Étam. jamais déjetées sur les côtés; lèvre supér. couvrant presque l'infér., grandes étam. à appendice à la base. . . . . . Phlomis.	xvi

51	Calice à 5-10 nervures, à 5 dents égales; feuilles en cœur très-allongé. . . . . Betonica.	xii
	Calice tubuleux-oblique, à 15 nervures, à 5 dents égales; feuilles réniformes. . . Glechoma.	xxi
	Cal. campanulé, membraneux, irrégulièrement veiné, à 2 lèvres inégales, presque 3-4 lobes plus ou moins dentés; feuilles ovales, en cœur; fleurs belles. . . . . Melittis.	ix

52	Corolle à 2 lèvres bien prononcées; cal. à 5-10 nervures; feuilles en cœur crénelées, allongées. . . . . Betonica.	xii
	Corolle à 2 lèvres bien prononcées; cal. à 15 nervures feuilles ni en cœur, ni crénelées, mais entières . . . . Hyssopus.	iv
	Corol. à 2 lèvres peu prononcées, presque régulières, où ne paraisssant avoir qu'une seule lèvre.	53

53	Corolle paraissant réduite à une seule lèvre; la supér. nulle ou comme nulle.	54
	Corolle à 4-5 lobes presque égaux.	55

54 {
Fruits ridés; lèvre supér. réduite à 2 petites dents
cal. à 5 lobes. . . . . A**JUGA**. **XXV**
Fruits lisses ; très-gros et longs ; cal. à 4 divisions ; corol à lèvre absolument unique. (Voir
les acanthacées. Famil. 70.)
Fruits lisses ; lèvre supér. en 2 lanières rejetées
sur l'infér. , qui paraît par là avoir 5 lobes ;
cal. à 5 dents ou 5 lobes. . . . T**EUCRIUM**. **XXVI**

55 {
Feuilles entières ou simplement dentées. . . . 56
Feuilles digitées , découpées ou pinnatifides. . 57

56 {
Corolle à 5 lobes ou à 2 lèvres plus ou moins
prononcées . . . . S**ATUREIA**. **V**
Corolle à 4 lobes. . . . . M**ENTHA**. **II**

57 {
Cal. à 5 lobes ou à 2 sépales ; corol. à 2 lèvres.
(Voir *les lentibulariées. Famil.* 69)
Cal. à 4 divisions ; corolle à une seule lèvre.
(Voir *les acanthacées. Famil.* 70.)

a. MENTHÉES.

I L**YCOPUS**. (Lycope.) *Europæus*. d'Europe.

II M**ENTHA**. (Menthe.)

1 {
Cal. à gorge velue et fermée par les poils après
la floraison ; lobe supér. de la corolle ord. entier. 2
Cal. nu après la floraison ; lobe supér. de la corolle ord. échancré 3

2 {
Feuilles sessiles, linéai res; cal. glabre, régulier,
à 5 dents égales . . *Cervina*. à Feuilles étroites.
Feuilles ovales , obtuses , pétiolées ; cal. hérissé ,
à 2 lèvres . . . . . *Pulegium*. Pouliot.

3 {
Glomérules tous espacés à l'aisselle des feuilles ,
ou les supér. seuls rapprochés en épi feuillé et
surmonté d'un paquet de petites feuilles. . . 4
Glom. naissant ord. à l'aisselle des bractées lancéolées ou linéaires , bien plus petites que les
feuilles, rapprochés en épis ou têtes non surmontés d'un paquet de feuilles. 5

4 {
Feuilles supér. ord. presque aussi grandes que
les infér. presque arrondies ; cal. globuleux campanulé , à dents courtes , triangulaires ; plante
velue-hérissée. . . . *Arvensis*. des Champs. *
Feuilles plus petites vers le sommet ; cal. tubuleux , presque cylindrique , à dents allongées-
lancéolées ; ciliées ; plante velue-hérissée. . .
. . . . *Sativa*. Cultivée. **

* *Var.* Plante peu velue ou presque glabre. . . . . .
. . . . *Glabrescens.* Glabrescente.

** *Var.* Plante glabre ou presque glabre. *Glabra.* Glabre.

5 { Feuilles pétiolées. 6
{ Feuilles sessiles. . . . . : 7

6 { Glomérules tous , ou au moins les supér. , réunis
en tête globuleuse ; plante velue-hérissée. .
. . . . *Aquatica.* Aquatique. *
{ Glom. tous assez rapprochés en épi oblong-cylindrique , pointu , ou les infér. seuls espacés ;
plante velue-hérissée. *Pyramidalis.* Pyramidale. **

* *Var.* Tige et feuilles presque glabres . . . . . .
. . . . *Glabrescens.* Glabrescente.

** *Var.* Plante glabre ou presque glabre ; pédicelles
glabres. . . . . . . *Piperita.* Poivrée.

7 { Feuilles arrondies ou ovales très-obtuses , crénelées , blanchâtres ; épis allongés interrompus
à la base ; bractées larges lancéolées. . . .
. . . . . . *Rotundifolia.* à Feuilles rondes.
{ Feuilles ovales lancéolées , lisses , blanchâtres
dentées ; épis oblongs, continus; bractées étroites , sétacées , en alène ; plante velue-hérissée.
. . . . *Sylvestris.* Sauvage. *

* *Var.* Plante glabre ou presque glabre ; feuilles vertes
des 2 côtés. . . . . . . *Viridis.* Verte.

b. SATURÉIÉES.

III ORIGANUM. (Origan.)

1 { Feuilles un peu dentées ; bractées presque 2 fois
aussi longues que le calice. *Vulgare.* Commun.
{ Feuilles très-entières ; bractées plus courtes que
le cal. ou le dépassant à peine. . . . . .
. . . . *Creticum.* Glanduleux.

IV HISSOPUS. (Hysope.) *Officinalis.* Officinale.

V SATUREIA. (Sariette.)

{ Tiges nombreuses , en touffe très-feuillée ; fleurs
blanches , ponctuées ord. ternées ; feuilles acuminées , ponctuées en dessous.. . . . . .
. . . . *Montana.* des Montagnes.
{ Tige solitaire, rameuse ; fleurs purpurines , ponctuées , ord. géminées ; feuilles non mucronées,
lisses en dessous . . . *Hortensis.* des Jardins.

VI **Thymus.** (Thym.)

1
- Cal. à 13 nervures ou stries ; étam. réunies par leurs anthères sous la lèvre supér. ; stigm. à 2 lobes très-inégaux. . *Genre.* **Melissa.** VII
- Cal. à 13 nervures ; les 2 étam. plus longues, à la fin, dressées et distantes ; lobes des stigm. inégaux ; fleurs grandes blanches ; feuilles grandes et larges. . . . . . . *Genre.* **Mutelia.** VII
- Cal. ord. à 10 stries ; les 2 étam. externes divergentes ; lobes des stigm. égaux ; fleurs petites très-rar. blanches. 2

2
- Feuilles sessiles, roulées sur les bords en dessous, ord. linéaires, rar. oblongues, ord. en faisceaux. 3
- Feuilles brièvement pétiolées, planes ou peu roulées, ord. plus ou moins ovales ou oblongues rar. linéaires 4

3
- Feuilles très-obtuses, linéaires, fortement ciliées à la base. . . . . *Zygis.* Zygis.
- Feuilles aiguës, rar. ovales-oblongues, pubescentes, non ciliées. . . *Vulgaris.* Commune.

4
- Feuilles un peu roulées aux bords ; cal. à peine rouge sur les dents ; lèvre supér. de la corol. échancrée, plus large que longue. . . . . *Pannonicus.* de Pannonie.
- Feuilles planes ; cal. rouge au moins à moitié ; corol. à lèvre supér. échancrée, ovale presque carrée . . . . . . *Serpyllum.* Serpolet. *

* *Var.* à feuilles presque arrondies, velues des 2 côtés. . . . . *Lanuginosus.* Lanugineux.

VII **Melissa.** (Mélisse.) **Mutelia.** (Mutélie.) et **Calamintha.** (Calament.)

1
- Fleurs blanches ; cal. aplati en dessus ; corol. à lèvre supér. un peu voûtée au milieu, plane aux bords ; lobes des stigm. égaux. 2 étam. à la fin distantes (**Mutelia.**) . *Officinalis.* Officinale.
- Fleurs ord. purpurines ou bleuâtres ; cal. cylindrique, bossu ou non à la base ; lèvre supér. de la corolle presque plane : lobes des stigm. inégaux ; étam. réunies sous la lèvre supér. . 2

2
- Fleurs à pédicelles axillaires simples, non portés sur un pédoncule commun. *Acinos.* des Champs.
- Fleurs à pédicelles portés sur un pédoncule commun et axillaire 3

3 { Feuilles ovales , aiguës , presque glabres , fortement dentées , à dents aiguës ; fleurs grandes
de près de 3 cent. ; fruits noirs ; pédicelles à 3-6
fleurs . . . . *Grandiflora.* à grandes Fleurs.
Feuilles ovales , obtuses , pubescentes-velues et
grisâtres en dessous ; à dents obtuses ; fleurs à
moins de 2 cent. ; fruits bruns. 4

4 { Cal. tubuleux , à dents longuement ciliées , les
infér. environ 2 fois plus longues que les supér.
. . . . *Calamintha.* Calament.
Cal. campanulé , dents brièvement ciliées , peu
inégales , les infér. à peine 1 fois plus longues
que les supér. . . . . . *Nepeta.* Chataire.

VIII Clinopodium (Clinopode.) *Vulgare.* Commun.

d. STACHYDÉES.

IX Melittis (Mélitte.) *Melissophyllum.* des Bois.

X Lamium (Lamier.) et Galeobdolon.

1 { Anthères glabres ; fleurs jaunes. . . . . .
. . . . *Galeobdolon.* Lamier jaune·
Anthères hérissées; fleurs purpurines ou blanches. 2

2 { Fleurs blanches. 3
Fleurs purpurines ou tachetées. 4

3 { Feuilles pointues , à dents aiguës ; lèvre supér.
de la corol. presque à 2 dents; corol. à tube
ascendant , à gorge insensiblement dilatée. .
. . . . Album. Blanc.
Feuilles obtuses , à dents obtuses; lèvre supér.
de la corol. entière; corol. à tube droit , à
gorge très-dilatée. . . *Purpureum.* Pourpre.

4 { Feuilles de la tige sessiles, réniformes , orbiculaires, amplexicaules. *Amplexicaule.* Embrassant.
Feuilles toutes pétiolées , jamais sessiles-ample-
xicaules. 5

5 { Tube de la corolle présentant un anneau de poils
vers sa base , intérieurement. 6
Tube de la corolle ne présentant pas d'anneau de
poils. 7

6 { Feuilles non tachées , obtuses , crénelées-dentées , les infér. plus petites , presque rondes ;
les supér. serrées en pyramide , dépassant les
fleurs petites à tube droit , gorge très-dilatée.
. . . . *Purpureum.* Pourpre.
Feuilles tachées de blanc , pointues , dentées en
scie ; fleurs grandes; tube ascendant; gorge
insensiblement dilatée. . *Maculatum.* Taché. *

* *Var.* A feuilles non tachées ; plante hérissée. . .
. . . . *Hirsutum.* Hérissé.

7 { Feuilles plus ou moins profondément incisées ; calice pubescent ; fleurs petites. . . . . *Hybridum.* Hybride.
Feuilles grossièrement crénelées dentées ; cal. glabre , à dents ciliées ; fleurs 3-4 fois aussi grandes que le cal. . . . *Lævigatum.* Lisse.

XI Galeopsis. (Galéope.)

1 { Tige très renflée sous les nœuds , et hérissée de poils presque piquants. . *Tetrahit.* Tetrahit.
Tige d'égale épaisseur d'un nœud à l'autre et simplement pubescente.   2

2 { Tige simple ou rameuse, corol. 4 fois aussi grande que le cal. à dents inégales ; fleurs jaunâtres, blanchâtres ou un peu purpurines ; feuilles un peu tomenteuses en dessous . . . . *Ochroleuca.* Veloutée.
Tige rameuse, à rameaux en pyramide ; corol. 3 fois grande comme le cal. , blanche ou purpurine . . . . . . *Ladanum.* des Champs. *

* *Var.* **a.** Feuilles très-étroites, oblongues-lancéolées linéaires. . *Angustifolia.* à Feuilles étroites.

b. Feuilles larges ovales. *Latifolia.* à Feuilles larges.

c. Fleurs petites , à tubes inclus. . . . . .
. . . . *Parviflora.* à petite Fleur.

XII Betonica. (Bétoine.)

1 { Corolle d'un jaune pâle. . *Alopecuros.* Jaunâtre.
Corolle pupurine . . . *Officinalis.* Officinale.

XIII Stachys. (Epiaire.)

1 { Fleurs d'un blanc plus ou moins jaunâtre. . .   2
Fleurs purpurines ou roses.   4

2 { Feuilles cordées à la base , presque rondes, obtuses-crénelées ; corolle d'un blanc rougeâtre à lèvre infér. ponctuée. . *Arvensis.* des Champs.
Feuilles non cordées à la base , oblongues ou lancéolées ; corol. jaunâtre, à lèvre infér. ponctuée ou non.   3

3 { Feuilles presque glabres , pétiolées ; corolle à tube plus long que le calice ; plante annuelle. . . . . *Annua.* Annuelle.
Feuilles velues-pubescentes , sessiles ou presque sessiles ; corolle à tube ne dépassant pas le cal. . . . . *Recta.* Redressée.

4 { Toutes les feuilles sessiles ou presque sessiles. . . . . *Palustris.* des Marais.
Feuilles inférieures fortement pétiolées. . . 5

5 { Bractées nulles ou très-petites ; gorge du cal. sans anneau de poils. 6
Bractées égalant au moins la moitié du cal. à gorge velue. 8

6 { Plante annuelle ; feuilles obtuses , les florales à pointe épineuse. . . . *Arvensis.* des Champs.
Plante vivace ; feuilles aiguës ou acuminées , les florales sans pointe épineuse. 7

7 { Feuilles ovales-acuminées , longuement pétiolées. . . . . *Sylvatica.* des Forêts.
Feuilles lancéolées ou oblongues-lancéolées , à peu près sessiles. .. . *Palustris.* des Marais.

8 { Plante blanchâtre , toute couverte d'un duvet soyeux et long ; dents du cal. ovales , aiguës. . . . . *Germanica.* d'Allemagne.
Plante velue-hérissée , glanduleuse au sommet et sur les cal. , jamais blanchâtre ; dents du cal. obtuses-acuminées. . . . *Alpina.* des Alpes.

XIV Ballota. (Ballote.) *Nigra.* Noire.

XV Leonurus. (Agripaume). *Cardiaca.* Cardiaque.

XVI Phlomis. (Phlomide.)

1 { Fleurs jaunes. . . . . *Lychnitis.* Laineuse.
Fleurs purpurines. . . *Herba-venti.* Hérissée.

e. MARRUBIÉES.

XVII Marrubium. (Marrube.) *Vulgare.* Commune.

XVIII Sideritis. (Crapaudine.)

1 { Fleurs très-blanches ; cal. à 2 lèvres. . . . . *Romana.* Romaine.
Fleurs jaunes ou jaunâtres. 2

2 { Cal. à 2 lèvres, la supér. trifide, l'infér. bifide; feuilles infér. longuement pétiolées , entières , dentées au sommet; fleurs jaunes-ferrugineuses. . . . . *Montana.* des Montagnes.
Cal. à 5 dents égales ; feuilles incisées-dentées ; fleurs d'un blanc-jaunâtre ; verticilles entourés de bractées épineuses . *Scordioïdes.* Crénelée.

XIX Lavandula. (Lavande.)

19*

$\left\{\begin{array}{l}\end{array}\right.$ 1 Épis serrés et imbriqués, surmontés d'une houppe de feuilles colorées. . . . *Stœcas.* à Toupet.
Épis à fleurs verticillées, sans houppe de feuilles colorées. 2

2 Feuilles linéaires-lancéolées ; bractées scarieuses, en cœur acuminé ; cal. coloré , 1 fois plus long que les bractées. . . . *Spica.* Commue.
Feuilles oblongues-spatulées ; bractées veloutées, linéaires ; cal. non coloré égal aux bractées. . . . . *Latifolia.* à larges Feuilles.

f. NÉPÉTÉES.

XX Nepeta. (Chataire.) *Cataria.* Commune.

XXI Glechoma. (Gléchome.) *Hederaceum.* Lierre terrestre.

g. SCUTELLARIÉES.

XXII Prunella. (Prunelle.)

1 Feuilles sessiles , linéaires-lancéolées , rudes , ciliées , très-entières. . . . . *Hyssopifolia.* à feuilles d'Hysope.
Feuilles pétiolées , ovales-lancéolées , entières ou non. 2

2 Fleurs d'un blanc-jaunâtre ; dents des 2 longues étam. en alène , courbées ; 2 longues feuilles à la base des épis. . . . . . *Alba.* Blanche.*
Fleurs violettes-purpurines ou roses ou blanches. 3

Var. Feuilles laciniées. . . . *Laciniata.* Laciniée.

3 Corol. 4 fois grande comme le cal. ; dents des étam. nulles ou courtes et épaisses ; dent moyenne de la lèvre supér. du cal. plus courte que les 2 autres. . . . . *Grandiflora.* à grande Fleurs.*
Corol. 1-3 fois plus grande que le cal. ; dents des étam. en alène ; dent moyenne de la lèvre supér. du cal. égale au moins aux 2 autres . . . . *Vulgaris.* Commune.**

Var. Feuilles pinnatifides. . *Pinnatifida.* Pinnatifide.

** *Var.* **a.** Fleurs blanches ou un peu-jaunâtres . . . . *Alba.* Blanche.

b. Feuilles pinnatifides ; fleurs violettes ou roses. . . . . *Pinnatifida.* Pinnatifide.

c. Fleurs à peine saillantes. . . . . *Parviflora.* à petites Fleurs.

XXIII Scutellaria. (Toque.)

1 {
Plante pubescente ; fleurs en épis terminaux. .
. . . . *Alpina.* des Alpes.
Plante glabre ; fleurs axillaires , géminées. . .
. . . . *Galericulata.* Tertianaire.
}

XXIV Ocymum. (Basilic.)

1 {
Pétioles des feuilles hérissés ou velus , ainsi que
les cal. et les bractées. . *Basilicum.* Commun.
Pétioles nus et toute la plante glabre. . . .
. . . . *Minimum.* Nain.
}

XXV Ajuga. (Bugle.)

1 {
Fleurs solitaires aux aisselles des feuilles florales.   2
Fleurs en verticilles garnis , rapprochés en épis.   4
}

2 {
Fleurs rouges ; tiges laineuses. . *Iva.* Musquée.
Fleurs jaunes ; tiges velues ou laineuses. . .   3
}

3 {
Feuilles linéaires, peu dentées . . . .
. . . . *Pseudo-iva.* Fausse-Ivette.
Feuilles à 3 lobes linéaires et très-entiers ou
dentés. . . . . . *Chamæpitis.* Faux-Pin.
}

4 {
Tige pubescente sur les 2 faces opposées , et à rejets rampants. . . . . . *Reptans.* Rampante.
Tige pubescente sur les 4 faces ; pas de rejets rampants.   5
}

5 {
Feuilles infér. bien plus grandes que les supér. ,
ovales-oblongues ; bractées plus longues que les
fleurs , au moins du double. . . . . . .
. . . . *Pyramidalis.* Pyramidale·
Feuilles supér. trilobées ou fortement dentées ,
égalant ou dépassant les infér. ; bractées supér.,
plus courtes que les fleurs. *Genevensis.* de Genève.
}

XXVI Teucrium. (Germandrée.)

1 {
Cal. à 2 lèvres , la supér. à 1 dent grande , entière, l'infér. à 4 dents ; fleurs jaunâtres en épis
allongés non feuillés ; feuilles cordées , crénelées , dentées , ridées. . *Scorodonia.* des Bois.
Cal. à 5 dents ; fleurs en têtes serrées , ou axillaires ou en grappes   2
}

2 {
Fleurs en têtes serrées , plus ou moins globuleu-
ses ou planes.   3
Fleurs axillaires ou en grappes terminales. . .   6
}

3 { Feuilles cotonneuses, blanchâtres ou jaunâtres des deux côtés. 4
Feuilles vertes et glabres en dessus, très-entières, linéaires-lancéolées.. . . . . . .
. . , ... *Montanum.* des Montagnes.

* *Var.* à feuilles linéaires, très-étroites, tout à fait roulées en dessous. . . . *Supinum.* Couchée.

4 { Sommet de la plante jaunâtre-doré ; feuilles linéaires dentées ; fleurs ord. jaunâtres. . . .
. . . . *Flavicans.* Jaunâtre.
Sommet de la plante blanchâtre ; feuilles plus ou moins crénelées ; fleurs blanches , à gorge jaune ou purpurine. 5

5 { Tiges ord. , couchées ; feuilles oblongues , crénelées ; capitules peu arrondis , pédonculés , d'un blanc de neige. . . *Polium.* Polium.
Tiges toujours droites ; feuilles étroites-linéaires, peu crénelées ; capitules plus arrondis , peu pédonculés, grisâtres-cendrés. *Capitatum.* en Tête.

6 { Feuilles pinnatifides ou bi-pinnatifides; fleurs rouges. . . . . *Botrys.* Botride.
Feuilles plus ou moins profondément dentées ou crénelées 7

7 { Feuilles cordées , ovales-oblongues , embrassantes ; fleurs rougeâtres ; plante ord. lanugineuse.
. . . . *Scordioïdes.* Lanugineuse.
Feuilles ovales-oblongues non cordées. . . . 8

8 { Plante très-glabre , un peu luisante , herbacée, dressée ; fleurs purpurines. *Lucidum.* Luisante.
Plante velue ou pubescente, un peu ligneuse au moins la souche. 9

9 { Feuilles sessiles , oblongues-lancéolées ; les florales à peu près semblables aux autres ; fleurs axillaires ord. géminées, distantes, purpurines.
. . . . *Scordium.* Aquatique.
Feuilles pétiolées , les florales supérieures au moins en forme de bractées. 10

10 { Feuilles incisées-crénelées ; bractées-dentées ; fleurs ord. purpurines ; plante ascendante. .
. . . . *Chamœdrys.* petit Chêne.
Feuilles obtusément crénelées ; bractées entières; fleurs ord. jaunâtres; plante dressée , à rameaux cotonneux-pubescents . . . *Flavum.* Jaune

k. MONARDÉES.

XXVII Rosmarinus. (Romarin.) *Officinalis.* Officinale.

XXVIII Salvia. (Sauge.)

1
- Lèvre supér. de la corol. comprimée, les 2 bords appliqués presque l'un contre 'l'autre. . . 2
- Lèvre supér. de la corol. voûtée, non comprimée, les 2 bords écartés, dilatées. . . . 6

2
- Fleurs jaunâtres; grandes de 2-4 cent.; plante visqueuse, de 7-13 déc. . *Glutinosa.* Glutineuse.
- Fleurs bleues, ou bleuâtres, blanches, roses ou un peu violettes. 3

3
- Feuilles lancéolées, cordées, dentées en scie; bractées rouges-violettes plus courtes que les fleurs petites et bleues. . *Sylvestris.* Sauvage.
- Feuilles larges, pinnatifides, incisées ou crénelées, non dentées en scie 4

4
- Feuilles infér. pinnatifides; plante toute blanche-laineuse; fleurs blanches ou un peu violettes. . . . . *Æthiopis.* d'Éthiopie.
- Feuilles infér. incisées ou crénelées, non pinnatifides; plante plus ou moins velue, mais non-blanche-laineuse 5

5
- Tige pubescente; feuilles obtuses; bractées plus courtes que le cal.; fleurs bleues, roses ou blanches . . . . *Pratensis.* des Prés.
- Tige très-velue, visqueuse; feuilles aiguës ou acuminées; bractées plus longues que le cal.; fleurs bleuâtres. . . . . *Sclarea.* Sclarée.

6
- Feuilles un peu crénelées, les infér. blanches-laineuses en dessous; fleurs bleuâtres, rar. blanches; tige un peu ligneuse; tube de la corol. à anneau de poils. . . . *Officinalis.* Officinale.
- Feuilles pinnatifides ou presque pinnatifides; tube sans anneau de poils. 7

7
- Fleurs violettes; dents de la lèvre supér. du cal. sensiblement égales; corolle à peine 1 fois aussi longue que le cal.; feuilles velues. . . . . *Clandestina.* Clandestine.
- Fleurs bleues ou bleuâtres; dent moyenne de la lèvre supér. du cal. plus courte ou plus petite que les autres; corol. 2-3 fois aussi longue que le cal.; feuilles glabres en dessus. 8

8 {
Tige de 3-7 déc. ; fleurs d'un bleu cendré, en ver-
ticilles très-écartés. . *Sibthorpii*. de Sibthorp.
Tige de 5-17 cent. ; fleurs d'un bleu azuré obscur,
en verticilles presque contigus, en épi court.
. . . . *Verbenaca*. Vervaine.

72.me *Famille*. VERBENACÉES.

1 {
Arbuste plus ou moins élevé, de 12-26 déc. . **2**
Herbe de 3-7 déc. . . . . VERBENA. **III**

2 {
Feuilles simples ou ternées, lancéolées; odeur
très-agréable de citronelle . . . ALOYSIA. **II**
Feuilles ailées, à 5-7 folioles digitées. . VITEX. **I**

I VITEX (Gatilier.) *Agnus-Castus*. Agneau-chaste.

II ALOYSIA. (Vervaine à 3 feuilles.) *Citridora*. ou
VERBENA. *Triphylla?*

III VERBENA. (Vervaine.)

1 {
Tige droite ; feuilles découpées en lanières nombreuses . . . . . . *Officinalis*. Officinale.
Tige couchée; feuilles bi-pinnées, incisées, pinnatifides. . . . . . . *Supina*. Couchée.

73.me *Famille*. PRIMULACÉES.

1 {
Feuilles pinnatifides, à lanières ou lobes linéaires, pectinées ; plante aquatique ; fleurs blanches, rosées ou lilas. . . . . HOTTONIA. **I**
Feuilles entières, dentées ou sinuées. . . . **2**

2 {
Hampe nue; feuilles radicales. **3**
Tige feuillée. **5**

3 {
Divisions de la corolle rejetées en arrière vers
le pédoncule ; fleurs solitaires penchées. . .
. . . . CYCLAMEN. **IV**
Divisions de la corolle droites ou étalées. . . **4**

4 {
Corolle à gorge ressérée, souvent à 5 bosses, rar.
lisse ; tube ovoïde ; capsule s'ouvrant jusqu'au
milieu et plus, par 5 valves. . ANDROSACE. **II**
Corolle tubuleuse en soucoupe ; tube cylindrique ou évasé; capsule s'ouvrant au sommet et
par 5-10 dents. . . . . . . PRIMULA. **III**

5 {
Feuilles alternes ou éparses. **6**
Feuilles opposées ou verticillées. **7**

6 {
Cal. à 5 dents et à 5 pointes plus ou moins épi-
neuses sur les dos des divisions calicinales ;
corol. purpurine ou bleuâtre irrégulière. .
. . . . CORIS. VIII
Cal. à 5 lobes obtus et sans pointes dorsales ;
fleurs blanches , cal. soudé à la capsule . .
. . . . SAMOLUS. IX

7 {
Capsule s'ouvrant en travers ; 5 étam. velues ;
fleurs bleues ou rouges ; corol. au moins aussi
grande ou à peu près que le cal. ANAGALLIS. V
Capsule à 5 valves ; fleurs ord. jaunes ou rosées
blanchâtres , mais alors cal. bien plus grand
que la corol. 8

8 {
Fleurs jaunes , plus grandes que le cal. . . .
. . . . LYSIMACHIA. VII
Fleurs d'un rose-blanchâtre ; corolle 3-4 fois
plus courte que le cal. . . ASTEROLINUM. VI

a. PRIMULÉES.

I HOTTONIA. (Hottone.) *Palustris.* des Marais.

II ANDROSACE. (Androsace.)

1 {
Feuilles entières ; fleurs blanches à gorge jaune ;
corol. plus grande que le cal. ; pédicelles 3-10
fois plus longs que l'involucre. *Lactea.* Lactée.
Feuilles dentées ; fleurs blanches ou rosées. . . 2

2 {
Corolle plus grande que le calice ; pédicelles éga-
lant , la plupart , l'involucre. . . . . . .
. . . . *Septentrionales*. du Nord.
Corolle plus petite que le calice ; pédicelles 5-10
fois plus longs que l'invol. *Maxima.* à grand Calice.

III PRIMULA. (Primevère.)

1 {
Fleurs roses blanches ou bleuâtres , à gorge jaune
ou non. 2
Fleurs jaunes dans les champs , mais très-varia-
bles dans les jardins. 3

2 {
1-3 fleurs en ombelle; feuilles glabres , ciliées ,
entières , membraneuses au moins au bord. .
. . . . *Integrifolia.* à Feuilles entières.
4-20 fleurs en ombelle; feuilles plus ou moins
farineuses, crénelées. . *Farinosa.* Farineuse.

3 {
Corol. à limbe concave ; cal. à divisions courtes,
triangulaires, presque obtuses et à tube renflé
très-ouvert. . . . . . *Officinalis.* Officinale.
Corol. à limbe plan ; cal. à divisions acuminées ;
fleurs très variables dans les jardins. . . . 4

4 { Cal. à divisions triangulaires-acuminées ; feuilles ovales, ou oblongues ; tube du cal. étroit, appliqué sur le tube de la corol. . *Elatior.* Inodore.
Cal. à divisions lancéolées, étroites, longuement acuminées ; feuilles obovales-oblongues. . . . . *Grandiflora.* à grandes Fleurs.

IV Cyclamen. (Cyclame.)

1 { Gorge de la corolle entourée d'un anneau circulaire entier ; divisions de la corolle aiguës ; fleurs rosées, odorantes. . . *Europœum.* d'Europe.
Gorge de la corol. plane, ses divisions allongées, obtuses ; fleurs d'un rouge foncé. . . . . *Vernum.* Printanier.

b. ANAGALLIDÉES.

V Anagallis. (Mouron.)

1 { Tige filiforme, couchée, rampante ; feuilles arrondies ; cal. herbacé ; fleurs roses : lobes de la corolle pliés-étalés. . . *Tenella.* Délicat.
Tige carrée, droite ou étalée ; feuilles ovales ; cal. transparent au bord ; lobes de la corol. aplanis ; fleurs bleues ou rouges. 2

2 { Fleurs bleues. . . . . . *Cœrulea.* Bleue.
Fleurs rouges. . . . . *Phœnicea.* Rouge.

VI Asterolinum. (Astérolin.) *Stellatum.* Étoilé.

VII Lysimachia. (Lysimaque.)

1 { Tige droite, de 6-10 déc. ; fleurs en panicule. . . . . *Vulgaris.* Commune.
Tige rampante, couchée ou presque couchée, basse ; fleurs axillaires. 2

2 { Tige rampante longue ; capsule à 5 val. ; feuilles ovales arrondies ; fleurs grandes ; divisions du cal. ovales-lancéolées. *Nummularia.* Nummulaire.
Tige de 5-12 cent. tombante ; capsul. à 2 valves ; feuilles ovales, aiguës ; fleurs petites ; divisions calicinales linéaires. . . *Nemorum.* des Bois.

VIII Coris. (Coris.) *Monspeliensis.* de Montpellier.

c. SAMOLÉES.

IX Samolus. (Samole.) *Valerandi.* de Valérand.

74.ᵐᵉ *Famille.* GLOBULARIÉES.

I **GLOBULARIA.** (Globulaire.)

1
{ Tige herbacée, droite de 2-10 cent.; feuilles radi-
cales spatulées, à 3 dents; les caulinaires lan-
céolées, aiguës; cal. régulier, cilié. . . .
. . . . *Vulgaris.* Commune.
Tige ligneuse, en arbuste rameux, de 3-7 déc.
. . . . *Alypum.* Turbith.

74.ᵐᵉ *Famille* (*bis.*) NYCTAGINÉES.

I **NYCTAGO.** (Belle de nuit.)

1
{ Fleurs sessiles, à long tube, très-odorantes;
plante velue. . . *Longiflora.* A longues Fleurs.
Fleurs pédonculées, peu odorantes: plante glabre.
. . . . *Jalapa.* faux Jalap.

75.ᵐᵉ *Famille.* PLUMBAGINÉES.

1
{ Calice herbacé, non plissé; 1-2 styles : corol.
en entonnoir, purpurine; fleurs en bouquet
terminal ou axillaires. . . . **PLUMBAGO.** I
Cal. scarieux, plissé; 5 styles. 2

2
{ Fleurs en têtes munies d'un involucre à gaîne
renversée; réceptacle garni de paillettes. . .
. . . . **ARMERIA.** II
Fleurs en épis rameux, munis de bractées; pas
de réceptacle garni de paillettes. . **STATICE.** III

I **PLUMBAGO.** (Dentelaire.) *Europœa.* d'Europe.

II **ARMERIA.** (Armérie.)

1
{ Feuilles linéaires, obtuses, à 1 nervure. . .
. . . . *Statice.* gazon d'Olympe.
Feuilles linéaires-lancéolées, à 5-7 nervures. .
. . . . . . *Plantaginea.* à feuilles de Plantain.
Var. A feuilles à 3 nervures. *Arenaria.* des Sables.

III **STATICE.** (Statice.)

1
{ Bractées scarieuses, membraneuses, blanches. 2
Bractées vertes ou brunâtres, foliacées. . . . 4

2
{ Fleurs blanches; feuilles longues de 2-4 cent.
. . . . . . *Bellidifolia.* à feuille de Paquerette·
Fleurs bleues ou lilas; feuilles ord. plus longues. 3

3 { Feuilles obtuses , toutes vertes , mucronées sous le sommet ; fleurs lilas. . *Limonium.* Limonium.
Feuilles acuminées au sommet ; à bord blanc , cartilagineux ; fleurs bleues. . . . . . .
. . . . *Globulariæfolia.* à feuilles de Globulaire.

4 { Bractées pointues. 5
Bractées obtuses. 6

5 { Rameaux allongés , couverts de petits tubercules, ainsi que les feuilles; lobes du cal. à 3 pointes, celle du milieu très-longue ; tige droite. . .
. . . . *Echioïdes.* Vipérine.
Rameaux entre-croisés en réseau , sans tubercules ; cal. à 5 dents ; tige étalée.. . . . .
. . . . *Reticulata.* en Réseau.

6 { Plante à rameaux cylindriques ; feuilles presque obtuses , non cartilagineuses au bord ; fleurs bleuâtres ; feuilles glauques , acuminées. . .
. . . . . . *Auriculæfolia.* à feuilles d'Auricule·
Rameaux anguleux ; feuilles acuminées , mucronées , cartilagineuses au bord ; fleurs blanches ou violettes ; feuilles obtuses. . . . . .
. . . . *Oleæfolia.* à feuilles d'Olivier.

76.me *Famille.* PLANTAGINÉES.

I PLANTAGO. (Plantain.)

1 { Tige feuillée 2
Tige nue ; feuilles radicales. 5

2 { Tige ligneuse à la base ; feuilles trigones ou en gouttière 3
Tige herbacée ; feuilles planes. 4

3 { Épis cylindriques ; tige simple , peu ou point feuillée ; tube de la corolle velu . . . . .
. . . . *Subulata.* en Alène,
Épis ovoïdes ; tige rameuse et très-feuillée. .
. . . . *Cynops.* des Chiens.

4 { Épis entourés de bractées de 2 sortes ; divisions intér. du cal. spatulées , très-obtuses. . . .
. . . . *Arenaria.* des Sables.
Bractées seulement aux fleurs , non aux épis ; divisions intér. du calice lancéolées-acuminées.
. . . . *Psyllium.* Pucier.

5 { Feuilles pinnatifides ; capsule à 3-4 loges , chacune à 1 graine. . . *Coronopus.* Corne de Cerf.
Feuilles non pinnatifides ; capsule à 2 loges. . 6

6 { Capsule renfermant 4 graines ou plus ; tige de 3-7 déc. ; feuilles longues , nervées. . . . 7
Capsule ne renfermant que 2 graines 8

7 { Feuilles presque glabres ; hampe à peu près aussi longue que les feuilles ; capsul. à 8 graines. . . . . *Major.* à grandes Feuilles·
Feuilles très-glabres, ayant une touffe de poils à la base du pétiole ; tige 2-3 fois aussi longue que les feuilles ; capsule à 4 graines. . . . . *Cornuti.* de Cornuti.

8 { Tube de la corolle glabre. 9
Tube de la corolle velu. 16

9 { Feuilles ovales , elliptiques ou lancéolées , plus ou moins dentelées.. 10
Feuilles linéaires , larges de 2-7 mil. ; tige très-basse 14

10 { Feuilles lancéolées sans nervures. : . . . . *Lagopus.* Pied de Lièvre.
Feuilles ovales ou lancéolées à 3-9 nervures. . 11

11 { Tige peu ou point striée. 12
Tige profondément sillonnée. 13

12 { Feuilles pubescentes , ovales-lancéolées ou elliptiques , étalées en rosette et à 5-7 nervures très-marquées ; épi cylindrique-oblong ; bractées glabres ; fleurs rosées-blanchâtres. . . . . *Media.* Moyen·
Feuilles soyeuses , lancéolées , à 3-5 nervures ; épi ovoïde ; bractées velues sur la carène , ou soyeuses sur le dos ; fleurs brunes. . . . . *Sericea.* Soyeux.

13 { Bractées scarieuses , glabres; fleurs d'un blanc-sale ; feuilles presque glabres. . . . . *Lanceolata.* Lancéolé.
Bractées barbues-velues , au moins au sommet ; épi hérissé de poils blancs. *Lagopus.* pied de Lièvre.

14 { Tige presque glabre ou à poils couchés , non divergents ; bractées obtuses , ou arrondies acuminées. 15
Tige à poils divergents ; bractées lancéolées-acuminées , égalant le tube de la corol. ; épi ovale ou cylindrique . . . *Bellardii.* de Bellard. +

* *Var.* **a**. Épi ovoïde. . . . . . . *Pilosa*. Poilue.

    b. Épi cylindrique . . . . *Villosa*. Velue·

15 { Tige pubescente , à la fin glabre ; bractées dé-passant le cal ; feuilles à poils argentés ; épis grêles , lâches. . . . . *Albicans*. Blanchâtre. / Tige couverte d'un duvet court , épais, jaunâtre ou gris ; bractées plus courtes que le calice ; feuilles pubescentes ; épi oblong-cylindrique, compacte. . . . . . . *Incana*. Grisâtre.

16 { Feuilles carenées ou canaliculées , ou ayant au moins un sillon en dessus. . . . . 17 / Feuilles planes 20

17 { Bractées dépassant le tube de la corolle , chevelues avant la fécondation ; épis grêle , lâche oblong-cylindrique , de 2-6 cent. . . . . *Serpentina*. Serpentin. / Bractées ne dépassant pas le tube de la corolle . 18

18 { Feuilles laineuses à la base, linéaires-lancéolées; épi olivâtre , glabre ; bractées glabres charnues. . . . . . . *Maritima*. Maritime. / Feuilles glabres ou presque glabres, à peine pubescentes, ciliées ou non , linéaires. . . . 19

19 { Feuilles ciliées , rudes par des petits aiguillons; épi cylindrique , long de 13-45 mil. . . . . *Subulata*. en Alène. / Feuilles cartilagineuses au bord , entières ou à 2-3 dents écartées ; épi de 2-14 cent. et cylindrique. . . . . *Graminea*. Gramen.

20 { Bractées dépassant le tube de la corol. chevelues avant la fécondation ; épi grêle-cylindrique , long de 2-6 cent. . . *Serpentina*. Serpentin. / Bractées ne dépassant pas le tube de la corol. . 21

21 { Feuilles laineuses à la base; épi olivâtre , glabre, cylindrique; bractées charnues, glabres , obtuses . . . . . . *Maritima*. Maritime. / Feuilles glabres ou simplement pubescentes. . 22

22 { Fleurs brunâtres ; épi de 9-23 mil. ; feuilles linéaires-lancéolées , bordées d'un liseré blanchâtre , étroit . . . . . *Alpina*. des Alpes. / Fleurs blanchâtres ; épi de 3-14 cent. ; feuilles linéaires , cartilagineuses au bord. . . . . *Graminea*. Gramen.

4.me SECTION. MONOCHLAMIDÉES.

Fleurs n'ayant qu'une seule enveloppe florale , soit calice , soit corolle ou les 2 soudés ensemble.

77.me *Famille.* AMARANTHACÉES.

I Amaranthus. (Amaranthe.)

1 { Fleurs rouges ; feuilles plus ou moins rougeâtres. 2
{ Fleurs vertes ou verdâtres. 3

2 { Fleurs en épis très-longs et grêles , tombant, flagelliformes. . . *Caudatus.* Queue de Renard.
{ Fleurs en épis robustes , droits ou en grappes serrées et droites. . *Sanguineus.* Couleur de sang.

3 { Cal. ou périgone à 5 dents ; 5 étam. ; tige pubescente-rude ; bractées 2 fois aussi longues que le cal., raides piquantes. *Retroflexus.* Dejetée.
{ Cal. ou périgone à 3 dents ; étam. 3 , rar. 5 et alors tige glabre et bractées à peu près de la longueur du cal 4

4 { Tiges pubescentes au moins au sommet. . . 5
{ Tiges tout à fait glabres 6

5 { Bractées subulées , piquantes , plus longues que le cal. ; fleurs en glomérules axillaires , bifides , non en épis. . . . . *Albus.* Blanche.
{ Bractées à peu près de la longueur du cal. ; glomérules réunis en plusieurs épis ; plante couchée . . . . *Prostratus.* Couchée.

6 { Plante dressée , verte-jaunâtre ; tige sillonnée ; feuilles planes non tachées ; bractées non piquantes ; glomérules axillaires , espacés ou en épi feuillé. . . . . . *Sylvestris.* Sauvage.
{ Plante très-rameuse ; divergente , pâle ; feuilles non tachées ; bractées plus longues que le cal. raides , piquantes ; glomérules bifides , tous axillaires. . . . . *Albus.* Blanche.
{ Plante couchée ou diffuse-ascendante; feuilles, les jeunes au moins, tachées ; bractées plus courtes que le calice. 7

20*

77-78.me *Famille.*   — 234 —

7 { Feuilles tachées de blanc ; fleurs staminées ouvertes ; fleurs pistillées tubuleuses , largement
bordées de blanc. . . . . . *Blitum*. Blette.
Feuilles d'abord tachées , puis tout à fait vertes ;
fleurs toutes ouvertes. . *Ascendens*. Ascendante.

78.me *Famille.* CHENOPODIÉES.

1 { 10 étamines et 10 pistils . . . Phytolacca. xii
1-6 étamines 2

2 { Tige articulée ; fleurs hermaphrodites ; 2 étamines . . . . Salicornia. iv
Tige non articulée, mais continue 3

3 { Fleurs dioïques ; cal. à 2-4 dents ; 2-4 styles ;
4-5 étam. . . . . Spinacia. x
Fleurs monoïques , parfois mêlées à quelques
fleurs hermaphrodites. 4
Fleurs toutes hermaphrodites. 5

4 { Graines à enveloppe unique ; feuilles linéaires-
filiformes . . . . Kochia vi
Graines à double enveloppe , l'extér. crustacée ;
feuilles jamais linéaires-filiformes. Atriplex. ix

5 { Cal. à 4 divisions , les 2 opposées plus grandes ;
4 étam. saillantes ; feuilles et bractées en alène.
. . . . Camphorasma. ii
Cal. jamais à 4 divisions , dont 2 opposées plus
grandes. 6

6 { Calice à 5 divisions. 7
Calice, scarieux , déchiré, à 2-3 divisions ou nul ;
feuilles largement linéaires. . Corispermum. iii

7 { 3 étamines. 8
Plus de 3 étamines. 10

8 { Fleurs dépourvues de bractées ; ord. 5 étam. .
. . . . Kochia. vi
Fleurs ayant des bractées. 9

9 { Feuilles charnues , presque cylindriques ou peu
aplanies ; ord. 5 étam. . . . . . Salsola. v
Feuilles non charnues, trigones imbriquées ,
dressées, un peu raides ; toujours 3 étamines
. . . . Polycnemum. i

10 { Fleurs axillaires, solitaires , sessiles ; calice prenant à la fin un appendice scarieux. Salsola. v
Fleurs agglomérées , 2 ensemble ou davantage. 11

11
Feuilles ovales ou rhomboïdales , jamais linéaires. 12
Feuilles linéaires plus ou moins cylindriques , peu aplanies. 13

12
Étam. insérées sur un anneau charnu entourant la graine ; cal. soudé et charnu. . . BETA. XI
Étam. insérées sur le fond du calice persistant , et formant un fruit anguleux , pentagonal. . . . . CHENOPODIUM. VIII

13
Graines à une seule enveloppe ; pas de bractées ; cal. prenant à la fin un appendice scarieux. . . . . KOCHIA. VI
Graines à 2 enveloppes , l'extér. crustacée ; fleurs munies de bractées ; pas d'appendice au calice. . . . . SUÆDA. VII

a. ATRIPLICÉES.

I POLYCNEMUM. (Polycnème.) *Arvense*. des Champs.

II CAMPHORASMA.(Camphrée.) *Monspeliaca*. de Montpellier.

III CORISPERMUM. (Corisperme.)

1
Cal. scarieux ; fruit à peine ailé ; bractées 2-3 fois aussi longues que le fruit. . . . . *Hyssopifolium*. à feuilles d'Hysope.
Calice nul. 2

2
Fruit à aile large de 1-2 mil. dentée ; bractées 1 fois , au plus, aussi longues que le fruit terminé par 2 pointes non saillantes. . . . . *Squarrosum*. Rude.
Fruit à aile à peine ondulée ; les 2 pointes du fruit saillantes. . *Intermedium*. Intermédiaire.

IV SALICORNIA. (Salicorne.)

1
Tige herbacée. . . . . . *Herbacea*. Herbacée.
Tige ligneuse ; rameaux ascendants ; articulations de la tige cylindriques entières ; entre-nœuds égaux ; épis presque cylindriques , obtus. . . . . *Fruticosa*. Ligneuse.
Tige ligneuse ; rameaux ascendants ; articles supér. presque aussi épais que longs, tous couverts de fleurs ; épis cylindriques , presque en massue , épais, sessiles. . . *Alpini*. d'Alpin.

V SALSOLA. (Soude.)

1
Feuilles non épineuses, charnues, demi-cylindriques , très-larges à la base. *Soda*. Commune.
Feuilles épineuses ou mucronées. . . . . , 2

    Tige couchée ; fleurs un peu scarieuses ; feuilles trigones ; appendices du fruit plus grands que le calice. . . . . *Kali.* Kali.

2 Tige étalée ; fleurs non scarieuses ; feuilles filiformes ; appendices du fruit plus petits que le calice. . . . . *Tragus.* Épineuse.

VI KOCHIA. (Kochie.)

    Appendice des sépales transversal, scarieux, pétaloïdal ; feuilles en alène, sillonnées en dessous. . . . . *Arenaria.* des Sables.

1 Appendice des sépales en corne, épineux ; feuilles non sillonnées en dessous et obtuses. . . . . *Hirsuta.* Hérissée.

VII SUÆDA. (Sueda.)

    Plante ligneuse, dressée ; feuilles non terminées par une soie assez longue. *Fruticosa.* Ligneuse.

Plante herbacée ; feuilles non terminées par une soie assez longue ; plante d'un vert blanchâtre. . . . . *Maritima.* Maritime.

1 Plante herbacée ; feuilles terminées par une soie assez longue ; plante glauque mêlée de rouge. . . . . *Setigera.* Porte-Soie.

VIII CHENOPODIUM. (Ansérine.)

    Feuilles ovales ou rhomboïdales, très-entières.   **2**

1 Feuilles sinuées ou anguleuses et dentées, ou pinnatifides, ou lobées, ou en flèche. . . .   **3**

    Feuilles ovales, vertes des 2 côtés ; cal. fructifère à sépale supér. étalé, laissant voir le fruit. . . . . . . - *Polyspermum.* Polysperme.

2 Feuilles ovales-romboïdales, très-farineuses des 2 côtés ; sépales appliqués ; plante très-fétide. . . . . *Vulvaria.* Fétide.

    Feuilles pinnatifides, à odeur forte, aromatique, un peu velues. . . . . . *Botrys.* Botride.

3 Feuilles simplement dentées ou sinuées ou anguleuses, ou lobées, ou en flèche. **4**

    Feuilles oblongues-lancéolées, faiblement dentées, à odeur agréable très-prononcée, glabres. . . . . . *Ambrosioïdes.* fausse Ambroisie.

4 Feuilles sinuées ou anguleuses, ou lobées, ou en flèche ; pas d'odeur agréable. **5**

5 Feuilles en flèche ou cordiformes à la base. . .   **6**

    Feuilles ovales-rhomboïdales ou anguleuses. .   **9**

6 { Limbe de la feuille entier , non denté , mais en flèche ; fleurs en épis non feuillés. . . . . *Bonus-Henricus.* Bon-Henri. Limbe de la feuille en flèche et plus ou moins denté. 7

7 { Fleurs en grappes serrées et sans feuilles. . . . . *Hybridum.* Hybride. Fleurs en grappes longues , grêles et feuillées. 8

8 { Feuilles supér. lancéolées, aiguës ; les infér. à 2 grosses dents latérales, accompagnées d'autres dents assez fortes. . . . *Rubrum.* Rougeâtre. Feuilles supér. spatulées ; les infér. à 2 grosses dents accompagnées ou non d'autres dents très-courtes. . . . *Crassifolium.* à Feuilles épaisses.

9 { Feuilles adultes vertes des 2 côtés. . . . . 10 Feuilles toujours glauques au moins en dessous. 12

10 { Feuilles ternes ; fleurs agglomérées ; graines luisantes, à bord non tranchant. . . . . . 11 Feuilles luisantes ; fleurs géminées ou ternées ; graines non luisantes à bord tranchant. . . . . *Murale.* des Murs.

11 { Feuilles triangulaires, aiguës ou acuminées , à grosses dents inégales ; fleurs en grappes composées , serrées contre la tige : sépales fructifères non carenés. . . . *Urbicum.* des Villages. Feuilles hastées , sinuées ; les infér. obtuses ; les supér. entières ; fleurs en grappes simples non serrées contre la tige ; sépales fructifères, carenés. . . . *Ficifolium.* à feuilles de Figuier.

12 { Feuilles très-entières à la base ; les supér. oblongues, sans dents , très-entières , ord. aiguës. . . . . *Leiospermum.* à Fruit lisse. Feuilles supér. mêmes plus ou moins rhomboïdales, subtrilobées, à dents inégales à la base, et au tour du limbe. *Opulifolium.* à feuilles d'Obier.

IX Atriplex. (Arroche.)

1 { Tige ligneuse. . . . . 2 Tige herbacée. 3

2 { Feuilles alternes deltoïdes. . *Halimus.* Halime. Feuilles opposées , ovales , élargies au sommet. . . . . *Portulacoïdes.* Pourpier.

<table>
<tr><td rowspan="2">3</td><td>Tige dressée ; valves fructifères entières , ovales arrondies. . . . . . . *Hortensis.* des Jardins.</td><td></td></tr>
<tr><td>Rameaux diffus ou étalés ; valves fructifères anguleuses ou dentées. . . . .</td><td>4</td></tr>
</table>

4 — Feuilles vertes , au moins les adultes. 5
Feuilles glauques , plus ou moins blanchâtres-argentées. 7

5 — Feuilles supér. triangulaires ou hastées et dentées ou sinuées , les dernières presque très entières. . . . . . . *Hastata.* en fer de Lance.
Feuilles supér. entières-lancéolées ou presque linéaires , hastées ou non. 6

6 — Feuilles infér. presque hastées ou triangulaires , mais entières, les supér. lancéolées ou linéaires. . . . . *Patula.* Étalée.
Feuilles supér. et infér. ni hastées , ni triangulaires , mais linéaires. . . . .
. . . . . . *Angustifolia.* à Feuilles étroites.

7 — Valves fructifères à 3 lobes plus ou moins prononcés ; les latéraux tronqués ; celui du milieu long et aigu. . . . . . *Laciniata.* Laciniée.
Valves fructifères non trilobées. 8

8 — Plante redressée diffuse , valves fructifères dentées. . . . . *Rosea.* Rosée
Plante couchée , étalée ; valves entières ou seulement à 2 dents à la base. . *Prostata.* Couchée.

X Spinacia. (Épinard.) *Oleracea.* Cultivé.

XI Beta. (Bette.)

1 — Tige droite , très-anguleuse ; fleurs agglomérées de 3-5 ensemble et formant des épis longs, grêles, nus. . . . . . . *Vulgaris.* Commune.
Tige étalée , couchée à la base : fleurs solitaires ou géminées en grappes feuillées et effilées. .
. . . . *Maritima.* Maritime.

b. PHYTOLACÉE.

XII Phytolacca. (Phytolaque.) *Décandra.* à 10 Étamines.

79.me *Famille.* POLYGONÉES.

1 { Fleurs à 3 bractées à leur base, en forme d'involucelles ; sépales intérieurs plus grands que
les extér. . . . . RUMEX. I
Pas de bractées à la base des fleurs ; sépales à peu
près égaux, les intérieurs colorés, au moins en
dedans . . . . POLYGONUM. II

I RUMEX. (Patience.)

1 { Styles soudés avec les angles des ovaires; ord. pas
de tubercule à la base d'une ou plusieurs valves fructifères ; feuilles hastées ou sagittées ;
saveur acide. 2
Styles libres ; un tubercule à une ou plusieurs
valves fructifères ; feuilles cordées ou non, jamais hastées ou sagittées ; saveur fade. . . 6

2 { Fleurs hermaphrodites ou polygames ; feuilles
environ aussi longues que larges. 3
Fleurs dioïques ; feuilles bien plus longues que
larges 4

3 { Oreillettes des feuilles peu saillantes; feuilles petites ; fleurs en verticilles autour des branches
. . . . *Tingitanus*. de Tanger.
Oreillettes grandes, aiguës; feuilles glauques, longues et larges environ de 3-4 cent. ; fleurs en
grappes demi-verticillées. *Scutatus*. à Écusson.

4 { Oreillettes parallèles au pétiole ou peu conver-
gentes ; calice fructifère à valves débordant largement le fruit ; sépales extér. réfléchis sur le
pédicelle. . . . . *Acetosa*. Oseille.
Oreillettes divergentes ou étalées horizontalement; cal. fructifères à valves ne dépassant pas
ord. le fruit ou ayant un tubercule; sépales extérieurs appliqués sur le fruit. 5

5 { Oreillettes entières; pas de tubercule sur une ou
plusieurs valves fructifères. . . . . . .
. . . . *Acetosella*. petite Oseille.
Oreillettes bi-trilobées ou dentées vers la base ;
une ou plusieurs valves fructifères munies d'un
tubercule à la base. *Intermedius*. Intermédiaire.

6 { Valves fructifères entières ou seulement denticulées à la base. 7
Valves fructifères ayant de chaque côté 2 ou plusieurs dents très-prononcées, sétacées-subu-
lées, rar. triangulaires, aiguës. 13

7 { Valves plus ou moins suborbiculaires, un peu cordées 8
Valves oblongues-lancéolées ou plus ou moins triangulaires. 9

8 { Feuilles ondulées-crépues; 2-3 valves fructifères à tubercules. . . . . . *Crispus.* Crépue.
Feuilles planes et ord. très-grandes ; une seule valve fructifère à tubercule. *Patientia.* Commune.

9 { Valves triangulaires, à triangle plus ou moins allongé ; feuilles longues de 4-8 déc. . . . . *Hydrolapatum.* à longues Feuilles.
Valves oblongues-lancéolées ; feuilles au plus d'un déc. ou ayant les pétioles et les nervures d'un rouge foncé. 10

10 { Tige raide, divisée seulement au sommet en rameaux nus; valv. non granif. ou ne portant qu'une seule graine petite. *Conglomeratus.* Aggloméré.
Tige grêle divisée presque dès la base en rameaux fleuris et feuillés; valves toutes granifères . 11

11 { Tige d'un rouge noirâtre, tachetée au sommet ; pétioles et nervures des feuilles d'un rouge foncé. . . . . . . *Sanguineus.* Sanguin.
Tige et nervures vertes ou blanchâtres. . . . . *Nemorosus.* des Bois.

12 { Feuilles lancéolées, étroites, atténuées à la base; valves à 2 dents de chaque côté. 13
Feuilles ovales, oblongues ou suborbiculaires, rar. en forme de violon, arrondies ou cordées à la base ; valves à plus de 2 dents de chaque côté. 14

13 { Dents des valves dépassant ou égalant le diamètre longitudinal de la valve; faux verticilles des fleurs se touchant à la maturité ou très-rapprochés. . . . . *Maritimum.* Maritime.
Dents des valves plus courtes que le diamètre longitudinal de la valve ; faux verticilles un peu espacés à la maturité. *Palustris.* des Marais.

14 { Tige ord. arquée, à rameaux divergents ou divariqués ; faux verticilles des fleurs espacés; tous ou la plupart munis de feuilles bractéales petites ; tige glabre. . . . *Pulcher.* Violon.
Tige droite; rameaux ord. dressés; faux verticilles ord. rapprochés ; tous ou la plupart privés de feuilles bractéales; tige pubescente. . . . . *Obtusifolius.* à Feuilles obtuses.

II POLYGONUM. (Renouée.)

1 { Feuilles en forme de cœur, de flèche, de fer de
lance ou de triangle.   2
Feuilles ovales-lancéolées ou lancéolées-linéaires,
échancrées en cœur à la base ou non. . . .   4

2 { Tige dressée, rameuse ; angles du fruit entiers.
. . . . *Fagopyrum.* Sarazin. *
* *Var.* A angles du fruit sinués-dentés. . . .
. . . . *Tataricun.* de Tartarie.
Tige couchée, rampante ou grimpante. . . .   3

3 { Tige cylindrique, striée ; fruit à 3 ailes saillantes ; anthères blanches. *Dumetorum.* des Buissons.
Tige anguleuse, canelée ; fruit non ailé ; anthères violettes. . . . . *Convolvulus.* Liseron.

4 { Tige très-simple, droite ; épi unique ; feuilles
un peu cordées à la base.   5
Tige rameuse ; fleurs axillaires ou en grappes
terminales ou en plusieurs épis.   6

5 { Feuilles ovales-oblongues, décurrentes sur le
pétiole ; racine tordue ; 3 stigmates ; toujours
un seul épi ; fruits à angles aigus. . . . .
. . . . *Bistorta.* Bistorte.
Feuilles oblongues-lancéolées, non décurrentes
sur le pétiole, un peu cordées à la base ; racine
non tordue ; 2 stig. ; épis rar. uniques ; fruits
ovoïdes comprimés. . *Amphibium.* Amphibie.

6 { Fleurs en épis au sommet des rameaux ; 5-6
étamines.   7
Fleurs axillaires ou en grappes terminales ; 8
étamines ; 3 stigmates.   10

7 { Gaînes des feuilles s'évasant en soucoupe ; feuilles
larges, ovales-pétiolées ; épis longs, pendants ;
3 stigmates ; tige de 1-2 mètres. . . . .
. . . . *Orientale.* Cultivé.
Gaîne appliquée contre la tige ; 2 stigmates ; tige
de moins d'un mètre.   8

8 { Feuilles un peu cordées ; gaîne tronquée, non
ciliée ; 5 étam. très-saillantes. . . . . .
. . . . *Amphibium.* Amphibie.
Feuilles concordées à la base ; gaîne nullement ou
plus ou moins ciliée ; ord. 6 étamines incluses.   9

9 {
Gaîne déchirée , à 2 lobes ; étam. 8 ; stigm. 3 ;
fleurs en grappes terminales, nues ; fleurs roses.
. . . . *Arenarium*. des Sables.
Gaîne ciliée ; feuilles ord. tachées de brun ; sa-
veur non piquante; épis oblongs , cylindriques,
denses; 5 étamines ; fleurs ord. rougeâtres. .
. . . . *Persicaria*. Persicaire.
Gaîne peu ou point ciliée ; feuilles non tachées ;
saveur très-piquante ; épis grêles , filiformes,
lâches ; 6 étamines ; fleurs rar. rougeâtres. .
. . . . *Hydropiper*. Poivre d'eau.

10 {
Fleurs en grappes terminales ; fleurs ouvertes
même après la floraison ; tige tombante ou ascendante. . . . . *Arenarium*. des Sables.
Fleurs axillaires, en petit nombre ou en petits épis
grêles, interrompus. 11

11 {
Stipules grandes , bilobées ; feuilles un peu roulées en dessous , épaisses; tige presque ligneuse
à la base , couchée ; plante des sables maritimes. . . . . . . *Maritimum*. Maritime.
Stipules médiocres; feuilles planes; tige herbacée. 12

12 {
Rameaux feuillés jusqu'au sommet ; fleurs axillaires peu nombreuses , le long de la tige ; fruit
non luisant , un peu strié ; plante ord. couchée. . . . . . . *Aviculare*. des Oiseaux.
Rameaux en zig-zag , non feuillés au sommet ;
fleurs comme en épis grêles , interrompus ;
fruits un peu luisants , lisses ; tige droite. .
. . . . *Bellardii*. de Bellardie.

80.me *Famille.* THYMÉLÉES.

1 {
Plante herbacée. . . . . Stellera. I
Plante ligneuse ; arbuste ou sous arbrisseau. . 2

2 {
Style filiforme , latéral; fruit non charnu ; fleurs
jaunes-verdâtres. . . . . . Passerina. II
Style naissant au sommet de l'ovaire et court;
fruit charnu ; fleurs blanchâtres ou roses , rar.
verdâtres et alors axillaires de 5 à 5. Daphne. III

I Stellera. (Stellerine.) *Passerina*. Passérine.

II Passerina. (Passérine.)

1 {
Feuilles ovales , lancéolées , glauques , aiguës ;
fleurs jaunes-verdâtres. . *Thymelœa*. Thymelée.
Feuilles linéaires-lancéolées, laineuses ou pulvé-
rulentes , imbriquées; fleurs jaunes à 2 bractées.
. . . . *Tinctoria*. des Teinturiers.

III **Daphne.** (Daphné.)

1 { Fleurs terminales, non disposées entre les feuilles. 2
{ Fleurs latérales et disposées entre les feuilles. 3

2 { Tige de 6-10 déc. ; feuilles acuminées , mucronées ; fleurs pédonculées , panniculées. . .
. . . . *Gnidium.* Garou.
Tige de moins de 4·déc.; feuilles obtuses, mucronées ; fleurs odorantes sessiles, en faisceau ,
tête ou corymbe. . . . *Cneorum.* Camélées.

3 { Feuilles jeunes pubescentes, au moins en dessous ;
fleurs latérales , petites , blanchâtres ou blanches , en paquet de 2-5 ; tube du cal. velu-hé-
rissé ; plante feuillée seulement vers le haut. .
. . . . *Alpina.* des Alpes.
Feuilles très-glabres ou seulement ciliées. . . 4

4 { Fleurs pédicellées, axillaires, verdâtres, réunies
de 5 à 5 ; tube du cal. glabre ; feuilles lisses.
. . . . *Laureola.* Lauréole.
Fleurs sessiles , de 1-5 ensemble , latérales. . 5

5 { Fleurs jaunâtres , de 1-2 ; feuilles glauques aiguës ; style latéral , filiforme. (**Passerina.**)
. . . . *Thymelæa.* Thymélée.
Fleurs ord. rouges , rar. blanches , ternées, formant autour de la tige comme des épis ; tube
du cal. pubescent ; style court , terminal. . .
. . . . *Mezereum.* Bois-gentil.
Fleurs blanches , de 2-5 par paquet ; tube du cal.
pubescent , style court , terminal ; corol. petite,
peu remarquable ; feuilles jeunes pubescentes ;
. . . . *Alpina.* des Alpes.

81.me *Famille.* LAURINÉES.

I **Laurus.** (Laurier.) *Nobilis.* des Poètes.

82.me *Famille.* SANTALACÉES.

1 { Fleurs hermaphrodites ; cal. vert , blanc en dedans, à 4-5 lobes ; 4-5 étam. barbues sur le dos ;
capsule à 1 graine. . . . . . **Thesium.** I
Fleurs souvent dioïques ; les staminées à cal. à
3 divisions ; 3 étamines ; les pistillées à cal. à 5
divisions ; fruit en baie à 1 graine. **Osyris.** II

I **Thesium.** (Thésion.)

1
{ Fleurs à une seule bractée. . . . .
. . . . *Ebracteatum.* à une Bractée.
Fleurs à 3 bractées. **2**

2
{ Lobes du cal. enroulés au sommet, après la fructification, et formant un tube aussi long que
la capsule. **3**
Lobes du cal. enroulés jusqu'à la base, et formant un nœud 3 fois aussi court que la capsule. **4**

3
{ Feuilles uninervées ; fleurs ord. à 4 divisions ;
pédoncules uniflores, à la fin demi-dressés. .
. . . . *Alpinum.* des Alpes.
Feuilles obscurément trinervées ; fleurs ord. à 5
divisions, en grappes rameuses ; pédoncules à la
fin divariqués. . . . . . *Pratense.* des Prés.

4
{ Anthères défleuries plus courtes que leurs filaments. **5**
Anthères défleuries, plus longues que leurs filaments. **6**

5
{ Feuilles presque à 5 nervures ; fruit presque glo-
buleux. . . . . . *Montanum.* des Montagnes.
Feuilles à 3 nervures ; fruit oblong. . . . .
. . . . *Intermedium.* Intermédiaire.

6
{ Tige rameuse dès la base ; fruit sub-sessile, 4 fois
plus long que le pédicelle. *Ramosum.* Rameux.
Tige rameuse au sommet ; pédicelle plus long que
la moitié du fruit. . *Divaricatum.* Divergent.

II Osyris. (Osyris.) *Alba.* Blanc.

83.me *Famille.* ÉLÉAGNÉES.

I Hippophae. (Argousier.) *Rhamnoïdes.* Faux Nerprun.

84.me *Famille.* CYTINÉES.

I Cytinus. (Cytinet.) *Hypocistis.* Hypociste.

85.me *Famille.* ARISTOLOCHIÉES.

1
{ Périgone entier, prolongé en languette ; feuilles
en cœur ; étamines soudées en tube. . . .
. . . . ARISTOLOCHIA. **I**
Périgone à 3 lobes ; feuilles réniformes ; étam.
libres. . . . . ASARUM. **II**

I Aristolochia. (Aristoloche.)

$$\left\{\begin{array}{l}\text{Fleurs solitaires, uniques à chaque aisselle.} \quad 2\\[2pt]\text{Fleurs plus ou moins nombreuses à chaque ais-}\\ \text{selle ; toujours plus d'une. } \textbf{\textit{Clematis.}} \text{ Clématite.}\end{array}\right.$$

1

$$\left\{\begin{array}{l}\text{Feuilles presque sessiles; racines arrondies en}\\ \text{tubercules.} \quad\ldots\ldots \textit{Rotunda.} \text{ Ronde.}\\[2pt]\text{Feuilles pétiolées, racines longues.} \quad\ldots \quad 3\end{array}\right.$$

2

$$\left\{\begin{array}{l}\text{Feuilles très-entières ; racine longue et simple ;}\\ \text{fleurs rougeâtres ; languette d'un rouge foncé.}\\ \quad\ldots\ldots\ldots \textit{Longa.} \text{ Longue.}\\[2pt]\text{Feuilles dentelées ou crispées sur les bords ;}\\ \text{racines en faisceau, fleurs jaunâtres ; languette}\\ \text{noirâtre.} \quad\ldots\ldots \textit{Pistolochia.} \text{ Fibreuse.}\end{array}\right.$$

3

II **Asarum.** (Asaret.) *Europæum.* d'Europe.

86.me *Famille.* EUPHORBIACÉES.

$$\left\{\begin{array}{l}\text{Arbuste toujours vert ; capsule surmontée de 3}\\ \text{cornes courtes.}\ldots\ldots \textsc{Buxus.}\quad\text{III}\\[2pt]\text{Plante herbacée ou peu sous-ligneuse ; capsule}\\ \text{non surmontée de 3 cornes.}\ldots\ldots\quad 2\end{array}\right.$$

1

$$\left\{\begin{array}{l}\text{Plante à suc laiteux, blanc.}\quad\text{. . }\textsc{Euphorbia.}\quad\text{iv}\\[2pt]\text{Plante à suc non laiteux.}\ldots\ldots\quad 3\end{array}\right.$$

2

$$\left\{\begin{array}{l}\text{Fleurs dioïques, rar. monoïques ; capsule à 2}\\ \text{coques ; plante verte à feuilles simples. . .}\\ \quad\ldots\ldots\ldots \textsc{Mercurialis.}\quad\text{v}\\[2pt]\text{Fleurs monoïques; capsules à 3 coques soudées.}\quad 4\end{array}\right.$$

3

$$\left\{\begin{array}{l}\text{Feuilles très-larges, glabres, peltées, à 5-9 lobes}\\ \text{anguleux ; cal. à 3-5 lobes. . . . }\textsc{Ricinus.}\quad\text{ii}\\[2pt]\text{Feuilles ordinaires, cotonneuses, rhomboïdales;}\\ \text{cal. à 10 lobes, dont 5 plus petits. . }\textsc{Croton.}\quad\text{i}\end{array}\right.$$

4

I **Croton** (croton *ou* tournesol.) *Tinctorium.* des Teinturiers.

II **Ricinus** (Ricin.) *Communis.* Commun.

III **Buxus.** (Buis.) *Sempervirens.* Toujours vert.

IV **Euphorbia.** (Euphorbe.)

$$\left\{\begin{array}{l}\text{Feuilles stipulées, arrondies, crénelées ; graines}\\ \text{tuberculeuses ; fleurs rougeâtres.}\ldots\\ \quad\ldots\ldots\ldots \textit{Chamæsicæ.} \text{ Monoyère.}\\[2pt]\text{Feuilles sans stipules.}\ldots\ldots\quad 2\end{array}\right.$$

1

$$\left\{\begin{array}{l}\text{Capsule toute garnie de papilles ailées, créne-}\\ \text{lées-dentées. . . . . }\textit{Papillosa.} \text{ à Papilles.}\\[2pt]\text{Capsule non garnie de pareilles papilles, mais}\\ \text{lisses ou verruqueuses.}\ldots\ldots\quad 3\end{array}\right.$$

2

21*

3	Glandes pétaloïdales réniformes, orbiculaires-arrondies, jamais en croissant, ni à 2 cornes; rayons ord. trifides ou plus. **4**
	Glandes triangulaires, en demi-lune ou à 2 cornes; rayons de l'ombelle ord. bifide. . . . **11**
4	Capsule lisse; graines creusées fortement en réseau; rayons ord. 5 et trifides; fleurs jaunâtres. . . . . . *Helioscopia*. Réveille-matin.
	Capsule plus ou moins verruqueuse, rar. presque lisse; graines lisses ou un peu rudes sur le bord, jamais creusées en réseau **5**
5	Capsule velue. **6**
	Capsule glabre **8**
6	Feuilles un peu cordées à la base; presque embrassantes, velues-laineuses; capsule à 3 sillons profonds et 3 peu sensibles; fleurs jaunâtres; ombelle à 5 rayons. *Pubescens*. Pubescent.
	Feuilles simplement sessiles, peu ou point velues. **7**
7	Capsule à 3 sillons; fleurs jaunâtres; ombelle à 5 rayons 2-3 fois dichotomes. . *Pilosa*. Poilu.
	Capsule sans sillons; fleurs à la fin purpurines, à 5 glandes au centre et 4 au bord; ombelle à 5 rar. 4 rayons dichotomes. . . *Dulcis*. Doux.
8	Feuilles de la tige sessiles, presque cordées à la base; involucelles en cœur ou triangulaires, poilues sur les nervures; ombelle à 5 rayons bi-trichotomes; fleurs verdâtres. . . . . *Platiphyllos*. à larges Feuilles.
	Feuilles atténuées à la base; involucelles ovales ou ovales arrondis. **9**
9	Capsule très-finement ponctuée; graines opaques, blanchâtres. . *Gerardiana*. de Gérard.
	Capsule verruqueuse; graines brunes ou grisâtres-roussâtres. **10**
10	Tige grêle, étalée, ascendante, diffuse; ombelle irrégulière; rameaux inférieurs stériles. . . . . *Palustris*. des Marais.
	Tige robuste un peu ligneuse à la base, dressée; ombelle régulière; pas de rameaux stériles. . . . . *Verrucosa*. à Verrues.
11	Graines ridées, sillonnées ou creusées en fossettes. **12**
	Graines lisses ou très faiblement veinées en réseau **19**

12 { Feuilles opposées , par paires croisées . . .
. . . . *Lathyris.* Epurge.
Feuilles éparses 13

13 { Capsules très-lisses 14
Capsules verruqueuses , ponctuées ou plus ou
moins rudes , au moins sur le dos. 17

14 { Feuilles de la tige linéaires ou linéaires-lancéolées , aiguës ; glandes à cornes courtes ; graines
verruqueuses 15
Feuiles de la tige entières, lancéolées-spatulées ,
aiguës , acuminées ; glandes à cornes courtes ;
graines sillonnées en long et ridées en travers. 16
Feuilles dentelées en scie , ovales-spatulées ; glandes à cornes longues et en massue. . . . .
. . . . *Myrsinites.* à feuilles de Myrthe.

15 { Involucelles lancéolés ; feuilles glauques ; glandes jaunâtres. . . . . . . *Exigua.* Fluet.
Involucelles lancéolés ; feuilles ord. rougeâtres ;
glandes pourpre-noir. . *Var. Rubra.* Pourpré.
Involucelles en cœur. . *Var. Retusa.* Émoussé.

16 { Feuilles inférieures un peu obtuses , mucronées;
tige très rameuse sous l'ombelle ; glandes à 2
cornes très-courtes . . . *Falcata.* en Faulx.
Feuilles infér. tronquées échancrées ; tige peu
rameuse ; glandes en demi-lune peu échancrée.
. . . . *Var. Obscura.* Obscure.

17 { Involucelles en cœur ou réniformes 18
Involucelles ovales ; capsule à 2 ailes sur les côtes ou angles. . . . . . *Peplus.* Peplus.

18 { Feuilles infér. linéaires-lancéolées ; glandes oran-
gées , à 2 cornes courtes ; tige de 17 cent. au
plus. . . . *Exigua.* Var. *Retusa.* Émoussé.
Feuilles infér. en coin , tronquées ; glandes jaunâtres ou purpurines , à 2 cornes longues , minces ; tige de 21 cent. au moins. *Segetalis.* des Blés.
Feuilles infér. en spatule , dentées en scie ; glandes à 2 cornes longues en massue. . . . .
. . . . *Myrsinites.* à feuilles de Myrte.

19 { Involucelles soudés. 20
Involucelles libres. 21

20 { Capsules glabres ; involucelles un peu aigus ;
graines brunes. . . . *Sylvatica.* des Bois.
Capsules velues ; involucelles arrondis ; graines
noirâtres. . . . . . *Characias,* des Vallons.

21 { Capsules velues, ou laineuses. *Nicæensis.* de Nice.
    Capsules lisses. 22
    Capsules verruqueuses ou plus ou moins rudes
    sur le dos, ou ponctuées. 26

22 { Glandes à 2 cornes longues, en arête, ou en mas-
    sue. 23
    Glandes sans cornes ou à cornes très-courtes peu
    sensibles. 24

23 { Glandes à cornes en arête ; graines lisses ; fleurs
    jaunes.. . . . . *Provincialis.* de Provence.
    Glandes à cornes en massue ; graines ridées,
    chagrinées ; fleurs orangées. . . . . . .
    . . . . . . *Myrsinites.* à feuilles de Myrte.

24 { Glandes en croissant avec ou sans cornes. . . 25
    Glandes triangulaires, à angles arrondis, peu
    ou point tronquées ou échancrées. . . . .
    . . . . *Gerardiana.* de Gérard.

25 { Involucelles réniformes, en cœur ; feuilles au
    moins les supérieures, entièrement dentelées
    en scie, ainsi que les involucelles. . . . .
    . . . . *Serrata.* Dentée en scie.
    Involucelles arrondis, en cœur ; feuilles très-
    entières ou un peu dentées au sommet. . .
    . . . . *Nicæensis.* de Nice.

26 { Glandes triangulaires, arrondies, peu ou point
    tronquées-échancrées. . *Gerardiana.* de Gérard.
    Glandes en croissant, avec ou sans cornes, celles-ci
    plus ou moins longues 27

27 { Glandes à 2 cornes longues et terminées par une
    petite boule d'un diamètre presque double ;
    ombelles souvent 2-3 superposées. 28
    Glandes à cornes nulles, courtes, ou longues,
    mais non terminées par une boule ; ombelle
    simple. 29

28 { Feuilles linéaires-lancéolées ; rayons à 2-3 fleurs
    . . . . *Biumbellata.* à double Ombelle.
    Feuilles très-étroites ; rayons ord. simples, à 1-2
    fleurs. . . . . . Var. *Pouzolzi.* de Pouzolz.

29 { Glandes à cornes longues, en massue ; feuilles den-
    telées en scie ; involucelles réniformes ; fleurs
    orangées. . . . *Myrsinites.* à feuilles de Myrte.
    Glandes à cornes nulles ou courtes ou longues
    mais non en massue. 30

30 { Glandes à peine échancrées en lune, sans cornes. 31
   { Glandes munies de cornes. . . . . . . '. . . 32

31 { Feuilles infér. linéaires-lancéolées; les supér.
     très-dentées en scie, ainsi que les involucres;
     involucelles réniformes en cœur. . . . .
     . . . . Serrata. à dents de Scie.
     Feuilles toutes ovales-lancéolées, entières ou seu-
     lement dentées au sommet; involucelles ar-
     rondis en cœur . . . . Nicæensis. de Nice.

32 { Feuilles très-finement pubescentes et ciliées; tige
     de 3-5 déc., un peu pubescente. . . . .
     . . . . . . Salicifolia. à feuilles de Saule.
     Feuilles glabres. 33

33 { Capsules verruqeuses, à 3 lobes, sillonnées sur
     le dos. . . . . . . Paralias. Maritime.
     Capsules un peu rudes sur le dos ou sur les angles,
     ou finement ponctuées; pas de sillons sur les
     lobes. 34

34 { Feuilles glauques, ovales-lancéolées, un peu cor-
     riaces; fleurs jaunâtres. . Nicæensis. de Nice.
     Feuilles vertes, linéaires-lancéolées; fleurs
     d'abord jaunes puis rougeâtres ou noirâtres. 35

35 { Feuilles linéaires; celles des rameaux stériles
     très-étroites, presque sétacées, rapprochées en
     pinceaux; rameaux naissant sous l'ombelle la
     plupart stériles; foliol. de l'invol. étroites. .
     . . . . Cyparissias. Cyprès.
     Feuilles oblongues, lancéolées ou linéaires lan-
     céolées; celles des rameaux stériles jamais étroi-
     tes-sétacées; rameaux naissant sous l'ombelle
     la plupart fertiles; foliol. de l'invol. oblongues.
     . . . . Esula. Esule.

V MERCURIALIS. (Mercuriale.)

1 { Feuilles dures; tige simple; 9 étamines; fleurs
     toutes pédonculées. . . . Perennis. Vivace.
     Feuilles molles; tige rameuse; 12 étamines;
     fleurs pistillées axillaires ord. géminées; les
     staminées en épis allongés. . Annua. Annuelle.

87.me *Famille.* URTICACÉES.

1 { Arbres. 2
   { Herbes ou arbustes volubiles, grimpants ou non. 5

2 { Fruits sans noyaux , charnus et succulents à la maturité. 3
{ Fruits à noyaux ou à larges ailes , peu ou point charnus. 4

3 { Fruits globuleux ou en poire , remplis en dedans de graines et de pulpes sucrées ; feuilles à suc laiteux , grandes , lobées. ..... Ficus. ix
{ Fruits en chaton succulent ; feuilles à suc non laiteux , fortement dentées , et quelques fois lobées. .... Morus. viii

4 { Fruits petits globuleux , et à noyaux , d'un gris-violet ; fleurs verdâtres ; feuilles dentées en scie. .... Celtis. vi
{ Fruit comprimé et largement ailé ; fleurs rougeâtres ; feuilles doublement dentées. . Ulmus. vii

5 { Plante à tige volubile , grimpante , anguleuse ; feuilles opposées , à 3-5 lobes. . . Humulus. iv
{ Plante à tige ni volubile , ni grimpante ; plante herbacée. - 6

6 { Feuilles opposées et digitées , à folioles lancéolées , dentées. .... Cannabis. i
{ Feuilles non digitées. 7

7 { Feuilles opposées , à piqûre brulante. Urtica. iii
{ Feuilles ni opposées ni piquantes. 8

8 { Feuilles entières ou à peine sinuées ; tiges faibles, ord. rougeâtres. ..... Parietaria. ii
{ Feuilles lobées ou fortement dentées en scie ; tiges fermes. .... Xanthium. v

a. URTICÉES.

I Cannabis. (Chanvre.) *Sativa.* Cultivé.

II Parietaria. (Pariétaire.)

1 { Feuilles velues et luisantes en dessus , ternes et velues en dessous ; tiges droites et simples ; fleurs staminées non allongées en tube. .... *Officinalis.* Officinale.
{ Feuilles velues et ternes des 2 côtés ; tige couchée et rameuse ; fleurs staminées allongées en tube. .... *Judaïca.* de la Judée.

III Urtica. (Ortie.)

$\left\{\begin{array}{l}\end{array}\right.$ **1** Feuilles en cœur, acuminées; fleurs dioïques ou polygames. . . . . . *Dioïca.* Dioïque.
Feuilles ovales-orbiculaires; tige hérissée au sommet. . . . . . Var. *Hispida.* Hérissée.
Feuilles ovales ni cordées, ni orbiculaires; fleurs monoïques. **2**

2 Fleurs pistillées en chatons ovales ou globuleux, et pédonculées; tige de 8-10 déc. . . . . *Pilulifera.* à Pilules.
Fleurs pistillées en grappes sessiles, tige de 1-5 déc. . . . . *Urens.* Brulante.

IV Humulus. (Houblon.) *Lupulus.* Grimpant.

V Xanthium. (Lampourde.) *Voir aux Composées; famille* 55.me, N.º xxi.

b. ULMACÉES.

VI Celtis. (Micocoulier.) *Australis.* du Midi.

VII Ulmus. (Orme.)

1 8 étamines; fleurs longuement pédonculées; feuilles à dents aiguës. . . . *Effusa.* Cilié.
4-5 étam.; fleurs presque sessiles; feuilles à dents obtuses. *Campestris.* Commun. *Var.* à écorce des rameaux ailée boursouflée. . . . . *Suberosa.* Subéreux.

c. ARTOCARPÉES.

VIII Morus. (Mûrier.)

1 Feuilles glabres ou presque glabres, peu rudes; fruit blanc ou rosé. . . . . . . *Alba.* Blanc.
Feuilles rudes, très-velues; fruit noir. *Nigra.* Noir.

IX Ficus. (Figuier.) *Carica.* Commun. *Et ses variétés.*

88.me *Famille.* JUGLANDÉES.

I Juglans (Noyer.) *Regia.* Commun.

89.me *Famille.* AMENTACÉES.

1 Première analyse par *Tribus* . . . . *
Seconde analyse par les *Fleurs.* . . . . . . **
Troisième analyse par les *Feuilles* et les *Fruits.* ***

* *Analyse des genres par* TRIBUS.

1
- Fleurs dioïques ; les fleurs staminées et les fleurs pistillées sur des pieds différents. SALICINÉES. **A**
- Fleurs monoïques ou polygames, ou hermaphrodites. **2**

2
- Feuilles composées , pinnées ou ailées , à odeur forte. *Famille.* 88.me JUGLANDÉES.
- Feuilles simples , entières ou lobées, non ailées. **3**

3
- Fleurs hermaphrodites ou polygames ; fleurs solitaires ou en petits bouquets ; périgone ou calice régulier. *Famille* 87.me URTICACÉES. n.º 4.
- Fleurs monoïques ou polygames ; mais alors fleurs en chaton. **4**

4
- Fleurs staminées et pistillées en chaton ; cal. nul ou non soudé avec l'ovaire ; fruit nu ou dans un calice. **5**
- Fleurs pistillées jamais en chaton ; cal. soudé avec l'ovaire ; 1-3 fruits enfermés à demi , ou tout à fait dans une enveloppe plus ou moins corriace ou épineuse. . . . QUERCINÉES. **C**

5
- Chatons globuleux, rudes, gros comme une noix; feuilles à lobes et nervures palmées. PLATANÉES. **D**
- Chatons cylindriques ou ovoïdes , bien plus petits. . . . . BÉTULINÉES. **B**

A
- 2-5 étamines ; écailles des chatons entières. . . . . SALIX. **I**
- 8-30 étamines ; écailles incisées-laciniées. . . . . POPULUS. **II**

B
- Chatons pistillés cylindriques ; écailles membraneuses , caduques ; fruit ailé. . BETULA. **III**
- Chatons pistillés ovoïdes; écailles ligneuses persistantes ; fruit non ailé. . . . ALNUS. **IV**

C
- Involucre du fruit chargé d'épines , enveloppant tout le fruit et s'ouvrant en valves. . **2**
- Involucre non épineux ou ne renfermant pas tout le fruit. **3**

2
- Fruit petit à 3 angles tranchants ; chatons fleuris lâches et pendants ; feuilles entières. FAGUS. **VIII**
- Fruit gros, plus ou moins anguleux , jamais à angles tranchants ; chatons fleuris dressés ; feuilles très-dentées. . . . . . CASTANEA. **IX**

3 { Involucre du fruit ligneux, réticulé, écailleux, rude, en cupule. . . . . . . QUERCUS. VII
Involucre foliacé, de consistance herbacée . 4

4 { Involucre campanulacé, irrégulièrement lacinié . . . . CORYLUS VI
Involucre unilatéral, trilobé, le lobe du milieu très-grand . . . . CARPINUS. V

D PLATANÉES. . . . . PLATANUS X

** *Analyse par les fleurs.*

1 { Fleurs hermaphrodites; ou bien chatons pistillés et staminés sur le même pied. 2
Chatons pistillés sur un pied et chatons staminés sur un autre 12

2 { Fleurs en chatons. 3
Fleurs solitaires ou en petits bouquets; périgones réguliers. 11

3 { Chatons cylindriques 4
Chatons globuleux ou ovoïdes, pédonculés et pendants. 10

4 { Chatons sans odeur aromatique. 5
Chatons à odeur aromatique verts; feuilles ailées. JUGLANS. *voir la famille* 88.me JUGLANDÉES.

5 { Chatons fleuris pendants et lâches. 6
Chatons fleuris dressés; périgones pistillés globuleux, hérissés d'épines. . . CASTANEA. IX

6 { Chatons pistillés en petits cônes droits, à pédoncules rameux. . . . . ALNUS. IV
Chatons pistillés inaperçus à l'épanouissement des chatons staminés. 7

7 { Bourgeons écailleux, sans styles colorés. . . 8
Bourgeons émettant 2 styles colorés; grands arbrisseaux; écailles des chatons à 3 lobes et à 8 étam. . . . . CORYLUS. VI

8 { Écailles staminifères nullement ciliées. . . . 9
Écailles staminifères ciliées; anthères surmontées d'un poil. . . . . CARPINUS. V

9 { Étamines partant d'un périgone déchiré; grands arbres à écorce brune, ou arbrisseaux. QUERCUS. VII
Étam. partant d'une écaille accompagnée de 2 autres; arbre médiocre, écorce blanche. BETULA. III

10 { Écorce se détachant par écailles ou par pièces plus ou moins grandes ; chatons rudes , globuleux , tous pleins de petites soies ; feuilles lobées. . . . . PLATANUS. x
Écorce persistante et compacte ; chatons ovoïdes, formés de périgones distincts ; feuilles entières. . . . . FAGUS. VIII

11 { Fleurs purpurines , se développant bien avant les feuilles ; périgone à 4-5 dents. (*Voir la famille* 87.me ULMUS. VII).
Fleurs verdâtres , paraissant avec les feuilles ; périgones de 5-6 segments. (*Voir même famille* 87.me CELTIS. VI).

12 { Écailles entières et imbriquées , à 2-5 étam. . . . . SALIX. I
Écailles cotonneuses ou déchirées au sommet , à 8-30 étamines. . . . . POPULUS. II

**** Analyse par les feuilles et les fruits.*

1 { Feuilles simples , dentées ou lobées , non ailées. 2
Feuilles pinnées ou ailées ; odeur forte ; fruit globuleux , à écorce verte et épaisse. (*Voir la famille* 88.me JUGLANS. 1).

2 { Feuilles à nervures pinnées. 3
Feuilles à nervures palmées , et à 5-7 lobes ; fruit en chaton globuleux , rude , gros comme une noix , plein de soies , pédonculé et pendant. . . . . PLATANUS. x

3 { Arbres ou arbustes dont les fruits tombent avant l'épanouissement des feuilles. 4
Arbres ou arbrisseaux dont les fruits persistent long-temps après l'épanouissement des feuilles. 6

4 { Feuilles égales à la base ; fruit à aigrette cotonneuse. 5
Feuilles inégales à la base ; à limbe plus long d'un côté ; fruit ailé , tout au tour en samare orbiculaire (*Voir la famille* 87.me ULMUS. VII).

5 { Feuilles oblongues-linéaires , sessiles ou brièvement pétiolées . . . . SALIX. I
Feuille deltoïdales ou arrondies , très-mobiles sur des longs pétioles. . . . . . POPULUS. II

6 { Feuilles lobées ou épineuses ; fruit enfermé en partie dans une capsule écailleuse. QUERCUS. VII
Feuilles entières ou dentées. 7

7 { Fruit en drupe nue et à noyau, petit. (*Voir la famille* 88.me CELTIS. VI).
Fruits agrégés ou enfermés dans une enveloppe quelconque ou en cônes ou en chatons fermes. 8

8 { Enveloppe des fruits absolument sans épines. . 9
Enveloppe à épines plus ou moins fortes ou piquantes 12

9 { Fruits en cônes ou en chatons, plus ou moins fermes ou ligneux. 10
Fruits dans un involucre unilatéral, trilobés à lobe du milieu très-grand. . . CARPINUS. V
Fruit dans un involucre foliacé, campanulé, et déchiré au sommet. . . . . . CORYLUS. VI

10 { Fruits en cônes ou strobiles. 11
Fruits en chatons cylindriques et compactes ; arbre à écorce blanche et à feuilles tremblantes ; fruits ailés. . . . . BETULA. III

11 { Cônes ou strobiles membraneux, et foliacés ; écailles à 3 lobes ; feuilles ridées, très-vertes. . . . . CARPINUS. V
Cônes secs et ligneux ; à pédoncules rameux ; feuilles glutineuses ou blanchâtres. . ALNUS. IV

12 { Feuilles longues, lancéolées, dentées ; involucre du fruit à épines piquantes et rameuses. . . . . CASTANEA. IX
Feuilles ovales, entières ; involucre à épines molles, fruit à 3 angles tranchants. . FAGUS. VIII

a. SALICINÉES.

I SALIX. (Saule.)

1 { Tige herbacée ou à peine ligneuse, de 5-9 cent. ; chatons bien latéraux. . . *Herbacea.* Herbacé.
Tige tout-à-fait ligneuse 2

2 { Écailles des chatons d'un jaune-verdâtre ou rosées, à 2 glandes, une extérieure, l'autre intérieure. 3
Écailles ord. brunes ou noires au moins dans leur moitié supérieure, à 1 glande. . . . 5

3 { Rameaux très-allongés et tout-à-fait pendants . . . . *Babylonica.* Pleureur.
Rameaux dressés ou étalés. 4

4 {
Feuilles soyeuses des 2 côtés; 2 étam ; écailles toutes d'un jaune-verdâtre , barbues au sommet. . . . . *Alba.* Blanc.
2 étam. ; écailles d'un jaune-verdâtre à la base, et brunes-noirâtres au sommet ; feuilles glabres à la fin. . . . . *Rubra.* Monadelphe.
3 étamines ; écailles glabres au sommet , toutes d'un jaune-verdâtre ; feuilles glabres. . . . . *Triandra.* à 3 Etamines.

5 {
Souche ou tronc souterrain , se ramifiant sous terre , et ne laissant paraître que des tiges de 13 déc. au plus. 6
Souche ou tronc s'élevant au dessus du sol , en arbres ou arbrisseaux. 7

6 {
Feuilles ord. stipulées ; nervures déprimées en dessus, en réseau en dessous ; pétioles assez longs ; stigm. sessiles ; stipules demi-ovales. . . . . *Versifolia.* Variable.
Feuilles rar. stipulées, à nervures saillantes en dessus , soyeuses et presque lisses en dessous ; pétioles courts, presque nuls ; stig. non sessiles ; stipules lancéolées, aiguës ; tiges ord. couchées , écrasées. . . . . *Repens.* Rampant.

7 {
Rameaux effilés et flexibles. 8
Rameaux noueux , bosselés ou fragiles , non flexibles. 9

8 {
Feuilles à la fin glabres, un peu roulées ; 2 étam. à filets soudés ; anthères pourpres. . . . . *Rubra.* Monadelphe.
Feuilles un peu roulées , soyeuses en dessous ; style long ; 2 étam. libres ; anthères jaunes. . . . . *Viminalis.* à Feuilles longues.
Feuilles planes , glabres , glauques en dessous ; style court ; étam. réunies en une seule. . . . . *Monandra.* à 1 Étamine.

9 {
Fruit glabre ; feuilles linéaires ou linéaires-lancéolées , très-entières à la base, glabres en dessus , cotonneuses en dessous. . *Incana.* Drapé.
Fruit ord. pubescent ; feuilles ovales ou lancéolées , ondulées ou crénelées , ou entières , mais alors non cotonneuses en dessous. 10

10 {
Feuilles presque entières, grandes, glauques, en dessous, d'un vert noir en dessus, ni ondulées ni crénelées-dentées. . . . *Bicolor.* Bicolore.
Feuilles ondulées ou crénelées-dentées. . . . 11

11 { Feuilles très-grandes, élargies au sommet ; stipules très-grandes , réniformes ; chatons paraissant avec les feuilles. *Grandifolia*. à grandes Feuilles.
Feuilles et stipules ordinaires ; chatons paraissant avant les feuilles. 12

12 { Pointe des feuilles droite ; jeunes pousses et bourgeons longtemps pubescents. . *Cinerea*. Cendré.
Pointe des feuilles oblique-recourbée ; jeunes pousses et bourgeons glabres ou bientôt glabres. 13

13 { Jeunes pousses d'abord pubescentes ; feuilles ord. glabres en dessus ; chatons assez gros ; arbrisseau ou arbre de 2-5 mètres. *Capræa*. Marceau.
Jeunes poussses d'abord glabres ; feuilles pubescentes des 2 côtés et fortement ridées en dessus ; arbrisseau bas ; chatons assez petits. *Aurita*. Ridé.*

* *Var.* Arbrisseau très élevé. . . *Cinerescens*. Cendré.

II Populus. (Peuplier.)

1 { Jeunes pousses et écailles des chatons glabres ; 12-30 étam. ; feuilles vertes et glabres des 2 côtés. 2
Jeunes pousses et écailles velues ou cotonneuses ; 8 étam. ; feuilles glauques ou plus ou moins velues cotonneuses en dessous. 3

2 { Rameaux étalés, feuilles deltoïdes-ovales , crénelées-dentées, plus longues que larges. . . . . *Nigra*. Noir.
Rameaux étalés ; feuilles deltoïdes-triangul. , crénelées, plus larges que longues. . . . . *Virginiana*. de Virginie.
Rameaux diffus ; feuilles presque en cœur à dents aiguës-crochues ; chatons en chapelet. . . . . *Monilifera*. de Caroline.
Rameaux dressés , serrés contre le tronc ; feuilles deltoïdes dentées. . . *Fastigiata*. d'Italie.

3 { Feuilles glauques en dessous , glabres à la fin , deltoïdes-orbiculaires , plus larges que longues ; pétioles longs , comprimés et tremblants. . . . . *Tremula*. Tremble.
Feuilles pubescentes ou cotonneuses et plus ou moins blanches en dessous. 4

4 { Feuilles d'un blanc de neige en dessous , lobées-anguleuses, en cœur arrondi ; pétiole court. . . . . *Alba*. Blanc.
Feuilles d'un blanc sale ou grisâtres en dessous , ni lobées, ni cordées , mais ovales-anguleuses-sinuées. . . . . *Albicans*. Grisâtre.

ᴰ. BETULINÉES.

III Betula. (Bouleau.) *Alba.* Blanc.

IV Alnus. (Aulne.)

1 {
Feuilles suborbiculaires, obtuses, souvent tronquées ou émarginées au sommet, pubescentes en dessous, seulement à l'angle de séparation des nervures. . . . . *Glutinosa.* Glutineux.
Feuilles ovales-aiguës ou brièvement acuminées ; couvertes en dessous d'une pubescence blanchâtre ou roussâtre. . . . . *Incana.* Blanchâtre.
}

V Carpinus. (Charme.) *Betulus.* Commun.

ᴄ. QUERCINÉES ou CUPULIFÈRES.

VI Corylus. (Coudrier.) *Avellana.* Noisetier.

VII Quercus. (Chêne.)

1 {
Feuilles corriaces, toujours vertes, persistantes en hiver, épineuses ou dentées en scie ou entières ; arbrisseaux ou arbres jamais très-élevés **2**
Feuilles membraneuses, non persistantes en hiver, ou séchant sur l'arbre après l'automne, sinuées-lobées, nullement épineuses ; arbres ord. très-élevés. **3**
}

2 {
Feuilles vertes des 2 côtés, épineuses. . . . . *Coccifera.* au Kermès.
Feuilles cotonneuses-blanchâtres en dessous, peu épineuses. . . . . . . *Ilex.* Vert.
}

3 {
Fruits sessiles ou presque sessiles, ainsi que les feuilles ; cupule imbriquée-écailleuse non hérissée. . . . . . . *Robur.* à Fruits sessiles.
Fruits pédonculés ou en grappes. **4**
}

4 {
Cupule imbriquée-écailleuse, non hérissée ; fruits longuement pédonculés, presque solitaires. . . . . *Pedunculata.* à Fruits pédonculés.
Cupule écailleuse-hérissée ; fruits pédonculés ou en grappes. . . . . *Toza.* Tauzin.
}

VIII Fagus. (Hêtre.) *Sylvatica.* Fayard.

IX Castanea. (Chataignier.) *Vulgaris,* Commun.

d. PLATANÉES.

X **Platanus**. (Platane.) *Orientalis.* d'Orient.

* Le platane d'Occident (*Occidentalis*), diffère du premier par ses feuilles à lobes moins prononcés , et velues en dessous.

90.me *Famille.* CONIFÈRES.

1	Fruit en forme de baie plus ou moins succulente.	2
	Fruit gros , ligneux , en cône ou strobile , oblong ou ovoïde	5
2	Arbrisseau sans feuilles, nu . . . **Ephedra**.	**v**
	Arbres ou arbrisseaux feuillés	3
3	Fruit gros , environ comme une petite noix ; anguleux , se séparant à la maturité, en plusieurs écailles attachées par le milieu, en clous, ligneuses. . . . . **Cupressus**.	**iii**
	Fruit petit, à la fin charnu et non ligneux ; écailles imbriquées.	4
4	Feuilles ternées ou imbriquées sur 4-6 rangs ; baie à 3 graines. . . . . . . **Juniperus**.	**iv**
	Feuilles éparses, presque distiques , sur 2 rangs; fruit à une graine.. . . . . **Taxus**.	**vi**
5	Arbrisseau , sans feuilles , nu. . **Ephedra**.	**v**
	Arbres ou arbrisseaux feuillés.	6
6	Feuilles très-petites et courtes , imbriquées sur 4 rangs ; fruits globuleux , anguleux , se séparant à la fin en plusieurs écailles attachées par le milieu en forme de clous. . . **Cupressus**	**iii**
	Feuilles linéaires , longues , non imbriquées ; fruits en cônes, à écailles imbriquées et ligneuses.	7
7	Feuilles fassiculées de 2-3 ensemble , ni distiques, ni pectinées ; écailles en massue. . . **Pinus**.	**i**
	Feuilles éparses , distiques-pectinés sur 2 rangs ou à peu près ; écailles minces non en massue. **Abies**.	**ii**

a. ABIETINÉES.

I **Pinus**. (Pin.)

1	Cônes sessiles et obtus , bien plus courts que les feuilles, longues de 10-19 cent. et un peu rudes. . . . . *Maritima*. Maritime.	
	Cônes pédonculés.	2

2 { Cônes obtus, gros, aussi longs et plus longs que les feuilles ; celles-ci planes, convexes et d'un vert blanchâtre. . . . . . *Pinea.* Pignon.

Cônes pointus, plus ou moins longs. . . . .

3 { Cônes presque aussi longs que les feuilles ; celles-ci ayant 4-6 cent. glauques, rudes, dentelées en scie, presque en gouttière ; écailles à 4 angles ; cônes à la fin dressés. *Sylvestris.* Sauvage.

Cônes plus petits ; feuilles vertes, filiformes ; écailles lisses, non anguleuses ; cônes recourbés sur le pédoncule. . . . *Halepensis.* d'Alep.

II Abies. (Sapin.) *Pectinata.* en Peigne.

b. CUPRESSINÉES.

III Cupressus. (Cyprès.)

1 { Rameaux raides, dressés, quadrangulaires au sommet. . . . . *Sempervirens.* Pyramidal.

Rameaux étalés. . . *Horizontalis.* Horizontal.

IV Juniperus. (Genévrier.)

1 { Feuilles oblongues-rhomboïdales, obtuses, sur 6 rangs ou 4 sur les petits rameaux. . . . . *Phœnicea.* de Phenicie.

Feuilles étroites, linéaires, aiguës, rar. obtuses, jamais sur 6 rangs. 2

2 { Feuilles imbriquées sur 4 rangs ou sur 2 rangs sur les jeunes tiges ; arbuste bas et diffus. . . . . *Sabina.* Sabine.

Feuilles ternées ouvertes, non imbriquées, un peu aiguës-piquantes 3

3 { Feuilles une fois plus longues que le fruit noir et de 6 mil. de diam. au plus. *Communis.* Commun.

Feuilles dépassant à peine le fruit roussâtre et de 12 mil. de diamètre. . *Oxicedrus.* Oxycèdre.

c. TAXINÉES.

V Ephedra. (Ephèdre.) *Distachia.* à deux Épis.

VI Taxus. (If.) *Baccatta.* Commun.

CLASSE DEUXIÈME.

PLANTES MONOCOTYLÉDONÉES *ou* ENDOGÈNES.

Cette Classe se divise en 2 Sections : les PHANÉROGAMES
et les CRYPTOGAMES.

1.re SECTION. Les PHANÉROGAMES.

Les Plantes de cette section ont des fleurs distinctes ,
ou les organes de la fructification visibles à l'œil nu.

91.e *Fam.* HYDROCHARIDÉES et NYMPHÆACÉES.

1 {
Fleurs petites , à 3 sépales et 3 pétales . . .　2
Fleurs grandes et belles ; 4-5 sépales ; pétales
indéfinis , plus de 3. . . . .　3

2 {
Feuilles orbiculaires. . . . HYDROCHARIS.　II
Feuilles planes et linéaires. . . VALLISNERIA.　I

3 {
Fleurs jaunes . . . . NUPHAR.　IV
Fleurs blanches. . . . . NYMPHÆA.　III

a. HYDROCHARIDÉES.

I VALLISNERIA. (Valisnérie.) *Spiralis.* en Spirale.

II HYDROCHARIS. (Morrene.) *Morsus-Ranœ.* Aquatique.

b. NYMPHÆACÉ ES.

III NYMPHÆA. (Nénuphar.) *Alba.* Blanc.

IV NUPHAR. (Nuphar.) *Luteum.* Jaune.

92.me *Famille.* ALISMACÉES.

1 {
Feuilles sessiles , presque engaînantes , longues ,
étroites , linéaires. . . . .　2
Feuilles pétiolées , à limbe élargi. . . . .　3

2 {
Fleurs roses , jolies , en ombelle ; hampe de 9-
13 déc. . . . . BUTOMUS.　I
Fleurs verdâtres ou un peu violettes , petites ,
en épis grêles , longs ; 6 étam. ; hampe de 5 décim. au plus. . . . . TRIGLOCHIN.　IV

3 { Feuilles sagittées, en fer de flèche ; fleurs monoïques ; étam. très-nombreuses. SAGITTARIA. III
Feuilles ovales, cordées ou non à la base ; fleurs
hermaphrodites ; 6 étam. . . . . ALISMA. II

a. BUTOMÉES.

I BUTOMUS (Butome.) *Umbellatus.* en Ombelle.

b. ALISMÉES.

II ALISMA. (Fluteau.)

1 { 6 capsules divergentes , en étoile ; feuilles oblongues , cordées à la base. *Damasonium.* Étoilé.
Plus de 6 capsules anguleuses ; feuilles peu ou
point cordées à la base 2

2 { Capsules à 3 angles ; disposées en cercle ; feuilles grandes , ovales , lancéolées , presque cordées et à 7 nervures, . *Plantago.* Plantain d'eau.
Capsules à 5 angles , en tête hérissée ; feuilles
étroites, pointues. . *Ranunculoïdes.* Renoncule.

III SAGITTARIA. (Sagittaire.) *Sagittifolia.* Flèche d'eau.

c. JONCAGINÉES.

IV TRIGLOCHIN. (Troschart.)

1 { Capsule sillonnée, à 6 valves. *Maritimum.* Maritime.
Capsule lisse ou presque lisse, à 3 valves. . , 2

2 { Racines fibreuses; hampe de 2-5 déc. : fleurs verdâtres. . . . . . . *Palustre.* des Marais.
Racines bulbeuses ; hampe de 10-17 cent ; fleurs
un peu violettes. . . *Barrelieri.* de Barrelier.

93.me *Famille.* POTAMÉES.

1.re *Analyse.*

1 { Un seul ovaire. 2
Plusieurs ovaires. 5

2 { Fleurs staminées longuement pédicellées ; tige de
5-9 cent. ; anthère sessile. . . ALTHENIA. IV
Toutes les fleurs sessiles. 3

3 { Feuilles linéaires , très-entières. 4
Feuilles dentelées; 1 étamine . . . NAIAS. VII

4
{ Fleurs hermaphrodites ; 9 étam. dont 3 stériles.
. . . . Posidonia. **VI**
Fleurs monoïques ou dioïques ; plante marine.
. . . . Zostera. **V** }

5
{ Spathe uniflore ; 1 étamine ou anthère sessile.   6
Plus d'une fleur ensemble. . . . .   7 }

6
{ Fleurs staminées nues, sessiles ou presque sessiles, à 1 étam. . . . . Zannichellia. **III**
Fleurs staminées longuement pédicellées, et à
cal. à 3 dents ; anthère sessile. . Althenia. **IV** }

7
{ Spadice à 2 fleurs hermaphrodites ; 4 anthères
à filets très-courts ; 4 capsules à 1 graine ; plante
des lieux maritimes . . . . . . Ruppia. **II**
Plus de 2 fleurs ensemble. . . . . . .   8 }

8
{ Fleurs hermaphrodites ; cal. à 4 divisions ; 4 étam.
ou anthères ; 4 ovaires. . . Potamogeton. **I**
Fleurs monoïques ou dioïques. . . . . . .   9 }

9
{ Plante marine, au fond de la mer ; pas d'enveloppe florale propre ; fleurs cachées dans la gaîne
des feuilles ; fleurs staminées sessiles ou presque sessiles. . . . . Zostera. **V**
Plante des fossés aquatiques, ou des ruisseaux ;
fleurs pistillées dans un cal. en cloche, ou nues,
mais alors, fleurs staminées très-longuement
pédicellées. . . . . *Ci-dessus.*   6 }

2.me *Analyse.*

1
{ Fleurs sans enveloppes florales propres ; ou réunies
dans un involucre commun.   2
Fleurs munies d'une enveloppe florale propre.   8 }

2
{ Fleurs hermaphrodites.   3
Fleurs monoïques ou dioïques. . . . . .   5 }

3
{ Spathe contenant un spadice à 2 fleurs ; 4 étam.
courtes, et 4 ovaires à 1 graine ; plante des lieux
maritimes. . . . . Ruppia. **II**
Plante à fleurs n'ayant qu'une étam. ou en
ayant 9, dont 3 stériles. . . . . . .   4 }

4
{ Spathe à 2 valves ; 9 étamines dont 3 stériles ;
fruit pulpeux. . . . . . Posidonia. **VI**
Spathe uniflore ; 1 étam. ; 4-8 capsules. . .
. . . . Zannichellia. **III** }

5 ⎰ Plante du fond de la mer ; fleurs cachées dans les aisselles des feuilles. . . . . . Zostera. **v**
⎱ Plante des fossés ou des ruisseaux ; fleurs pistillées, au moins, ayant ord. un cal. une enveloppe quelconque. **6**

6 ⎰ 1 ovaire ; capsule grosse, ovoïde ; stigmate obtus ; feuilles dentelées. . . . . Naias. **vii**
⎱ 1 ou plusieurs ovaires ; stigmate en bouclier ; feuilles entières. **7**

7 ⎰ Fleurs staminées nues, sessiles ou presque sessiles ; 1 étam. . . . . Zannichellia **iii**
⎱ Fleurs staminées longuement pédicellées ; anthères sessiles. . . . . . . Althenia. **iv**

8 ⎰ Fleurs monoïques ; les pistillées nues ; les staminées à cal. à 3 dents ; anthère sessile à 1 loge. . . . . Althenia. **v**
⎱ Fleurs hermaphrodites ; 4 étam. ou 4 anthères ; enveloppe florale à divisions ord. semblables, et sur 1-2 rangs rapprochés. **9**

9 ⎰ 4 capsules sessiles ; 3 fleurs ou plus, en épi sur un spadice. . . . . . . Potamogeton. **i**
⎱ 4 capsules pédicellées ; spadice à 2 fleurs. Ruppia. **ii**

I Potamogeton. (Potamot.)   .

1 ⎰ Feuilles de 2 sortes, les unes inondées, les autres flottantes. **2**
⎱ Feuilles toutes inondées. **3**

2 ⎰ Feuilles flottantes ovales ou elliptiques arrondies à la base, ou un peu en cœur à la base ; épi long de ¦3-4 cent. ; feuilles inondées linéaires-lancéolées. . . . . . . *Natans.* Nageant.
⎱ Feuilles flot. oblongues ou oblongues-cordées, ou rétrécies à la base, à 7-9 nervures ; feuilles inondées à peu près semblables aux autres ; épi de 1-2 cent. . . . . *Oblongum.* Oblong.
⎱ Feuilles flot. toutes rétrécies en pétiole oblongues-lancéolées ; feuilles inondées linéaires-allongées ; épi de 3-4 cent. *Fluitans.* Surnageant.

3 ⎰ Feuilles linéaires. **4**
⎱ Feuilles ovales, oblongues ou lancéolées. . . **5**

4 ⎰ Tige bien cylindrique ; feuilles uninervées, engaînantes à la base ; parallèles, presque distiques, presque capillaires, très-aiguës. . . . . *Pectinatum.* en Peigne.
⎱ Tige un peu comprimée ; feuilles à 3-5 nervures, non engaînantes . . . . . *Pusillum.* Fluet.

5 { Toutes les feuilles opposées. 6
{ Feuilles alternes, au moins les inférieures. . . 7

6 { Feuilles serrées, presque imbriquées, un peu acuminées, à 1 nervure. . *Densum.* Serré.
{ Feuilles peu serrées, nullement imbriquées; très-aiguës, à 3-5 nervures. . . . . *Oppositifolium.* à Feuilles opposées.

7 { Feuilles pétiolées ou rétrécies en pétioles. . . . . *Lucens.* Luisant.
{ Feuilles fortement embrassantes, en cœur, presque ovales, nerveuses et dentées en scie. . . . . *Perfoliatum.* Perfolié.
{ Feuilles demi-embrassantes, ou simplement sessiles. 8

8 { Feuilles très-crépues et dentelées en scie au bord, demi-embrassantes à 3 nervures ; fruit terminé par un bec aussi long que lui. *Serratum.* Denté.
{ Feuilles planes ou peu ondulées, non dentelées en scie, longuement rétrécies à la base ; fruit à bec très-court. . . . . . *Crispum.* Crépu.
{ Feuilles demi-embrassantes, serrées, ovales ou ovales-lancéolées, ondulées, opposées, un peu dentées à la loupe ; fruit brièvement acuminé. . . . . *Ci-dessus.* 6

II Ruppia. (Ruppie.) *Maritima.* Maritime.

III Zannichellia. (Zannichelle.) *Palustris.* des Marais.

IV Althenia. (Althénie.) *Filiformis.* Filiforme.

V Zostera. (Zostère.)

1 { Fleurs dioïques ; graines non terminées par un bec crochu ; feuilles larges de 2 mil. au plus. . . . . . . *Mediterranea.* de la Méditerranée.
{ Fleurs monoïques ; graines terminées par un bec crochu ; feuilles à trois nervures, larges de 8-10 mil. au moins. . . *Marina.* Marine.
{ Plante naine, très-petite; feuilles menues, à 1 nervure. . . . . *Nana.* Naine.

VI Posidonia. (Posidonie) *Oceanica.* de l'Océan. ou *Caulinia-Oceanica.* Caulinie de l'Océan.

VII Naïas. (Nayade.) *Marina.* Marine.

23

94.ᵐᵉ *Famille.* ORCHIDÉES.

1 { Tablier ou labelle de la fleur prolongé à sa base en éperon ou sac. 2
{ Tablier non prolongé à sa base en éperon ou sac. 4

2 { Plante feuillée, au moins vers les racines. . . . . ORCHIS. I
{ Plante non feuillée, mais munie d'écailles. . 3

3 { Fleurs violettes ; éperon allongé. LIMODORUM. IX
{ Fleurs blanchâtres, à éperon très-court, caché dans le calice. . . . . . CORALLORHIZA. VIII

4 { Plante écailleuse ou non feuillée 5
{ Plante à feuilles au moins radicales. . . . 6

5 { Fleurs à 6 divisions conniventes en casque, tablier bifide. . . . . NEOTHIA. V
{ Divisions latérales déjetées ; tablier en gouttière, presque à 3 lobes . . . . CORALLORHIZA. VIII

6 { Fleurs en épi tordu en spirale ; racines à tubercules . . . . SPIRANTHES. VI
{ Fleurs en épi décroissant, serré, unilatéral ; racine rampante, grêle, articulée. GOODYERA. VII
{ Fleurs en épi ni tordu en spirale, ni unilatéral. 7

7 { Tablier à 3 lobes ; les latéraux dressés en oreillettes ; celui du milieu très-grand en languette. . . . . SERAPIAS. III
{ Tablier interrompu, incisé au milieu des 2 côtés, et embrassant les organes de la fructification. . . . . EPIPACTIS. IV
{ Tablier rétréci à la base, continu et non incisé au milieu ; lobes latéraux jamais dressés en oreillettes. . . . . OPHRYS. II

I ORCHIS. (Orchis.)

1 { Tubercules palmés, non entiers, ou racine fibreuse 2
{ Tubercules entiers, ovoïdes, sphériques ou plus ou moins cylindriques. 9

2 { Tablier entier et sans lobes latéraux. *Nigra.* Noir.
{ Tablier à 3 ou 4 et même 5 lobes 3

3 { Tablier à 4 lobes, 2 latéraux et 2 inférieurs souvent séparés par une petite dent ; fleurs petites, d'un pourpre-foncé. . *Ustulata.* Brûlé.
{ Tablier à 3 lobes. 4

4 { Éperon 2 fois aussi long que l'ovaire. . . . . . .
. . . . *Conopsea.* à long Éperon.
Éperon bien plus court que l'ovaire ou l'égalant
à peine. 5

5 { Éperon semblable à une corne, atteignant environ le milieu de l'ovaire. 6
Éperon très-court, semblable à un sac ou à une
bourse. 8

6 { Tige fistuleuse ; lobes latéraux du tablier ord.
déjetés en bas ; bractées bien plus longues que
les fleurs ; tablier ord. marqué de 2 arcs de taches plus foncées. . *Latifolia.* à larges Feuilles.
Tige pleine, solide ; tablier à peu près plane. . 7

7 { Épi à peine plus long que large, serré : fleurs
jaunâtres, à tablier ponctué ou rayé *Sambucina.* Sureau. *Var.* à fleurs purpurines. . . .
. . . . *Incarnata.* Rougeâtre.
Épi évidemment plus long que large ; fleurs
lilas-pâles ou blanchâtres, rayées et élégam-
ment ponctuées de violet. . *Maculata.* Taché.

8 { Racines fibreuses ; lobes latéraux plus courts
que celui du milieu. . . *Albida.* Blanchâtre.
Racines tuberculeuses ; lobes latéraux plus longs
que celui du milieu . . . *Viridis.* Verdâtre.

9 { Tablier sans lobes latéraux, plus ou moins entiers ou crénelés, ou échancrés. 10
Tablier à 3-5 lobes, plus ou moins distincts ou
en lanières 11

10 { Éperon 2 fois aussi long que l'ovaire ; tablier en
languette simple ; hampe ord. à 2 feuilles rar. 3.
. . . . *Bifolia.* à deux Feuilles.
Éperon presque aussi long que l'ovaire ; tablier
large presque à 3 lobes : tige fistuleuse. . .
. . . . *Latifolia.* à larges Feuilles.
Éperon une fois plus court que l'ovaire ; tablier
ovale, convexe, presque entier ou crénelé,
avec appendice. . . . . . . *Picta.* Brodé.

11 { Tablier à 5 lanières, les 2 latérales et les 2 infér.
très-étroites, celle du milieu courte, sortant
du milieu des 2 infér. ; le tout formant un petit singe. . . . . *Simia.* Singe.
Tablier à 3-4 lobes, avec ou sans dents entre les
2 infér. 12

12 {
Tablier à lobe du milieu très-long, de 4-5 cent. ,
étroit de 1-2 mil. ; fleurs d'un blanc verdâtre ,
à odeur très-fétide ; épis très-gros. . . -
. . . . *Hircina.* à odeur de Bouc.
Tablier jamais à lobe du milieu aussi dispropor-
tionné. 13

13 {
Lobe du milieu entier ou seulement denté , ou
très-faiblement échancré. 14
Lobe du milieu échancré en 2 lobes bien marqués , plus ou moins profonds séparés ou non
par une dent 23

14 {
Fleurs jaunâtres. 15
Fleurs non jaunâtres. 16

15 {
Éperon relevé , ascendant ; épi cylindrique , lâ-
che. . . . . *Provincialis.* de Provence.
Éperon abaissé , non ascendant ; tablier ord.
ponctué ou rayé ; épi ovale , assez serré. . .
. . . . *Sambucina.* Sureau.

16 {
Éperon égalant presque l'ovaire ou le dépassant. 17
Éperon environ une fois plus court que l'ovaire. 21

17 {
Épi très-serré , pyramidal , presque globuleux-
pointu ; éperon dépassant un peu l'ovaire ; masses de pollen soudées par les pédicelles. . .
. . . . *Pyramidalis.* Pyramidal·
Épi oblong ou allongé , nullement pyramidal ;
éperon égalant presque l'ovaire ; masses de pollen non soudées par les pédicelles libres . . 18

18 {
Tubercules allongés et pointus ; bractées dépassant longuement les fleurs en épi cylindrique et
dense. . . . . . *Latifolia.* à larges feuilles·
Tubercules arrondis ou ovoïdes 19

19 {
Feuilles infér. et sépales obtus ; épi à peine plus
long que large , serré ; tubercules ovoïdes ou
oblongs ; fleurs purpurines. . . . . . .
Sambucina. Var. *Incarnata.* Sureau. *Var.* Rougeâtre.
Feuilles et sépales supérieurs aigus ; épi oblong ,
ou allongé ; tubercules arrondis. 20

20 {
Sépales soudés , connivents en casque , à 2-3 dents
ou pointes inégales ; tablier à lobe infér. lancéolé , entier ; fleurs à odeur suave . . . .
. . . . *Flagrans.* Odorant.
Sépales libres, étalés ; tablier à lobe infér. échancré bifide. . . . . *Mascula.* Mâle.

21 { Fleurs presque renversées , en épi globuleux , très-serré ; sépales longuement acuminés et libres. . . . . *Globosa.* Globuleux.
Fleurs droites , en épi oblong , plus ou moins serré ; sépales soudés en casque.   22

22 { Fleurs à odeur fétide, ou peu sensibles ; épi lâche, à fleurs petites, d'un rouge sale ou violacé, tablier verdâtre-ponctué. . *Coriophora.* Punais.
Fleurs à odeur suave , épi ord. serré , à fleurs rouges grandes. . . . . *Fragans.* Odorant.

23 { Éperon environ 1 fois plus court que l'ovaire. .   24
Éperon égal ou presque égal à l'ovaire. . . .   34

24 { Les 2 lobes infér. du tablier séparés par une pointe ou un appendice.   25
Les 2 lobes infér. non séparés par une dent , ou appendice.   32

25 { Les 2 lobes séparés par une lanière linéaire, un peu longue ; tablier ayant la forme d'un singe. . . . . *Simia.* Singe.
Lobes séparés par une dent ou un petit appendice arrondi.   26

26 { Épi très-serré ; feuilles larges de 1-2 cent. .   27
Épi peu ou point serré; feuilles larges de 3-5 cent.   28

27 { Les 2 lobes moyens du tablier crénelés-dentelés ; tablier lisse , à appendice, arrondi ; fleurs d'un rouge pâle. . . . . . *Variegata.* Panaché.
Les 2 lobes moyens bi-tridentés ; tablier rude , ponctué ; éperon dépassant la moitié de l'ovaire ; fleurs roses-cendrées. *Galeata.* en Casque.
Les 2 lobes moyens entiers ; éperon très-court ; tablier rude ponctué. . . . *Ustulata.* Brulé.

28 { Tablier lisse , à 3 lanières étroites , obliquement tronquées, dentelées en scie ; la moyenne à dent du milieu arrondie ; sépales rayés ; tablier ponctué de pourpre; épi court. *Variegata.* Panaché.
Tablier ponctué-rude , dent du milieu du lobe moyen pointue. . . . . '.   29

29 { Éperon dépassant la moitié de l'ovaire; les 2 lobes moyens du tablier bi-tridentés ; sépales tout-à-fait soudés-connivents ; fleurs cendrées-rosées ; épi court, très-serré. . . *Galeata.* en Casque.
Éperon plus court que la moitié de l'ovaire , lobes moyens entiers ou crénelés ; épi peu serré et grand, ou s'il est serré, alors petit et à petites fleurs.   30

30
{ Fleurs petites; feuilles larges de 1-2 cent; épi
serré ; lobes moyens entiers. . *Ustulata.* Brulé.
Fleurs belles, grandes, en épi grand, peu serré,
presque lâche ; feuilles larges de 3-5 cent. . 3t

31
{ Fleurs d'un pourpre pâle, ou cendré, ponctuées
de pourpre-foncé; tablier ord. marqué de 2
rangs de points rudes et foncés, sur le lobe
moyen; éperon un peu courbé. *Militaris.* Militaire.
Fleurs d'un pourpre noir ; tablier blanc-d'émail,
confusément ponctué de pourpre; sépales presque obtus, soudés en casque; éperon presque
droit. . . . . *Fusca.* Superbe.

32
{ Épi grand, lâche; fleurs belles et grandes ; feuilles larges de 3-5 cent; bractées courtes. *Ci-dessus.* 31
Épi oblong, dense; feuilles très-larges ; bractées
très longues, dépassant les fleurs, d'un pourpre
verdâtre. . . *Longibracteata.* à longues Bractées.
Épi très-serré ; feuilles larges de 1-2 cent.; bractées courtes, ne dépassant pas les fleurs. . . 33

33
{ Les 2 lobes moyens du tablier crénelés ; tablier
lisse, ord. ponctué. . . *Variegata.* Panaché.
Les 2 lobes entiers ; tablier ponctué-rude ; éperon très-court. . . . . *Ustulata.* Brulé.

34
{ Fleurs jaunâtres, grandes, ord. parfumées ; tablier rude pubescent ; sépales non connivents;
éperon ascendant, obtus égalant l'ovaire. .
. . . . *Provincialis.* de Provence.
Fleurs non jaunâtres, ou jaunâtres, mais alors
sépales connivents, non ouverts. 35

35
{ Sepales étalés, ouverts, non connivents; fleurs
jamais jaunâtres. 36
Sépales soudés-connivents ou simplement connivents 37

36
{ Feuilles linéaires-lancéolées, un peu en gouttière; lobe moyen ord. plus court que les latéraux, rar. égal ou plus long ; épi très-lâche,
tout pourpre, rar. blanc ; bractées à 3-4 nervures. . . . . *Laxiflora.* à Fleurs lâches.
Feuilles largement lancéolées ; lobes du tablier
presque égaux ; épi un peu serré, jamais très-
lâche ; tablier ponctué ; bractées à 1 nervure.
. . . . *Mascula.* Mâle.

37 {
Épi court ; lobe moyen du tablier à une dent arrondie entre ses divis. ; sépales aigus ; éperon courbé court. . . . . *Variegata.* Panaché.
Épi lâche ; pas de dent entre les divis. du lobe moyen ; sépales obtus ; éperon ascendant , presque égal à l'ovaire ; bractées à 1 nervure. . . . . *Morio.* Bouffon.

II Ophrys. (Ophrys.)

1 {
Pétales supérieurs connivents , en voute ; tablier linéaire , à 3 lanières ; celle du milieu plus longue et bifide ; fleurs d'un jaune verdâtre. . . . . . . *Anthropophora.* Homme pendu.
Pétales supér. étalés , ouverts ; tablier plus ou moins convexe. 2

2 {
Tablier à 2 lobes latéraux situés près de sa base, courts, oblongs, veloutés-soyeux ; celui du milieu presque glabre , rayé de jaune à la base , ovale, élargi en bas et terminé par un appendice en alène. . . . . . *Apifera.* Abeille.
Lobes latéraux nuls ou situés au milieu ou vers le bas du tablier , celui-ci non terminé par un appendice. 3

3 {
Tablier à 3 lobes plus ou moins prononcés. . . 4
Tablier entier ou à peine crénelé ou denté. . . 5

4 {
Lobes très-prononcés, tous pubescents, bruns ; 2 grandes taches oblongues parallèles, confluentes d'un brun pâle sur le tablier ample-oblong. . . . . *Fusca.* Brun.
Lobes arrondis en forme de hache ; tablier glabre jaune tout au tour ; disque du milieu oblong , velouté , couleur de sang. . . *Lutea.* Jaune.

5 {
Tablier un peu en forme de violon , échancré , brunâtre soyeux à 2 raies glabres, noirâtres , parallèles. . . . . . *Aranifera.* Araignée.
Tablier arrondi ou ovale, à 1-3 dents , velouté-jaunâtre ; 2 callosités noires vers la base , disque rond , glabre, d'un brun pâle, avec un point hérissé au milieu. *Pseudo-speculum.* faux Miroir.

III Serapias. (Elleborine.)

1 {
Tablier à lobe du milieu ovale-lancéolé , aigu , glabre. . . . . . . *Lingua.* à Languette.
Tablier à lobe du milieu très-grand , en cœur , acuminé , velu. . . . . *Cordigera.* en Cœur.

IV Epipactis. (Épipactis.)

1
- Tablier lobé, beaucoup plus long que les segment du casque. (*Voir.* Neottia v.)
- Tablier entier, jamais plus long que les segments du casque. **2**

2
- Fleurs pendantes, pédonculées; ovaire pédicellé non contourné **3**
- Fleurs sessiles, droites; ovaire sessile, plus ou moins contourné. **4**

3
- Tablier obtus, arrondi, égalant ou dépassant les divisions latérales de la fleur; bractées plus courtes que les fleurs; ovaire rétréci au sommet. . . . . *Palustris.* des Marais.
- Tablier acuminé, un peu courbé, plus court que les divisions latérales de la fleur; bractées au moins aussi longues que les fleurs; ovaire élargi au sommet. . . . *Latifolia.* à larges Feuilles.

4
- Fleurs roses; tablier aigu; ovaire pubescent. . . . . *Rubra.* Rouge.
- Fleurs blanches ou jaunâtres; tablier obtus; ovaire glabre. **5**

5
- Bractées égalant ou dépassant l'ovaire; fleurs d'un blanc jaunâtre. . . . . *Pallens.* Pâle.
- Bractées petites, bien plus courtes que l'ovaire; fleurs blanches ou à tablier rayé de rouge. . . . . *Ensifolia.* Blanc-de-Neige.

V Neottia. (Neottie.)

1
- Plante décolorée, d'un blanc-roussâtre, à écailles, sans feuilles. . . . . *Nidus-avis.* Nid-d'oiseau.
- Plante verte, à 2 feuilles larges, opposées. . . . . *Ovata.* Ovale.

VI Spiranthes. (Spiranthe.)

1
- Feuilles toutes radicales; de simples gaînes sur la tige. . . . . . *Autumnalis.* d'Automne.
- Tige feuillée . . . . . . *Æstivalis.* d'Été.

VII Goodyera. (Goodyère.) *Repens.* Rampante.

VIII Corallorhiza. (Coralline.) *Innata.* de Haller.

IX Limodorum. (Limodore.) *Abortivum.* à Feuilles avortées.

95.me *Famille.* IRIDÉES.

1
- Pistil portant 3 lanières très-grandes, pétaloïdales. . . . . Iris. **1**
- Pistil ne portant pas de lanières pétaloïdales. . . **2**

2 { Fleurs irrégulières , presque à 2 lèvres , à 6 segments inégaux , ord. rouges. . GLADIOLUS. II
Fleurs à forme régulière ou symétrique. . . 3

3 { Tube grêle et très-long , à 6 divisions égales ; 3
stigmates dilatés , roulés en dedans. CROCUS. IV
Tube court ; fleurs en cloche à 6 divisions profondes et égales ; 3 stigmates bifides , étroits
réfléchis . . . . IXIA. III

a. FERRARIÉES.

I IRIS. (Iris.)

1 { Sépales ou pétales barbus à la base, en dessus. 2
Sépales ou pétales non barbus vers la base. . 3

2 { Tige forte , de 6-10 déc. ; fleurs bleues-bariolées,
rar. blanches. . . *Germanica.* Germanique.
Tige ord. plus basse , dépassant les feuilles ;
fleurs d'un jaune verdâtre , rayées de bleu ou
de rouge ; tube enfermé (dans la spathe. . .
. . . . *Lutescens.* Jaunâtre.
Tige ord. plus courte que les feuilles , naine ,
uniflore ; fleurs bleuâtres. . *Pumila.* Nain. *

* *Var.* A fleurs jaunâtres . . . . . *Lutea.* Jaune.

3 { Racines tubéreuses ; feuilles tétragones ; fleurs
jaunâtres ; plante basse. . *Tuberosa.* Tubéreux.
Racines non tubéreuses ; feuilles en glaive , planes ou linéaires. , ... 4

4 { Fleurs jaunes ; plante aquatique , élancée. . .
. . . . *Pseudacorus.* Faux-Açore.
Fleurs bleuâtres ou panachées , rar. jaunes et
alors plante basse. 5

5 { Tige à 1 angle ; ovaire trigone ; feuilles fétides.
. . . . *Fœtidissima.* Gigot.
Tige cylindrique; ovaire hexagone. *Spuria.* Batard.

b. GLADIOLÉES.

II GLADIOLUS. (Glayeul.)

1 { Fleurs en épi unilatéral ; anthères plus courtes
que les filets. 2
Fleurs en épi presque distique ; anthères plus
longues que les filets. . *Segetum.* des Moissons

2 { Tube du périgone 6 fois plus long que l'ovaire ; stigmates garnis sur les bords de papilles dès la base. . . . . . . *Communis.* Commun.
Tube du périgone 3 fois plus long que l'ovaire ; stigm. n'ayant de papilles que dans la moitié supérieure . . . . *Illiricus.* d'Illirie.

c. IXIÉES.

III Ixia. (Ixie.) *Bulbocodium.* Bulbocode.

IV Crocus. (Safran.) *Vernus.* Printanier.

96.me *Famille.* AMARYLLIDÉES.

1 { Corolle munie d'une couronne à la gorge. . . 2
Corolle non munie d'une couronne à la gorge. . 3

2 { Corolle en entonnoir ; couronne membraneuse, portant les étam. très-saillantes. Pancratium. v
Corol. en soucoupe ; couronne pétaloïdale , ne portant pas les étamines peu ou point saillantes. . . . . Narcissus. iv

3 { Fleurs jaunes ; gorge munie de 6 petites écailles. . . . . Amaryllis. i
Fleurs blanches ou rosées , à gorge nue. . . . 4

4 { Corolle en cloche , à 6 divisions égales , épaissies au sommet. . . . . Leucoium. ii
Corol. à 3 divisions extér. plus longues que les 3 intérieures échancrées . . . Galanthus. iii

a. GALANTHÉES.

I Amaryllis. (Amaryllis.) *Lutea.* Jaune.

II Leucoium. (Nivéole.)

1 { Style en massue ; spathe à 1-2 fleurs , ord. à 1 . . . . *Vernum.* Printanière.
Style en massue ; spathe à 4-6 fleurs. . . . . *Æstivum.* d'Été.
Style filiforme ; spathe à 2 fleurs. . . . . *Autumnale.* d'Automne.

III Galanthus. (Perce-neige) *Nivalis.* des Parisiens.

b. NARCISSÉES.

IV Narcissus. (Narcisse.)

1 { Fleurs blanches. 2
{ Fleurs jaunes ou jaunâtres. 3

2 { Fleurs blanches, à couronne toute blanche ; hampe à 2-6 fleurs . . . . . *Dubius.* Douteux.
{ Fleurs blanches, à couronne bordée de rouge ; hampe ord. uniflore. . . *Poeticus.* des Poètes.
{ Fleurs blanches, à couronne toute d'un jaune doré, sans liseré rouge ; hampe de 3-10 fleurs. . . . . *Tazetta.* Tazette.

3 { Couronne très-saillante, en cloche allongée, sinuée, environ aussi longue que les divisions de la corol ; hampe uniflore. . . . . *Pseudo-Narcissus.* Faux Narcisse.
{ Couronne au moins 1 fois plus courte que les divisions de la corolle. 4

4 { Couronne en tube campanulé, environ 1 fois plus courte que les divisions de la corolle ; hampe 1-2 flore. . . . . 4 *b.*
{ Couronne environ 3 fois plus courte que les divisions de la corolle ; hampes rar. uniflores. . . 5

4 *b.* { Feuilles presque planes en carène, obtuses ; hampe à 2 tranchants, à 1 fleur à tube très-long, à divis. écartées, ovales-lancéolées ; couronne ondulée-crépue. *Incomparabilis.* Nompareil.
{ Feuilles demi-cylindriques, en gouttière, en alène ; hampe à 1-2 fleurs ; couronne en coupe, presque lobée. . . *Juncifolius.* à feuilles de Jonc.

5 { Feuilles presque planes, un peu glauques, obtuses ; couronne en cloche tronquée, très-entière ; hampe à 3-10 fleurs. . . *Tazetta.* Tazette.
{ Feuilles en gouttière ou en carène, vertes ; couronne en roue ou en coupe. 6

6 { Feuilles linéaires ou demi-cylindriques, et canaliculées en gouttière ; couronne en coupe plissée, ouverte ; hampe cylindrique à 2-6 fleurs. . . . . *Jonquilla.* Jonquille.
{ Feuilles linéaires en carène ; couronne en roue, scarieuse, crénelée, rétrécie ; hampe ord. à 2 fleurs ; *Biflorus.* à deux Fleurs. *Var.* à 4 fleurs. . . . . *Quadriflorus.* à quatre Fleurs.

V PANCRATIUM. (Pancrace.) *Maritimum.* Maritime.

97.me *Famille.* ASPARAGINÉES.

1 { Sous-arbrisseaux à feuilles menues, filiformes, en paquets . . . . ASPARAGUS. **I**
Sous-arbrisseaux à feuilles larges. **2**
Plante herbacée. **4**

2 { 3 étamines ; feuilles ovales-elliptiques, piquantes au sommet seulement et portant la fructification sur le limbe. . . . . RUSCUS. **VII**
6 étamines ; feuilles en cœur, épineuses ou non. **3**

3 { Ovaire libre, supère ; tige anguleuse, épineuse ainsi que les feuilles, au moins ordinairement. . . . . SMILAX. **VI**
Ovaire adhérent ou infère ; tige ni anguleuse, ni épineuse ; feuilles jamais épineuses. TAMUS. **VIII**

4 { Tige faible et grimpante ; fleurs dioïques, blanchâtres, à 6 segments ; feuilles larges en cœur, luisantes non épineuses. . . . . . TAMUS. **VIII**
Tige nulle ou consistante, ferme ; fleurs hermaphrodites. **5**

5 { Feuilles filiformes, menues, en petits faisceaux ; tige rameuse. . . . . . . ASPARAGUS. **I**
Feuilles plus ou moins larges, solitaires, alternes ou verticillées. **6**

6 { Fleur solitaire et terminale, à 8 segments, dont 4 représentant le cal. et 4 la corolle ; 4 ou 5 feuilles très-larges en un seul verticille. PARIS. **III**
Plusieurs fleurs, à 4 ou 6 segments. **7**

7 { Tige simple ou nulle ; feuilles unilatérales, ou amincies en pétioles, ou verticillées. . . . **8**
Tige rameuse ; feuilles larges, ovales, amplexicaules. . . . . STREPTOPUS. **II**

8 { Fleurs à 4 divisions ouvertes ; 2 feuilles pétiolées en cœur ; fleurs en grappes terminales. . . . . MAIANTHEMUM. **V**
Fleurs à 6 segments ou à 6 dents ; feuilles ovales, ou elliptiques. . . . CONVALLARIA. **IV**

a. ASPARAGÉES.

I ASPARAGUS. (Asperge.)

1 { Tige ligneuse ; feuilles un peu piquantes. . . . . Acutifolius à Feuilles aiguës.
Tige herbacée. **2**

2 { Pédicelles des fleurs articulés immédiatement
sous les fleurs. . *Tenuifolius.* à Feuilles menues.
Pédicelles des fleurs articulés vers le milieu. . 3

3 { Stipules épineuses ; fleurs jaunâtres. . . .
. . . . *Marinus.* Marine.
Stipules non épineuses ; fleurs verdâtres. . .
. . . . *Officinalis.* Officinale.

II **Streptopus.** (Streptope.). *Amplexifolius.* à Feuilles
Embrassantes.

III **Paris.** (Parisette.) *Quadrifolia.* à quatre Feuilles.

IV **Convallaria.** (Muguet.)

1 { Feuilles seulement radicales ; hampe nue ; fleurs
toutes blanches, en grelot campanulé, et en
épi . . . . *Majalis.* de Mai.
Feuilles sur la tige ; fleurs en tube, blanches, vertes au sommet. 2

2 { Feuilles verticillées 4 à 4. *Verticillata.* Verticillé.
Feuilles non verticillées. 3

3 { Tige anguleuse ; pédoncules axillaires, à 1-2
fleurs pubescentes ; étamines à filets glabres. .
. . . . . . *Polygonatum.* sceau de Salomon.
Tige cylindrique ; pédoncules axillaires à 3-5
fleurs glabres ; étamines à filets velus. . . .
. . . . *Multiflora.* Multiflore.

V **Maianthemum.** (Mianthême.) *Bifolium.* à deux Feuilles.

' **b**. SMILACÉES.

VI **Smilax.** (Smilax.)

1 { Arbuste presque en buisson, peu grimpant ; tige
portant des aiguillons épineux ; baie d'un pourpre noirâtre ; feuilles cordées, pointues. . .
. . . . *Aspera.* Rude.
Arbuste très grimpant ; tige sans aiguillons épineux ; feuilles cordées à 7-9 nervures, presque
aussi larges que longues ; baie rougeâtre ou
jaune. . . . . . *Mauritanica.* de Mauritanie.

VII **Ruscus.** (Fragon.) *Aculeatus.* Piquant.

c. DIOSCORÉES.

VIII **Tamus.** (Tamisier.) *Communis.* Commun.

98.ᵐᵉ *Famille.* LILIACÉES.

1 { 3 stigmates ouverts ou presque soudés, mais distincts ; graines ord. planes. 2
1 seul stigmate; graines globuleuses ou anguleuses. 7

2 { Hampe nue ; feuilles radicales. . . . . '3
Hampe ou tige feuillée. 4

3 { Fleurs tubuleuses en soucoupe , divisées jusque
vers le milieu, à lobes très étalés , non réfléchis ; étam. insérées à la gorge du tube ; odeur
suave. . . . . POLIANTNES. XII
Fleurs à 6 divisions libres ou peu soudées, réfléchies ; 3 onglets à 2 tubercules nectarifères ; 1
style ; graines globuleuses. . ERYTHRONIUM. IV
Fleurs à 6 divis. libres, dressées ou étalées : stigm.
sessiles ; graines planes. . . . . . TULIPA. I

4 { Fleurs tubuleuses en soucoupe , divisées jusque
vers le milieu ; étam. insérées à la gorge du
tube; lobes de la corol. très-étalés. POLIANTHES. XII
Fleurs divisées jusqu'à la base, ou à peu près. . 5

5 { Onglets des pétales munis d'une fossette nectarifère brillante comme une perle , étant fraiche;
fleurs renversées et marquetées en damier . .
. . . . FRITILLARIA. II
Pas de fossette nectarifère et brillante aux onglets. 6

6 { Hampe ord. multiflore, élevée ; 1 style ; pétales
marqués d'un sillon longitudinal dès leurs
bases. . . . . LILIUM. III
Hampe ord. uniflore , basse ; stigm. sessiles ; pas
de sillon longitudinal. . . . . . . TULIPA. I

7 { Étam. déjetées-ascendantes ; fleurs d'un jaune-
rougeâtre ; corol. longuement tubuleuse à la
base, à divis. grandes et belles. HEMEROCALLIS. XI
Étam. droites : fleurs ou jamais jaunes , ou divisées jusqu'à la base. 8

8 { Fleurs en ombelle , sortant d'une spathe ord. à 2
divisions. . . . . ALLIUM. X
Fleurs jamais en ombelle sortant d'une spathe bifide. 9

9 { Filaments des étam. , tous ou la plupart dilatés,
élargis à la base. 10
Filaments jamais fortement dilatés à la base. . 11

10 { Filets des étam. voûtés à leur base et couvrant l'ovaire ; capsule globuleuse ; racines fibreuses ou tuberculeuses. . . . . . ASPHODELUS. **XIII**
Filets allongés, droits ; ovaire allongé, sillonné, caréné ; racines bulbeuses. . ORNITHOGALUM. **IX**

11 { Fleurs jaunes plus ou moins verdâtres ; plante basse. . . . . GAGEA. **VIII**
Fleurs bleues ou blanches. 12

12 { Périgone en grelot ou fortement tubuleux. . . 13
Périgone divisé jusqu'à la base. 14

13 { Fleurs en grelot, à 6 dents ou lobes ; fleurs bleues. . . . . MUSCARI. **V**
Fleurs tubuleuses, livides ; limbe divisé, ouvert. . . . . HYACINTHUS. **VI**

14 { Racines bulbeuses ; fleurs ord. bleues ou roses rar. blanches. . . . . SCILLA. **VII**
Racines tuberculeuses ou fibreuses ; fleurs toujours blanches. 15

15 { Filets des étam. dilatés voûtés à la base ; pétales à nervure d'un vert-brunâtre ou purpurine. . . . . ASPHODELUS. **XIII**
Filets des étam. non dilatés-voûtés à la base ; pétales à nervure transparente. . ANTHERICUM. **XIV**

a. TULIPACÉES.

I TULIPA. (Tulipe.)

1 { Bulbe lanugineuse ; fleurs, au moins en partie, écarlates. 2
Bulbe non lanugineuse ; fleurs jaunes ou d'un jaune-rougeâtre. 3

2 { Fleurs écarlates, avec une grande tache noire, bordée de jaune à la base. . . . . *Oculus-solis.* œil de Soleil.
Fleurs à divisions extér. écarlates, bordées de blanc ; les intérieures blanches, à onglet pourpre noir. . . . . . *Clusiana.* de l'Écluse.

3 { Divisions intér. de la corolle barbues au sommet ; fleurs jaunes. . . . . *Sylvestris.* Sauvage.
Divisions de la corol. glabres au sommet ; fleurs d'un jaune rougeâtre. . . *Celsiana.* de Cels.

II FRITILLARIA. (Fritillaire.) *Meleagris.* Méléagre.

On en cultive une espèce rouge. *Imperialis.* Impériale.

III Lilium. (Lys.

1 { Segments de la corolle grands , larges , étalés en cloche, ouverts ; fleurs blanches. . . . . *Candidum.* Blanc.
Segments étroits et réfléchis ou roulés en dehors; fleurs plus ou moins rosées ou purpurines. . . . . *Martagon.* Martagon.

b. METHONICÉES.

IV Erythronium. (Erythrone.) *Dens-Canis.* Dent-de-Chien.

c. ASPHODALÉES. *a.* Scillées.

V Muscari. (Muscari.)

1 { Fleurs supérieures stériles, très-longuement pé-dicellées. . . . . . . *Comosum.* à Toupet
Fleurs supér. sessiles ou à pédicelles égaux aux fleurs. 2

2 { Fleurs ovales, uniformes, serrées ; les supérieu-res sessiles, à odeur forte ; d'un bleu-noir ; feuilles étalées ou renversées. . . . . *Racemosum.* à Grappe.
Fleurs supér. ord. coniques et stériles ; les infér. globuleuses, écartées, inodores, d'un bleu-clair; feuilles dressées. . . . *Botryoïdes.* Botride.

VI Hyacinthus. (Jacinthe.) *Serotinus.* Tardive.

VII Scilla. (Scille.)

1 { Feuilles linéaires, filiformes, de 2-3 mil. ; fleurs petites, en grappe . . *Autumnalis.* d'Automne.
Feuilles lancéolées, planes ou canaliculées, lar-ges au moins de 1 cent. 2

2 { Ord. 2 feuilles , rar. 3, canaliculées ; hampe cy-lindrique. . . . . . *Bifolia.* à 2 Feuilles.
Plus de 3 feuilles planes ; hampe anguleuse. . . . . *Amœna.* Élégante.

VIII Gagea. (Gagée.)

1 { Pédoncules de 2-5 , simples, presque en ombelle ; fleurs glabres, à divisions obtuses. . . . . *Lutea.* Grisâtre.
Pédoncules rameux , en corymbe ; fleurs à divi-sions velues, à divisions aiguës. . . . . *Arvensis.* des Champs.

IX Ornithogalum. (Ornithogale.)

1 { Filets des étamines connivents en tube ; 3 filets bifurqués au sommet ; fleurs en grappe, pendantes, à la fin unilatérales. . . . . *Nutans*. à Fleurs pendantes·
Filets des étamines non bifurqués au sommet. 2

2 { Fleurs en corymbe ou fausse ombelle . . . . *Umbellatum*. en Ombelle.
Fleurs en grappe allongée ou en forme d'épi. . 3

3 { Fleurs d'un blanc de lait. *Narbonnense*. de Narbonne.
Fleurs jaunes ou jaunâtres. . . . . *Pyrenaïcum*. des Pyrennées.

X Allium. (Ail.)

1 { Étamines alternativement simples et à 3 dents. 2
Étamines toutes simples 10

2 { Feuilles fistuleuses ou cylindriques ou demi-fistuleuses et cylindriques au moins vers la base. 3
Feuilles planes ou un peu carénées. 6

3 { Ombelle non bulbifère, n'ayant que des fleurs. 5
Ombelle bulbifère, portant et des fleurs et des bulbilles. 4

4 { Hampe nue ; fleurs blanches-verdâtres ; bulbe simple. . . . . *Cepa*. Oignon.
Hampe un peu feuillée ; fleurs purpurines ; bulbe prolifère. . . . . . . *Vineale*. des Vignes.

5 { Hampe nue ; étamines plus courtes qué la fleur. . . . . *Ascalonium*. Échalotte.
Hampe un peu feuillée ; étamines saillantes. . . . . *Sphærocephallum*. à Tête ronde.

6 { Ombelle bulbifère, fleurs mêlées avec des bulbilles. 7
Ombelle non bulbifère, rien que des fleurs . 8

7 { Feuilles dentelées, rudes ; fleurs nombreuses, purpurines ; bulbilles peu nombreuses. . . . . *Scorodoprasum*. Rocambole.
Feuilles très-entières ; fleurs peu nombreuses, blanchâtres et rougeâtres ; bulbilles très-nombreuses. . . . . *Sativum*. Cultivé.

8 { 2 bulbes prolifères l'une sur l'autre ; capsules jamais à 3 angles ; fleurs rouges, ou blanchâtres et rougeâtres sur la carène . . . . *Ampeloprasum*. Faux-Poireau.
1 bulbe prolifère ; capsule à 3 angles ; fleurs rouges, ou blanchâtres ou rougeâtres sur la carène. 9

24*

9 { Fleurs rouges ; feuilles planes , larges de 4-7 mil. ; tige de 4 déc. au plus. . . . . *Rotundum.* Rond.
Fleurs blanchâtres , rougeâtres sur la carène ; feuilles presque carénées , larges de 2-3 cent. ; tige de 9-13 déc. . . . . . *Porrum.* Poireau.

10 { Fleurs dressées , en cloche ; filets des étam. soudés en anneau à la base. 11
Fleurs ord. très-étalées (*au soleil*) ; filets des étam. libres , non soudés à la base. 15

11 { Ombelle bulbifère, portant à peine quelques fleurs. 12
Ombelle peu ou point bulbifère, portant des fleurs. 13

12 { Étam. presque une fois plus longues que les fleurs ; feuilles planes , un peu carénées. . . . . *Carinatum.* en Carène.
Étam. tout au plus égales aux fleurs ; feuilles cylindriques , en gouttière. . . . . *Oleraceum.* des Lieux cultivés.

13 { Fleurs d'un jaune d'or. . . . *Flavum.* Jaune.
Fleurs jamais d'un jaune d'or. 14

14 { Fleurs roses ou blanches , rayées de pourpre ; ombelle lâche. . . *Paniculatum.* Paniculé.
Fleurs blanchâtres , roussâtres , un peu purpurines au sommet , à carène verte. *Pallens.* Pâle.

15 { Feuilles cylindriques ou presque cylindriques. 16
Feuilles trigones , en gouttière , ou demi-cylindriques ou planes. 17

16 { Feuilles tout à fait cylindriques , fistuleuses ; fleurs toujours rouges. *Schœnoprasum.* Cirette.
Feuilles non fistuleuses ; fleurs tout à fait rouges seulement après la fécondation , odeur suave. . . . . *Moschatum.* Musqué.

17 { Fleurs médiocres ; serrées 18
Fleurs lâches , belles, grandes. 20

18 { Fleurs purpurines ; hampe comprimée , à 2 tranchants. . . . . . *Angulosum.* Anguleux.
Fleurs n'ayant , au plus , que la carène rouge ; hampe cylindrique au moins dans le bas. . . 19

19 { Hampe nue; feuilles radicales et presque en gouttière ; étam. incluses. *Nigrum.* Noir ou magique.
Hampe à 2-3 feuilles ; feuilles planes ; étam. saillantes . . . . . . *Victoriale.* Victoriale.

20 { Fleurs roses ou couleur de chair , au moins en
dedans. 21
Fleurs très-blanches. 22

21 { Ombelle non bulbifère, rien que des fleurs. .
. . . . *Roseum.* Rosé.
Ombelle bulbifère. . . . .
. . . *Roseum. Var. Carneum.* couleur de Chair.

22 { Divisions de la corolle aiguës ; feuilles non pétiolées. . . . . . . *Ursinum.* des Ours.
Divisions de la corol. obtuses ; feuilles non pétiolées.. . *Album.* ou *Neapolitanum.* Blanc.

b. Hemerocallidées.

XI HEMEROCALLIS. (Hémérocalle.) *Fulva.* Fauve.

XII POLIANTHES. (Polianthe.) *Tuberosa.* Tubéreuse.

XIII ASPHODELUS. (Asphodèle.)

1 { Feuilles menues , fistuleuses , cylindriques ; racines fibreuses. . . . *Fistulosus.* Fistuleux.
Feuilles en glaive étroit, un peu en gouttière,
racines tuberculeuses, tige simple. *Albus.* Blanc. *
* *Var.* à tige rameuse. . . *Ramosus.* Rameux.

XIV ANTHERICUM. (Anthéric.) *ou* PHALANGIUM.
Phalangère.

1 { Tige rameuse ; filets des étam. filiformes , droits ,
glabres. . . . . . . *Ramosum.* Rameux.
Tige simple ; filets des étam. épaissis , courbés ,
barbus. . . . . *Liliago.* Simple.

99.me *Famille.* COLCHICACÉES.

1 { Fleurs sortant de la terre et s'épanouissant avant
les feuilles ; styles très-longs ainsi que le tube
du périgone. . . . . . . COLCHICUM. I
Tiges feuillées au moins à la base , à l'époque de
la floraison ; styles très-courts 2

2 { Fleurs petites , entourées à la base d'un petit involucre ; feuilles graminées. . . TOFIELDIA. III
Fleurs grandes , privées d'involucre à leur base ;
feuilles larges. . . . . . . VERATRUM. II

a. COLCHICÉES.

I COLCHICUM. (Colchique.) *Autumnale.* d'Automne.

b. VÉRATRÉES.

II VERATRUM. (Varaire.) *Album.* Blanc.

III TOFIELDIA. (Tofieldie.) *Caliculata.* à Collerette

100.me *Famille.* JONCÉES.

1 { Enveloppe florale pétaloïdale, d'un beau bleu-violet . . . . APHYLLANTHES. III
{ Enveloppe florale glumacée. 2

2 { Feuilles glabres, cylindriques ou plus ou moins canaliculées, étroites; capsules à 3 loges polyspermes ; plante des lieux aquatiques ou frais.
. . . . JUNCUS. 1
{ Feuilles ord. planes, poilues çà et là ; capsules à 1 loge à 3 graines; plante des lieux secs. . .
. . . . LUZULA. II

I JUNCUS. (Jonc.)

1 { Tige nue, n'ayant que des feuilles radicales ou seulement des gaînes en forme d'écailles. . . 2
{ Tige feuillée, ayant au moins à son sommet 2 ou 3 feuilles servant de bractées. 12

2 { Tige avec ou sans gaîne; feuilles radicales nulles, ou ayant la forme de tiges stériles, cylindriques. 3
{ Tige ayant de véritables feuilles radicales, plus ou moins développées, mais distinctes des gaînes. 8

3 { Fleurs latérales ou paraissant telles. 4
{ Fleurs terminales. 7

4 { Tige glauque, profondément et largement striée, moëlle interrompue. . . *Glaucus.* Glauque.
{ Tige verte ; peu ou point striée; moëlle non interrompue. 5

5 { Tige penchée, filiforme, environ de la grosseur d'un cheveu, de 4 déc. au plus de longueur ; 6 étamines. . . . . . *Filiformis.* Filiforme.
{ Tige plus forte, ayant de 6-10 déc. et 4-5 fois au moins plus grosse qu'un cheveu ; 3 étamines. 6

6 { Tige un peu striée ; capitules sessiles ou presque sessiles ; pas d'étranglement à la tige sous les fleurs. . . . *Conglomeratus.* Commun.
{ Tige très-lisse étant fraîche ; fleurs en cymes latérales, plus ou moins pédonculées : un étranglement à la tige sous la panicule diffuse. . .
. . . . *Effusus.* Épars.

7 { Tige de 8-11 cent. , dressée ; capsule plus courte
que le périgone ; 3 étam . . *Pygmæus.* Nain.
Tige plus haute , couchée , allongée , radicante
et flottante sur l'eau ; capsule égalant , ou dépassant le périgone ; 3 étam. . *Fluitans.* Nageant.

8 { Feuilles radicales cylindriques, piquantes ou presque piquantes ainsi que l'involucre. . . . 9
Feuilles canaliculées au moins vers la base. . . 10

9 { Capsule 2 fois plus longue que le périgone , dont
les divisions intér. sont profondément émarginées.. . . . . *Aculus.* Aigu.
Capsule égale au périgone ; divisions entières.
. *Maritimus. Var. Rigidus.* Maritime. *Var.* Raide.

10 { Tige de 2-5 déc. ; fleurs solitaires plus ou moins
rapprochées en cyme simple ou double et super-
posée ; 6 étam.; capsule obtuse égale au périgone. . . . . . . *Squarrosus.* Rude.
Tige de 5-11 cent. ; fleurs en petits glomérules,
ou en tête presque globuleuse, terminale, de
2-8 fleurs ; 3 étam. ; capsule bien plus courte
que le périgone. 11

11 { Divisions du périgone égales : fleurs en capitules
de 2-5 fleurs ; capsule aiguë ; 3 petites bractées
scarieuses ; feuilles ord. noueuses sous la pression des doigts. . . . . *Pygmæus.* Nain.
Divis. du périgone inégales mucronées ; fleurs de
3-8 en capitule terminal sessile , ou en 2-3 capitules espacés ou non ; 1 des bractées longue ;
feuilles non noueuses ; capsule obtuse. . . .
. . . . *Capitatus.* en Tête.

12 { Feuilles à nœuds ou articulations sensibles sous
la pression des doigts. 13
Feuilles ni nouées ni articulées. 16

13 { Fleurs et fruits d'un brun noir ; divisions extér.
du périgone mucronées sous le sommet. . .
. . . . *Alpinus.* des Alpes.
Fleurs verdâtres ou rougeâtres, ou rousses ou
d'un brun-clair. 14

14 { Fleurs en petits capitules ternés, presque en ombelle, composés de 3-4 fleurs ; capsule plus courte
que le périgone ; 6 étam. ; tige de 8-11 cent. .
. . . . *Pygmæus.* Nain.
Fleurs en petits capitules latéraux et terminaux,
composés de 2-3 fleurs ; capsule dépassant le périgone ; 3 étam. 19
Fleurs en corymbe plus ou moins rameux. . . 15

15 — Tige de 1-5 déc. ascendante, non dressée ; fleurs brunes; divis. du périgone égales, les ext. aiguës, les intér. obtuses. *Lampocarpos.* à Fleurs lustrées.

Tige de 6-10 déc. dressée, ou ascendante ; fleurs d'un vert-jaunâtre ; divisions du périgone toutes obtuses. . . *Obtusiflorus.* Fleurs obtuses.

Tige de 6-10 déc., dressées ou ascendantes ; fleurs brunes ; divisions du périgone toutes aiguës. . . . . *Acutiflorus.* à Fleurs aiguës.

16 — Fleurs d'un brun-noir, de 1-3 en tête presque sessile, paraissant latérale ; 2-3 feuilles bractéales au sommet de la tige. . . . . *Trifidus.* à trois Pointes.

Fleurs en petits capitules, presque en ombelle, en cyme ou en panicule. 17

17 — Fleurs en petits capitules plus ou moins nombreux. 18

Fleurs presque solitaires, en cyme ou panicule. 20

18 — Divisions du périgone dépassant la capsule trigone aiguë ; 1-6 capitules de 2-5 fleurs, presque en ombelle . . . . *Pygmœus.* Nain.

Divisions du périgone au plus égales à la capsule, obtuses et à angles obtus; capitules de 2-3 fleurs, latéraux et terminaux. 19

19 — Tige droite et courte, rar. allongée et un peu tombante ; plante des lieux plus ou moins desséchés . . . . *Supinus.* Sétacé.

Tige couchée, allongée, radicante et flottante sur les eaux stagnantes . . . *Fluitans.* Nageant.

20 — Divisions du périgone inégales entre elles, dépassant longuement la capsule ; tige de 2-16 cent., bifurquée ; fleurs solitaires. . . . . *Bufonius.* des Terres argileuses.

Divisions du périgone égales ou presque égales entre elles, et avec la capsule ou plus courtes qu'elle 21

21 — Tige de 9-13 déc. ; feuilles cylindriques ; fistuleuses ; fleurs verdâtres-roussâtres. . . . . *Multiflorus.* Multiflore.

Tige de moins de 7 déc., quelques fois de 2-3 cent. ; feuilles en gouttière. 22

22 — Périgone une fois plus court que la capsule, presque globuleux ; racine ord. tubéreuse ou renflée. . . . . *Bulbosus.* Comprimé.

Périgone égal, à peu près à la capsule. . . 23

23 {
Tige de 16-17 cent. ; capsule presque globuleuse ,
non mucronée ; divisions du périgone presque
égales , les extérieures très-aiguës ; tige rameuse. . . . . *Tenageia.* de Vaillant.
Tige de 4-7 déc. ; capsule oblongue , trigone ,
mucronée; divisions du périgone égales, presque
obtuses . . . . *Gerardi.* de Gérard.
}

II Luzula. (Luzule.)

1 {
Fleurs solitaires ou en capitules et en corymbe ,
jamais en épis ou épillets. 2
Fleurs en épis ou épillets multiflores , solitaires
ou réunis. 5
}

2 {
Fleurs blanches ; feuilles florales dépassant le corymbe. . . . . . *Nivea.* blanc de Neige.
Fleurs brunes , maron ou bigarrées , solitaires
sur chaque pédicelle; en corymbe. . . . 3
}

3 {
Pédoncules ou rameaux d'abord droits , à la fin
divariqués ; fleurs en capitules peu garnis;
feuilles florales plus courtes que le corymbe ;
feuilles larges de 6-14 mil. ; périgone égalant
ou dépassant la capsule ; graines sans appendice
terminal. . . . . *Maxima.* à larges Feuilles.
Pédoncules droits ou étalés ; fleurs solitaires ,
en corymbe; feuilles très-étroites ; périgone n'é-
galant pas la capsule ; graines surmontées d'un
appendice 4
}

4 {
Pédoncules d'abord droits , puis penchés ; capsule globuleuse , obtuse sous la pointe qui la
termine ; graines à appendices courbés en faulx.
. . . . *Vernalis.* Printanière.
Pédoncules toujours dressés; capsule globuleuse-
trigone , pointue sous la pointe qui la termine;
graines à appendices droits et obtus. . . .
. . . . *Forsteri.* de Forster.
}

5 {
Épi unique ; lobé à la base , long de 13-23 mil.,
large de 4-7 mil. . . . . . *Spicata.* en Épi.
Plusieurs épis pédonculés , presque en ombelle. 6
}

6 {
Épis noirs , presque en tête ; feuilles ciliées , à
limbe glabre, poilues vers la gaîne . . . .
. . . . *Sudetica.* de Silésie.
Épis plus ou moins bruns , plus ou moins en om-
belle ; feuilles velues sur tout le limbe. . . 7
}

7 { Pédoncules à la fin penchés ; capsule plus courte que le périgone ; épis 3-4. *Campestris.* des Champs.
Pédoncules toujours droits ; capsule dépassant le périgone ; épi 6-20. . *Multiflora.* Multiflore.

III **Aphyllanthes** (Aphyllanthe.) *Monspeliensum.* de Montpellier. *Voir la Famille* 103.ᵐᵉ

101.ᵐᵉ *Famille.* AROIDES et LEMNACÉES.

1 { Plante terrestre, à grandes feuilles ; fleurs dans une spathe en cornet grand. . . . **Arum.** I
Plantes aquatiques, très-petites, composées de 2-3 feuilles grandes comme des lentilles ; sans tige, flottantes sur l'eau. . . . . **Lemna.** II

I **Arum.** (Gouet.)

1 { Feuilles à 5-6 digitations, en pédales. . . . . *Dracunculus.* Serpentaire.
Feuilles sagittées, à oreillettes divergentes à angle droit, marbrées de blanc. *Italicum.* d'Italie.
Feuilles sagittées à oreillettes peu divergentes, non tachées ou tachées de noir. *Vulgare.* Commune.

II **Lemna.** (Lenticule.)

1 { Racines fasciculées, nombreuses et divergentes ; feuilles rouges en dessous. . . . . *Polyrrhiza.* à plusieurs Racines.
Racine unique sous chaque feuille, ou écailles. 2

2 { Feuilles lancéolées, adhérentes en croix, les unes aux autres. . , ... *Trisulca.* à trois Lobes.
Feuilles ovales ou rondes. 3

3 { Feuilles planes des 2 côtés. . *Minor* Exiguë.
Feuilles gonflées et convexes, spongieuses en dessous. . . . . *Gibba.* Gonflée.

102.ᵐᵉ *Famille.* TYPHACÉES.

1 { Fleurs en épis doubles. l'un sur l'autre, espacés ou continus, ovoïdes ou cylindriques, veloutés. . . . . **Typha.** I
Fleurs en têtes globuleuses, non veloutées, écailleuses . . . . **Sparganium.** II

I **Typha.** (Massette.)

1 { Feuilles planes. 2
Feuilles canaliculées ; chatons distants.. 3

2 { Feuilles larges et longues ; chatons contigus ;
l'infér. très-long. . *Latifolia*. à larges Feuilles.
Feuilles étroites ; chatons distants rar. contigus ;
l'infér. très-court. . . *Media*. Intermédiaire.

3 { Feuilles vertes, plus longues que la hampe ; chaton infér. allongé, cylindrique. . . . . .
. . . . . . *Angustifolia*. à Feuilles étroites.
Feuilles glauques, plus courtes que la hampe ;
chaton infér. à la fin globuleux. *Minima*. Naine.

II **Sparganium.** (Rubanier.)

1 { Feuilles concaves sur les 2 faces latérales; grappe
des fleurs rameuse. . . *Ramosum*. Rameux.
Feuilles planes sur les 2 faces latérales ; grappe
simple, en épi. . . . . . *Simplex*. Simple.

103.me *Famille.* COMMÉLINACÉES.

I **Aphyllanthes.** (Aphyllanthe). *Monspeliensium.*
de Montpellier.

104.me *Famille.* CYPÉRACÉES.

1 { Fleurs monoïques ou dioïques ; fruit renfermé
dans une utricule ouverte en forme de calice
monosépale ; pas de soies à la base des fruits.
. . . . **Carex.** VI
Fleurs hermaphrodites ; fruit non renfermé dans
une utricule, mais nu, ou avec des soies à la
base. 2

2 { Fruits munis à la base de soies bien plus longues
que les écailles de l'épillet. . **Eriophorum.** V
Fruits nus ou munis de soies plus courtes que les
écailles. 3

3 { Écailles imbriquées sur 2 rangs. 4
Écailles imbriquées sur 4 rangs ou en tous sens. 5

4 { Fruits dépourvus de soies à la base ; écailles nombreuses. . . . . **Cyperus.** I
Fruits munis de 1-10 soies à la base ; écailles peu
nombreuses. . . . . **Schænus.** II

5 { Écailles inférieures plus grandes que les supérieures, toutes régulièrement imbriquées en
tous sens. . . . . **Scirpus.** IV
Écailles inférieures plus petites que les supérieures. 6

6 { Fruits dépourvus de soies à la base ; écailles imbriquées sur 4 rangs ; feuilles dentelées épineuses. . . . . CLADIUM. III
Fruits munis de 6-10 soies à la base ; écailles en
tous sens ; feuilles entières. . . SCHŒNUS. II

a. CYPÉRINÉES.

I CYPERUS. (Souchet.)

1 { Involucre de 1-3 folioles ; tige de 1-2 déc. . . 2
Involucre à plus de 3 folioles ; tige de 3-10 déc. 3

2 { Épillets bruns ou noirâtres et linéaires ; 3 stigmates ; fruit trigone . . . . *Fuscus.* Brun.
Épillets d'un jaune pâle et lancéolés ; 2 stigmates ;
fruit ovoïde ou globuleux comprimé. . . .
. . . . *Flavescens.* Jaunâtre.

3 { Racines aromatiques, un peu tuberculeuses : 3
stigmates ; épillets linéaires, roussâtres ; fruit
trigone à angles aigus ; invol. ord. à 3 folioles
très-longues, les autres courtes. *Longus.* Long.
Racines non aromatiques, fibreuses : 2 stig. ;
épillets lancéolés, rougeâtres ; fruit ovoïde,
comprimé ; invol. à folioles longues. . . .
. . . . *Monti.* de Monté.

II SCHŒNUS. (Choin.)

1 { Feuilles planes ; soies longues à la base des fruits ;
involucre à 1 foliole. . *Compressus.* Comprimé.
Feuilles canaliculées ou demi-cylindriques, soies
nulles ou très courtes ; involucre à plus d'une
foliole. . . . . ,

2 { Involucre à 2 folioles inégales ; ord. 1-3 soies
très-courtes à la base des fruits.. . . . .
. . . . *Nigricans.* Noirâtre.
Invol. à 3-6 folioles ; écailles mucronées ; pas de
soies à la base des fruits. *Mucronatus.* Mucroné.

b. SCIRPINÉES.

III CLADIUM. (Cladie.) *Mariscus.* Marisque.

IV SCIRPUS. (Scirpe.)

1 { Pas de soies à la base des fruits, ou quelquefois
1-2, mais très-petites. 2
3-6 soies à la base des fruits. 5

2	Fleurs en épis sessiles, ord. géminés, ou en fascicule ; chaume cylindr., graines non mucronées.	3
	Fleurs en épi terminal, gros comme la tête d'une épingle ; chaume trigone, capillaire ; graine mucronée. . . . . . *Acicularis.* Épingle.	
	Fleurs en épillets réunis en plusieurs capitules, dont 1 sessile et les autres pédonculés. . . . . *Holoschœnus.* à Tête ronde.*	

* *Var.* En un seul capitule sessile. . *Romanus.* Romain.

3	Épis en fascicule, sessiles ; invol. dépassant les épis de la longueur de la tige, ou de 4-5 cent. au moins ; fruits striés, ondulés en travers. . . . . *Supinus.* Couché.	
	1-3 épis latéraux, dépassés par l'invol. d'environ 2-3 cent., mais non de la longueur de la tige ; celle-ci étant bien plus longue ; fruits striés en long. . . . . *Setaceus.* Sétacé.	
	1-3 épis peu ou point dépassés par l'invol. . .	4

4	1-3 épis ord. non dépassés par l'invol. et latéraux ; fruits lisses. . . . *Leptaleus.* Grêle.	
	Épi terminal, nullement dépassé par l'invol. ; tige capillaire, très-fine et basse. . . . . *Gracilis.* Maigre.	

5	Épi unique et terminal.	6
	Épis ou épillets plus ou moins nombreux . . .	9

6	Tige nue, écailleuse ; graine non trigone ; racines rampantes ; 2 stigmates. . *Palustris.* des Marais.	
	Graines trigones ; racines fibreuses ; 3 stigmates.	7

7	Toutes les gaînes nues, non prolongées en feuilles ; pas d'écailles jaunâtres vers la racine ; épis roux-bruns ou blanchâtres.	8
	Gaînes supérieures, une au moins, prolongées en feuilles ; écailles jaunâtres à la base des tiges ; épis jaunes. . . . . *Cæspitosus.* en Gazon.	

8	Chaume cylindrique ; fleurs brunes ; graines non mucronées . . . . *Bæothryon.* des Tourbières.	
	Chaume tétragone ; épis à peine plus gros qu'une tête d'épingle ; fleurs ferrugineuses ou rougeâtres ; graines mucronées. . *Acicularis.* Épingle	

9	Tous les épillets sessiles.	14
	Épillets pédonculés, au moins en partie, ou en panicule.	10

10	Chaume cylindrique ; de 9-20 déc. ; involucre à 1-2 folioles ; écailles échancrées. *Lacustris.* des Lacs.	
	Chaume triangulaire.	11

11 { Épillets paraissant latéraux ; 2 stigmates. . . 12
{ Épillets terminaux, ou en cyme. 13

12 {
Tous les épillets pédonculés ; écailles brièvement
mucronées. . . . . *Littoralis.* des Rivages.
2-3 épillets sessiles ; les autres pédonculés ; écailles échancrées, frangées, ciliées-mucronées. .
. . . . *Triqueter.* Triangulaire.

13 {
Feuilles planes, très-longues ; fleurs brunâtres ;
écailles tridentées ; épillets en cyme simple. .
. . . . *Maritimus.* Maritime.
Feuilles en gouttières ; fleurs verdâtres ; écailles
entières, mucronées ; épillets en cyme paniculée très-rameuse. . . *Sylvaticus.* des Bois.

14 {
Chaume cylindrique ; ord. pas de soies aux fruits.
. . . . *Ci-dessus.* 2
Chaume triangulaire ; toujours des soies à la base
des fruits. 15

15 {
Pas de gaîne prolongée en feuille ; écailles échancrées ; 2 stigmates ; chaume à faces planes. .
. . . . *Triqueter.* Triangulaire.
Gaîne supér. prolongée en feuilles ; écailles non
échancrées ; 3 stigmates ; chaume à faces concaves. . . . . . . *Mucronatus.* Mucroné.

V Eriophorum. (Linaigrette.)

1 {
Épi solitaire, terminal ; chaume triangulaire. .
. . . . *Vaginatum.* à large Gaîne.
Plusieurs épis. 2

2 {
Feuilles planes, si ce n'est au sommet ; chaume
cylindrique, portant 5-6 épis pédonculés, à
pédon. lisses. *Polystachium.* à Pédoncules lisses.*
* Var. à épis sessiles. . . *Vaillantii.* de Vaillant.
Feuilles triangulaires, ou carénées ; 7-12 épis. . 3

3 {
Chaume anguleux ; aigrette courte ; pédoncules
rudes, pubescents, tomenteux, dépassant à
peine la bractée. . *Gracile.* à Pédoncules pubescents.
Chaume presque cylindrique ; aigrette très-longue ; pédoncules lisses et glabres. 4

4 {
Pédoncules très-courts ; épis sessiles, ou presque
sessiles. . . . . . *Vaillantii.* de Vaillant.
Pédoncules longs, inégaux. . . . . .
. . . . . *Angustifolium.* à Feuilles étroites.

b. CARICINÉES.

VI Carex. (Carex ou laiche.)

1 { Fruits ovoïdes, aplatis ; 2 stigmates. 2
  { Fruits trigones ; 3 stigmates. 16

2 { Épillet unique, simple, monoïque, c.-à-d. portant des fleurs staminées et des fleurs pistillées ; les staminées au sommet ; les pistillées à la base. . . . . *Pulicaris.* Puce.
  { Plusieurs épillets. . . . . 2 b.

2 b { Épillets tous monoïques; c.-à-d. portant des fleurs staminées et des fleurs pistillées. 3
    { Épillets tous dioïques, c.-à-d. ne portant, ou que des fleurs staminées, ou que des fleurs pistillées. 14
    { Épillets monoïques mêlés à des épillets dioïques. 12

3 { Fleurs staminées au sommet des épillets ; les pistillées à la base. 4
  { Fleurs staminées à la base des épillets ; les pistillées au sommet. 7

4 { Épillets disposés en tyrse ou en panicule plus ou moins lâches; écailles brunes, à marge blanchâtre ; fruits brunâtres . *Paniculata.* en Panicule.
  { Épillets formant un épi composé, oblong, compacte ou interrompu ; écailles roussâtres; fruits verdâtres 5

5 { Épillets à larges bractées den'elées ; les inférieurs composés ; tige à angles aigus, très scabre. . . . . *Vulpina.* Compacte.
  { Épis sans bractées remarquables ; les inférieurs simples ; tige à angles obtus, scabre au sommet. 6

6 { Épillets supérieurs rapprochés ; les infér. trèsdistants; tige plus courte que les feuilles ; fruits dressés . . . . *Divulsa.* Interrompu.
  { Épillets tous rapprochés en épi cylindrique, interrompu ; fruits divergents, étalés. . . . . *Muricata.* des Haies.

7 { Tige fistuleuse ; fruit entouré d'un rebord membraneux, dentelé. . . . . . . *Ovalis.* Ovale.
  { Tige non fistuleuse ; fruit non entouré d'un rebord membraneux-dentelé. 8

8 { Tige trigone, très-rude; feuilles trigones au sommet ; 6-12 épillets rapprochés ; écailles obtuses, bien plus courtes que les fruits à peine échancrés . . . . *Elongata.* Allongé.
  { Tige lisse ou presque lisse, peu ou point rude. 9

9 { Épillets serrés en épi tous contigus. 10
  { Épillets plus ou moins espacés, n'étant pas tous contigus. 11

10
{
3-4 épil. ovales ; fruit lisse , à bec tronqué-en-
tier , dépassant un peu les écailles ovales ; tige
lisse , presque cylindrique , plus longue que les
feuilles . . . . *Approximata.* pied de Lièvre.
3-6 épil. ovales ; fruit strié , bifide , égal aux
écailles très-aiguës ; tige trigone.. . . . .
. . . . *Schreberi.* de Schreber.
4-7 épil. presque cylindriques; fruit à bec entier,
dépassant un peu les écailles aiguës ; tige trigone , lisse ; striée . . *Canescens.* Blanchâtre.
}

11
{
Bractée infér. foliacée , dépassant la tige ; épil.
infér. , très-espacés ; les supér. rapprochés ;
fruit à peine échancré. . . *Remota.* Espacé.
Bractée foliacée , ne dépassant pas la tige : épil.
presque cylindriques, rapprochés; fruit à bec entier. . . . . *Canescens.* Blanchâtre.
Bractée ni foliacée ni dépassant la tige ; épil.
presque globuleux , distants , surtout les sup.;
fruits bidentés et divergents en étoile.. . . .
. . . . *Stellulata.* Étoilé.
}

12
{
Fruit bordé d'une large membrane , ou à bec bi-
denté 13
Fruit ni bordé d'une large membrane ni bidenté. 14
}

13
{
Feuilles planes ; épil. supér. et infér. pistillés ;
les intermédiaires staminés ou monoïques. .
. . . . *Intermedia.* Intermédiaire.
Feuilles carénés ; épil. supér. staminés ; les
infér. pistillés ; les intermédiaires monoïques
. . . . *Arenaria.* des Sables.
}

14
{
Gaînes des feuilles déchirées en filaments ; fruits
sur 8 rangs , dépassant beaucoup les écailles ;
tige bien plus longue que les feuilles. . . .
. . . . *Stricta.* Raide.
Gaînes des feuilles entières , non filamenteuses. 15
}

15
{
Épil. pistillés courts , fermes , droits ; fruits sur
6 rangs ; bractée infér. ne dépassant pas la tige.
. . . . *Cæspitosa.* Gazonnant.
Épil. pistillés longs , mous , penchés ; bractée
infér. dépassant la tige. . . . *Acuta.* Aigu.
}

16
{
2-3 épillets monoïques et pas d'autres.. . . .
. . . . *Gynomane.* à Capsule lâche.
Plusieurs épillets pistillés ou staminés ; point
ou peu de monoïques. 17
}

17 { Fruits hérissés ou pubescents ou cotonneux sur toute la surface. 18
Fruits glabres ou rudes seulement sur les angles. 30

18 { Au moins 2 épillets staminés , rar. 1 seul avec des écailles stériles représentant les autres épillets staminés avortés. 19
Épillet staminé unique et sans écailles stériles d'épillets staminés avortés. 21

19 { Feuilles de la base filiformes , roulées sur le bord, glabres ; fruits à bec bi-cuspidé. . . . . *Filiformis*. Filiforme.
Feuilles ni filiformes , ni roulées sur le bord. . 20

20 { Feuilles glauques , planes ou un peu en gouttière ; fruit à bec entier. . *Glauca*. Glauque.
Feuilles en carène , vertes , velues , surtout vers la gaîne ; fruits à bec bi-cuspidé. . . . . *Hirta*. Hérissé.

21 { Au moins un épillet partant des racines . . . 22
Tous les épillets partant de la tige. 23

22 { Épillet staminé plus gros au sommet ; feuilles planes ; fruits dépassant les écailles. . . . . *Præcox*. Précoce.
Épil. staminé presque aigu ; feuilles planes ; fruits cotonneux dépassant les écailles. . . . . *Tomentosa*. Cotonneux.
Épil. staminé presque cylindrique ; feuilles carénées ; fruits égaux aux écailles à 2-3 nervures vertes. . . . . . *Gynobasis*. à Épi radical.

23 { Bec du fruit à dents divariquées ; feuilles infér. filiformes , roulées sur le bord. . . . . *Filiformis*. Filiforme.
Bec sans dents divariquées. 24

24 { Plusieurs épillets staminés ou un seul mais avec des écailles stériles représentant les autres avortés ; feuilles glauques. . . *Glauca*. Glauque.
Un seul épillet staminé sans écailles stériles d'autres avortés. 25

25 { Épillet infér. , au moins muni d'une bractée engaînante. 26
Tous les épil. munis à leur base d'une bractée embrassante mais non engaînante. 28

26 { Épil. pistillés ovoïdes ; fruits nombreux , imbriqués ; bractées foliacées ou terminées par une pointe foliacée. . . . . . *Præcox.* Précoce.
Épil. pistillés lâches , à 2-6 fruits ; bractées scarieuses , non foliacées au sommet. 27

27 { Tige bien plus courte que les feuilles ; épillets pistillés très-courts , à 2-3 fruits. . . . . *Humilis.* Clandestin.
Tige plus longue que les feuilles ou les égalant à peu près ; épillets pistillés allongés , linéaires , à 5-8 fruits. . . . . . *Digitata.* Digité.

28 { Fruits cendrés-cotonneux , globuleux , obtus , égalant environ les écailles ; racine traçante , oblique ; tige droite ; épil. staminé lancéolé. . . . . *Tomentosa.* Cotonneux.
Fruits pubescents , non cotonneux ; racines en touffe. 29

29 { Fruits ovales-oblongs , dépassant beaucoup les écailles obtuses ou échancrées et noirâtres ; gaînes des feuilles pâles . . . . *Montana.* des Montagnes.
Fruits presque globuleux , égalant , environ , les écailles aiguës et brunes ; tige penchée ; gaînes des feuilles rouges. *Pilulifera.* à Pilules.

30 { Bec du fruit nul ou entier. 31
Bec du fruit bidenté ou bifide. 40

31 { Un seul épillet staminé , sans écailles stériles d'autres avortées 32
Plusieurs épil. staminés , ou un seul avec des écailles stériles représentant les autres avortés ; feuilles glauques ou glaucescentes , ou vertes. 39

32 { Feuilles carénées ou en gouttière. 33
Feuilles planes. 36

33 { 1-3 épillets partant de la racine ou de la base de la tige. 34
Pas d'épillets partant de la racine ou de la base de la tige. 35

34 { Fruits blanchâtres ; ovales en poire , striés , pubescents à la loupe , égaux aux écailles à 3 nervures vertes ; épil. pistillés à 3-5 fleurs. . . . . *Gynobasis.* à Épi radical.
Fruits marrons , presque globuleux , nervés , lisses , glabres , luisants , dépassant très-peu les les écailles ; épil. pistillés au moins l'infér. à 10-12 fleurs . . . . . *Nitida.* à Fruits luisants.

35 { Bractées en alène; fruits marrons, luisants, presque globuleux ; bec presque bidenté ; épillets
pistillés supér. sessiles. *Nitida.* à Fruits luisants.
Bractées foliacées; fruits bleus-glauques, oblongs;
bec très-entier ; épil. pistillés tous pédonculés.
. . . . *Limosa.* des Fanges.

36 { Gaînes des feuilles infér. velues ; fruits verts à la
maturité; tige rude-ciliée. . *Palescens.* Pâle.
Gaînes des feuilles infér. glabres; fruits rar. verts
à la maturité. 37

37 { Épillets pistillés très-longs, courbés ou pendants;
tige de 7-12 déc. . . . *Maxima.* à Épis pendants.
Épil. pistillés dressés ; tige de 1-5 déc. . . . 38

38 { Bractées supér. scarieuses ou nulles ; épil. pistillés supér. sessiles, ovoïdes ; fruits luisants
presque globuleux. . . *Nitida.* à Fruits luisants.
Bract. foliacées ; épil. pistillés tous pédonculés ,
cylindriques ; fruits ternes. . *Panicea.* Panis.

39 { Tige à angles obtus ; bec très-entier ou nul ;
plante ord. glauque ou glaucescente, ou verte. 50
Tige à angles aigus. 52

40 { 1 seul épillet staminé et pas d'écailles stériles représentant les autres avortés. 41
Plus d'un épil. staminé ou un seul avec les
écailles stériles des autres avortés. 49

41 { Fruits très-étalés ou réfléchis ; tige entièrement
rude ou entièrement lisse. 42
Fruits dressés, rar. quelques uns étalés; tige rude
au sommet ou entre les épillets. 44

42 { Épil. pistillés très longuement pédonculés et pendants ; écailles linéaires subulées ; tige de 4-8
déc. rude . . *Pseudo-Cyperus.* Faux-Souchet·
Épillets pistillés dressés ; écailles ovales ; tige
lisse. 43

43 { Tige de 2-5 déc., ord. plus longue que les feuiles; fruits à bec long, recourbé, bifide : épillets
pistillés un peu distants, un peu pédonculés
dans la gaîne. . . . . . . *Flava.* Jaune.
Tige de 2-15 cent., ord. plus courte que les feuilles ; fruits petits , à bec court , droit , à peine
denté; épis pistillés sessiles, rapprochés , agglomérés. . . . . *Œderi.* d'Œder.

44 { Épil. pistillés lâches, à 2-5 fruits gros, renflés, 1 fois plus longs que les écailles ovales. . . . . *Depauperata.* Appauvri. Épil. pistillés compactes ou lâches et penchés, à fruits nombreux et aplanis au moins d'un côté. 45

45 { Tous les épil. pistillés lâches, penchés, presque pendants à la fin ; fruits à bec linéaire, très-allongé, bifide, lisse sur les bords. . . . . *Sylvatica.* des Bois Épil. pistillés compactes, les supér. au moins dressés, ou presque sessiles, ou à fruits rudes sur les bords. 46

46 { Feuilles ord. à 2 languettes opposées ; épil. pistillés verdâtres, l'infér. étalé ; tous cylindriques, allongés ; fruits glabres, lisses. . . . . *Biligularis.* à double Languette. Jamais 2 languettes opposées ; épil. pistillés. ord. oblongs ou presque globuleux, dressés ou à fruits rudes. 47

47 { Épil. inférieurs longuement pédonculés, pendants, égalant la bractée foliacée ; fruits rudes aux bords . . . . . . *Frigida.* des Frimats. Épil. pistillés tous dressés, oblongs-ovales ou presque globuleux, à courts pédoncules. . . 48

48 { Tige presque cylindrique ; feuilles égalant environ la tige déjetée au sommet ; épil. pistillés presque globuleux, les staminés linéaires, en fuseau ; fruits lisses. . . . *Extensa.* Étiré. Tige trigone ; feuilles bien plus courtes que la tige ; épil. pistillés ovales-oblongs-obtus ; fruits rudes. . . . . *Distans.* Distant.

49 { Tige à angles obtus. . . . . 50 Tige à angles aigus. 52

50 { Épis pistillés presque globuleux, dressés ; fruits elliptiques, à bec court, bidenté, dépassant les écailles ; feuilles vertes. . *Extensa.* Étiré. Épil. pistillés cylindriques, étalés à la fin, ou penchés, ou longuement pédonculés ; feuilles plus ou moins glauques. 51

51 { Fruits à bec nul ou court et entier, égalant les écailles d'un brun-rougeâtre ; feuilles glauques. . . . . *Glauca.* Glauque. Fruits à bec ord. bifide, assez long, dépassant longuement les écailles jaunâtres ; feuilles glaucescentes ; tige fistuleuse. *Ampulacea.* Ampoulé.

<table>
<tr><td rowspan="2">52</td><td>Épil. staminés jaunâtres; fruits vésiculeux , jaunâtres. . . . . *Vesicaria.* en Vessie.</td></tr>
<tr><td>Épil. staminés d'un brun-noirâtre; fruits brunâtres , non globuleux. . . . . 53</td></tr>
<tr><td rowspan="2">53</td><td>Fruits à faces convexes ; écail. des épillets staminés , toutes aristées; épil. staminés très-longs , robustes. . . . . . . *Riparia.* des Rives.</td></tr>
<tr><td>Fruits à faces comprimées ; écail. infér. des épillets staminés obtuses , non aristées; gaînes des feuilles en réseau filamenteux. . . . . . 54</td></tr>
<tr><td rowspan="2">54</td><td>Écail. des épillets pistillés longuement aristées , à arêtes denticulées ; fruits plus courts que les écailles . . . . *Kochiana.* de Koch.</td></tr>
<tr><td>Écail. des épil. pistillés non longuement aristées et plus courtes que les fruits. *Paludosa.* des Marais.</td></tr>
</table>

105.me *Famille.* GRAMINÉES.

<table>
<tr><td rowspan="2">1</td><td>Épillets dépourvus de glumes et à 2 glumelles.</td><td>2</td></tr>
<tr><td>Épillets à 1-2 glumes. . . . .</td><td>3</td></tr>
<tr><td rowspan="3">2</td><td>Épillets pédicellés , en panicule diffuse ; 3-6 étam. . . . . LEERSIA.</td><td>III</td></tr>
<tr><td>Épillets sessiles , en épi filiforme ; une glume très-petite; 1 étam.; épi très-long et très-grêle , flexueux ou penché ; fleurs égales aux arêtes . . . . PSILURUS.</td><td>XLIV</td></tr>
<tr><td>Épil. sessiles , en épi simple sur un axe ou rachis creusé ; 3 étam. ; épi droit ; fleurs bien plus longues que les arêtes. . . . . NARDUS.</td><td>XLIII</td></tr>
<tr><td rowspan="2">3</td><td>Glume toute hérissée en dehors d'aspérités crochues. . . . . TRAGUS.</td><td>XII</td></tr>
<tr><td>Glumes sans aspérites crochues. . . . . .</td><td>4</td></tr>
<tr><td rowspan="2">4</td><td>Plante de 10-30 déc. , forte, grosse , pleine , monoïque ; à épi pistillés et épis staminés sur le même pied; les épis pistillés très-gros , enfermés dans de grandes bractées ; styles très-longs , tombant en cheveux ; graines comme des pois sessiles dans des alvéoles ; feuilles très-larges. . . . . ZEA. ou MAIS.</td><td>IV</td></tr>
<tr><td>Plante toute différente ; épis jamais simplement pistillés ou staminés ; mais à fleurs hermaphrodites mêlées ou non à des fleurs stériles. . .</td><td>5</td></tr>
<tr><td rowspan="3">5</td><td>Épillets géminés ou ternés , un seul fertile. .</td><td>6</td></tr>
<tr><td>Épillets fertiles entremêlés à des épillets stériles.</td><td>7</td></tr>
<tr><td>Épillets tous fertiles , mais contenant des fleurs fertiles mêlées quelquefois à des fleurs stériles.</td><td>8</td></tr>
</table>

6 { Épil. géminés ; les supér. ternés ; l'épil. fertile sessile , l'autre ou les autres pédicellés ; glumes mutiques; fruit glabre; épi simple ou 2-5 comme digités , très-velus. . . . . . ANDROPOGON. **II**
Épil. toujours ternés, et sessiles ; glumes aristées ; fruit velu au sommet. . . HORDEUM. **XL**

7 { Épil. distiques , sur 2 rangs ; glumes non ailéescarénées ; styles courts ; épil. stériles ressemblant à des bractées pectinées. . CYNOSURUS. **XXXIII**
Épillets non distiques ; glumes à carène-ailée ; styles très-longs. . . . . . PHALARIS. **VIII**

8 { Épillets à une seule fleur , toujours fertile. . **9**
Épil. à 1 fleur fertile et à 1-2 fleurs stériles ou avortées. **24**
Épil. à 2 ou plusieurs fleurs fertiles, avec ou sans fleurs stériles. **40**

9 { Fleurs en épi filiforme , sur une axe creusé et articulé. **10**
Fleurs jamais en épi filiforme sur un axe creusé et articulé. **11**

10 { Glume unique , exigue; 1 étamine ; feuilles enroulées , filiformes ; stigmates sessiles, pubescents . . . . PSILURUS. **XLIV**
Glumes ord. bivalves ; 3 étam. ; feuilles planes ; 2 styles ; stigmates plumeux. ROTTBOELLIA. **XLV**

11 { Glumes plus courtes que les glumelles ou les égalant à peine. **12**
Glumes plus longues que les glumelles. . . **15**

12 { Fleurs en thyrse serré , ou en épi, ou en tête. . **13**
Fleurs en épis digités. . . . . CYNODON. **XXI**
Fleurs en panicule diffuse. **14**

13 { Glumelles et glumes externes toujours mutiques. . . . . CRYPSIS. **V**
Glumelles externes toujours aristées , les glumes rar. . . . . ALOPECURUS. **VI**

14 { Glumelles glabres , à pédicelles garnis de poils très-longs ; tige de 13-28 déc. PHRAGMITES. **XX**
Glumelles très-longuement velues de la base au milieu; pédicelles très glabres ; tige d'environ 3 mètres et plus. . . . . . ARUNDO. **XIX**
Glumelles glabres , brièvement poilues à la base ainsi que les pédicelles; tige de 7 déc. au plus. . . . . AGROSTIS. **XV**

15 { Épillets presque unilatéraux , sessiles et distiques ; glumes persistantes sur l'axe ; tige de 2-5 cent. . . . . CHAMAGROSTIS. XXII
Épillets non unilatéraux-distiques ; glumes persistantes sur l'axe 16

16 { Glumelles longuement poilues à la base. . . . . CALAMAGROSTIS. XVIII
Glumelles glabres ou brièvement poilues à la base. 17

17 { Glumes luisantes , cartilagineuses , ventrues-arrondies à la base par le grain qui les relève en petite bosse ; épi pyramidal. . GASTRIDIUM. XVI
Glumes non ventrues-arrondies et renflées à la base 18

18 { Glumes aristées ou munies d'arêtes. 19
Glumes mutiques ou sans arêtes. 20

19 { Glumes divergentes au sommet , mucronées en arête ; glumelles externes émoussées , mucronées , ou munies sur le dos d'une courte arête. . . . . PHLEUM. VII
Glumes non divergentes au sommet ; glumelles externes tronquées-dentelées , portant au sommet une longue arête. . . . POLYPOGON. XVII

20 { Glumelles externes sans arêtes. 21
Glumelles externes à arêtes dorsales 22
Glumelles externes , à arêtes terminales. . . 23

21 { Épillets un peu comprimés sur le dos ; fruit enfermé par les glumelles endurcies. MILIUM. XIII
Épillets plus ou moins comprimés latéralement ; fruit non enfermé par les glumelles endurcies. . . . . AGROSTIS. XV

22 { Fleurs en thyrse presque cylindrique ; styles allongés ; stigmates sortant vers le sommet des glumelles . . . . ALOPECURUS. VI
Fleurs en panicule diffuse , à rameaux verticillés ; styles nuls ou courts ; stigmates sortant du milieu ou de la base des glumelles. AGROSTIS. XV

23 { Glumes acuminées ; glumelle externe enroulée , cylindrique , terminée par une arête plumeuse ou pubescente , ord. très-longue et tordue , quelquefois glabre. . . . . STIPA. XIV
Glumes non acuminées ; glumelle externe concave , mutique ou terminée par une arête courte non tordue. . . . . MILIUM. XIII

<table>
<tr><td rowspan="2">24</td><td>Fleurs en épi filiforme , sur un axe creusé ar-
ticulé. . . . . *Ci-dessus.*</td><td>10</td></tr>
<tr><td>Fleurs jamais en épi filiforme sur un axe creusé-
articulé . . . .</td><td>25</td></tr>
<tr><td rowspan="2">25</td><td>Fleurs en tête hérissée, presque piquante; glu-
melle externe à 5 lanières divariquées . . .
. . . . ECHINARIA.</td><td>XLII</td></tr>
<tr><td>Fleurs non en tête hérissée-piquante; glumelle
sans lanières divariquées. . . . . . .</td><td>26</td></tr>
<tr><td rowspan="3">26</td><td>Glumes plumeuses, épi ovale-oblong, tout velu ,
blanchâtre , à longues arêtes ; tige de 10-28
cent . . . . LAGURUS.</td><td>XXIV</td></tr>
<tr><td>Glumes entourées de très-longs poils soyeux ;
panicule lâche, munie d'arêtes ou resserrée en
thyrse, sans arêtes; épillets géminés dont 1 ses-
sille; tige de 9-26 déc. . . . SACCHARUM.</td><td>I</td></tr>
<tr><td>Glumes ni plumeuses, ni entourées de très-
longs poils. . . . .</td><td>28</td></tr>
<tr><td rowspan="2">27</td><td>Glumelles (non les glumes) entourées de longs
poils . . . .</td><td>27</td></tr>
<tr><td>Glumelles glabres ou brièvement poilues. . .</td><td>31</td></tr>
<tr><td rowspan="2">28</td><td>Plante de 1-5 mètres . . . .</td><td>29</td></tr>
<tr><td>Plante de moins de 1 mètre. . . . . . .</td><td>30</td></tr>
<tr><td rowspan="3">29</td><td>Glumelles glabres à pédicelles garnis de poils
aussi longs qu'elles ; glumes plus courtes que
les glumelles . . . . . . PHRAGMITES.</td><td>XX</td></tr>
<tr><td>Glumelles longuement poilues à la base seule-
ment, sessiles; glumes dépassant les glumelles
. . . . CALAMAGROSTIS.</td><td>XVIII</td></tr>
<tr><td>Glumelles longuement poilues , de la base au
milieu ; pédicilles glabres ; glumes égalant
les glumelles. . . . . ARUNDO.</td><td>XIX</td></tr>
<tr><td rowspan="2">30</td><td>Glumelles munies d'une arête dorsale ou ter-
minale. . . . . . . CALAMAGROSTIS.</td><td>XVIII</td></tr>
<tr><td>Glumelles mutiques ou sans arêtes. MELICA.</td><td>XXVIII</td></tr>
<tr><td rowspan="2">31</td><td>Glumes en nacelle , divergentes au sommet ,
mucronées en arête , à bords tronqués vers le
sommet. . . . . PHLEUM.</td><td>VII</td></tr>
<tr><td>Glumes non mucronées-divergentes au sommet;
bords non tronqués vers le sommet. . . . .</td><td>32</td></tr>
<tr><td rowspan="2">32</td><td>Epillets géminés-quaternés , en épi simple ;
glumes raides, presque unilatérales. ELYMUS.</td><td>XXXIX</td></tr>
<tr><td>Épillets non géminés-quaternés en épi simple;
glumes nullement unilatérales. . . . . . .</td><td>33</td></tr>
</table>

54 { Arêtes très-distinctement insérées au dessous du sommet ; glumelle interne à 2 carènes ciliées en dents de peigne ; stigm. naissant vers le milieu de l'ovaire, hérissé au sommet. BROMUS. XXXV
Arêtes presque terminales; glumelle interne à 2 carènes non ciliées en dents de peigne ; stigm. terminaux. 55

55 { Glume unique ; l'autre avortée ou très-petite. . . . . LOLIUM.XXXVI
2 glumes paraissant insérées à la même hauteur, très-grandes, embrassant presque toute la fleur; stigmates plumeux, sortant de la base des glumelles. . . . . KÆLERIA. XXXI
2 glumes sensiblement insérées l'une au-dessus de l'autre, bien plus courtes que l'épillet ; stigmates sortant vers le sommet des glumelles. . 56

56 { Glumelle externe carénée; panicule agglomérée, unilatérale ; épillets courbés-concaves. . . . . DACTYLIS. XXXII
Glumelle externe à dos arrondi, non carénée ; panicule ressérée ou non, en thyrse, grappe ou épi; épillets ni courbés ni concaves. FESTUCA. XXXIV

57 { Glumes paraissant insérées au même point, très-grandes, embrassant presque tout l'épillet ; stigmates plumeux, sortant de la base des glumelles. . . . . KÆLERIA. XXXI
Glumes insérées l'une au dessus de l'autre ; stigmates sortant vers le sommet des glumelles ; glumes plus ou moins grandes. 58

58 { Glumelle externe carénée ; épillets distiques, en épi ; glumes très-grandes. . . SESLERIA. XXVII
Glumelle externe à dos arrondi non caréné ; épillets paniculés, non distiques ; glumes bien plus petites que l'épillet. . . . FESTUCA. XXXIV

59 { Épillets à 2 fleurs inférieures stériles en forme d'écailles, et à 1 fleur supérieure fertile; fleurs et feuilles ord. panachées. . . PHALARIS. VIII
Épillets à fleurs infér. fertiles, et à 1-3 fleurs supér. quelques fois stériles. 60

60 { Glumes carénées, paraissant insérées au même point, et très-grandes, embrassant presque tout l'épillet ; stigmates naissant à la base des glumelles . . . . KÆLERIA. XXXI
Glumes sensiblement insérées l'une au-dessus de l'autre. 61

61 {
Épillets distiques serrés en thyrse ou en épi
compacte; glumes très grandes; stigmates sortant du sommet des glumelles.   . Sesleria. XXVII
Épillets non distiques, ni serrés en thyrse, ou
épi compacte.   62
}

62 {
Glumelle externe carénée, ord. poilue à la base;
fleurs toutes fertiles; glumes bien plus petites
que l'épillet; stigmates sortant au sommet des
glumelles. . . . . Poa. XXX
Glumelle externe glabre et ventrue en cœur à la
base; fleurs toutes fertiles; glumes bien plus
petites que l'épillet; stigmates sortant du sommet des glumelles. . . . . . Briza. XXIX
Glumelle à dos arrondi, ni caréné, ni en cœur
à la base; fleurs supérieures ord. stériles ou
avortées.   63
}

63 {
Glumes convexes; renfermant les fleurs; dont
1-2 infér. fertiles et 2-3 supérieures stériles,
avortées; stigmates sortant vers la base des
glumelles. . . . . Melica. XXVIII
Glumes ord. carénées, plus courtes que les fleurs,
dont la supérieure seule est quelques fois
avortée; stigmates sortant du sommet des glumelles. . . . . Festuca. XXXIV
}

a. ANDROPOGONÉES.

I Saccharum. (Sucre.)

1 {
Glumelle externe munie d'une arête; panicule
lâche. . . . . *Ravennæ.* de Ravenne.
Glumelle sans arête; panicule resserrée en épi .
. . . . *Cylindricum.* Cylindrique.
}

II Andropogon. (Barbon.)

1 {
Fleurs en épis serrés, ou en épis comme digités. 2
Fleurs en panicules lâches ou serrées. 3
}

2 {
2 épis serrés; feuilles glabres et rudes. . . .
. . . . *Hirtus.* Hérissé.
5-10 épis purpurins presque digités; feuilles velues à la base. . . . *Ischæmum.* pied de Poule.
}

3 {
Chaume à nœuds glabres; gaînes infér. presque
soyeuses. . . . . *Gryllus.* Grillon.
Chaume à nœuds pubescents; gaînes glabres. . 4
}

4 {
Panicule oblongue resserrée, à rameaux poilus;
axes glabres. . . . . . *Sorghum.* Sorgho.
Panicule lâche, ombelliforme; rameaux verticillés, rudes ainsi que l'axe. *Halepensis.* d'Alep.
}

b. PHALARIDÉES.

III LEERSIA. (Léersie.) *Oryzoïdes.* à fleurs de Riz.

IV ZEA. (Maïs.) *Mays.* Cultivé.

V CRYPSIS. (Crypse.)

1 Tige diffuse rameuse; fleurs sessiles; épi ou thyrse ovale, oblong, engaîné à la base dans les feuilles supér.; 3 étamines; glume supér. à 2 nervures . . . . . *Schœnoïdes.* Choin.
Tige droite, simple; thyrse hémisphérique, nu à la base, ou entre deux feuilles courtes et piquantes; 2 étam.; glume supér. à 1 nervure. . . . . *Aculeata.* Piquante.

VI ALOPECURUS. (Vulpin.)

1 Tiges genouillées; glumes un peu soudées à la base. . . . . . . *Geniculatus.* Genouillé.
Tiges droites; glumes tout-à-fait libres ou soudées environ à moitié. 2

2 Chaume épaissi, bulbeux à la base; glumes libres. . . . . *Bulbosus.* Bulbeux.
Chaume non bulbeux; glumes soudées environ à moitié 3

3 Glumes velues, longuement ciliées sur la carène; chaume glabre; rameaux de l'épi portant 4-6 épillets. . . . . . *Pratensis.* des Prés.
Glumes presque glabres; chaume un peu rude au sommet; rameaux de l'épi ne portant que 1-2 épillets. . . . . . . *Agrestis.* des Champs.

VII PHLEUM. (Fléole.)

1 Épillets uniflores, sans le rudiment d'une seconde fleur avortée. 2
Épillets uniflores avec le rudiment d'une seconde fleur avortée. 3

2 Tiges droites; racines fibreuses. *Pratense.* des Prés.
Tiges couchées ou genouillées; racines bulbeuses. . . . . Var. *Nodosum.* Noueuse.

3 Chaume de 10-22 cent., très-lisse; glumes lancéolées, aiguës ciliées sur la carène; thyrse ovale-oblong . . . . *Arenarium.* des Sables.
Chaume de 3-7 déc.; glumes obtuses et peu mucronées, peu ou point ciliées sur la carène; thyrse cylindrique, allongé . *Boehmeri.* Lisse.

VIII Phalaris. (Phalaride.)

1
- Épillets uniflores, avec ou sans le rudiment d'une 2.me fleur avortée. (*Voir* Phleum. vii)
- Épillets à 3 fleurs ; les 2 infér. stériles , réduites à une écaille ; fleurs et feuilles ord. panachées. — 2

2
- Glumes à carène ailée , fleurs panachées de blanc et de vert. . . . . *Canariensis.* des Canaries.
- Glumes à carène non ailée ; fleurs panachées de blanc , de vert et de pourpre.. . . . . *Arundinacea.* Bigarré.

IX Holcus. (Houque.)

1
- Arête de la fleur supér. enfermée dans la glume ; racines fibreuses ; une fleur hermaphrodite ; plante toute velue. . . . *Lanatus.* Laineuse.
- Arête saillante au dessus de la glume ; racine rampante ; plante devenant glabre au sommet. . . . . *Mollis.* Molle.

X Anthoxanthum. (Flouve.) *Odoratum.* Odorante.

C. PANICÉES.

XI Panicum. (Panic.) *et* Setaria. (Sétaire.)

1
- Fleurs non entourées à la base d'un involucre de longues soies. (Panicum.) 2
- Fleurs entourées à la base d'un involucre de longues soies. (Setaria.) 5

2
- Épillets disposés en panicule digitée. 3
- Épillets alternes ou en panicule lâche non digitée. 4

3
- Feuilles et gaînes pubescentes. . . . . *Sanguinale.* Purpurin.
- Feuilles et gaînes glabres. . *Filiforme.* Glabre.

4
- Feuilles et gaînes des feuilles velues. . . . . *Miliaceum.* Millet.
- Feuilles et gaînes glabres. *Crus-Galli.* Pied de Coq.

5
- Soies de l'involucre à pointes recourbées , accrochantes , dirigées de haut en bas. . . . . *Verticillata.* Accrochant.
- Soies à pointes droites, dirigées de bas en haut. 6

6
- Feuilles glauques ; soies du thyrse jaunâtres ou roussâtres ; glumelle de la fleur hermaphrodite scabre, rugueuse. . . . *Glauca.* Glauque.
- Feuilles vertes ; soies du thyrse vertes ou rougeâtres ; glumelle de la fleur hermaphrodite presque lisse. 7

7 { Axe de l'épi laineux ; épi décomposé, lobé. . .
. . . . *Italica.* d'Italie.
Axe de l'épi glabre ; épi cylindrique. . . .
. . . . *Viridis.* Vert.

XII Tragus. (Bardanette.) *Racemosus.* en Grappe.

d. STIPACÉES.

XIII Milium. (Millet.) *et* Piptatherum. (Piptathère.)

1 { Glumelle externe mutique ; ovaire entouré de 2
petites écailles ou lodicules ; pédicelles de la panicule verticillés. (Milium.) . *Effusum.* Étalé.
Glumelles terminées par une arête caduque ; 3
lodicules ; pédicelles géminées ou demi-verti-
cillés. (Piptatherum.) 2

2 { Glumelle externe glabre, à 5 nervures ; arête 1
fois plus longue que l'épillet.. . . . . .
. . . . *Multiflorum.* Multiflore.
Glumelle externe pubescente, à 3 nervures ; arête
environ 3 fois aussi longue que l'épillet. . .
. . . . *Paradoxum.* Paradoxal.

XIV Stipa. (Stipe.)

1 { Arête courte, non tordue. *Aristella.* à courte Arête.
Arête longue et tordue. 2

2 { Arête de 20-30 cent., plumeuse, nue et fortement
tordue à la base ; feuilles glabres ; glumes 2-3
fois aussi longues que les glumelles ; anthères
nues. . . . . . . *Pennata.* Plumeuse.
Arête de 10-14 cent., pubescente, ciliée, tordue
à moitié ; anthères barbues, genouillées; feuilles un peu velues en dedans. . *Juncea.* Jonc.

e. AGROSTIDÉES.

XV Agrostis. (Agrostide.)

1 { Glumelles externes munies d'une arête dorsale,
ou terminale. 2
Glumelles mutiques, sans arête. 3

2 { Arête terminale ; 2 glumelles bien distinctes ;
l'externe entourée de poils à la base ; épillet
uniflore, sans rudiment d'une 2.me fleur. . .
. . . . *Rubra.* Rouge.
Arête un peu au-dessous du sommet de la
glumelle, épillet uniflore, avec le rudiment
d'une 2.me fleur ; 2 glumelles distinctes ; l'intérieure bifide. . . *Interrupta.* Interrompue.
Arête au milieu ou à la base de la glumelle ; 1
seule glumelle distincte, l'autre avortée ; épillet uniflore, sans rudiment d'une 2.me fleur. .
. . . . *Canina.* Hétérophylle.

3 { Feuilles roulées et piquantes 4
{ Feuilles planes et molles. 5

4 { Tige rampante à la base ; languette velue ; glumes lisses. . . . . . *Pungens.* Piquante.
{ Tige redressée ; languette glabre ; glumes rudes sur la carène. . . . . *Maritima.* Maritime.

5 { Pédoncules du panicule , ainsi que l'axe , tout à fait lisses ; languette déchirée ; tige rampante à la base . . . . *Stolonifera.* Stolonifère.
{ Pédoncules plus ou moins garnis d'aiguillons. 6

6 { Pédoncules très-rudes , à aiguillons nombreux , très-rapprochés ; languette obtuse ; tige rampante à la base. . . . *Decumbens.* Penchée.
{ Pédoncules presque lisses ; aiguillons rares , écartés ; languette presque nulle ou tronquée ; tige redressée. 7

7 { Panicule très-peu étalée. . *Vulgaris.* Commune.
{ Panicule à partie fleurie très-étalée , horizontalement , et à partie non fleurie contractée. . . . . *Rubra.* Rouge.

XVI Gastridium. (Gastridie.) *Lendigerum.* Ventrue.

XVII Polypogon. (Polypogon.)

1 { Thyrse oblong , plus ou moins lobé ; sommet des pédicelles renflé ; mais plus étroit que la base de l'épillet ; glumes 1 fois plus longues que les glumelles. . . *Monspeliense.* de Montpellier.
{ Thyrse de 2-4 cent. , non lobé ; sommet des pédicelles aussi large que la base des épillets ; glumes 3 fois aussi longues que les glumelles. . . . . *Maritimum.* Maritime.

XVIII Calamagrostis. (Calamagrostide.)

1 { Glume externe plus grande que l'interne ; glumelles aristées. 2
{ Glume externe plus petite que l'interne ; glumelles mutiques. . . . *Arenaria.* des Sables.

2 { Arête de la glumelle dorsale , plus courte que les poils ; chaume de 9-17 déc. *Epigeios.* Commune.
{ Arête terminale , égale aux poils ; chaume de 3-7 déc. . . . . . . *Littorea* des Rivages.

XIX Arundo. (Donax) *Donax.* à Quenouilles

XX Phragmites (Roseau.) *Communis.* à Balais.

f. CHLORIDÉES.

XXI **Cynodon.** (Chiendent) *Dactylon.* Commun.

XXII **Chamagrostis.** (Mignonette.) *Minima.* Naine.

G. AVENACÉES.

XXIII **Aira.** (Canche.)

1 { Glumelle externe entière , l'interne à 3 lobes. — 2
{ Glumelle externe bifide ou tronquée et à 3-5 dents. — 3

2 { Feuilles enroulées , capillaires ; languette oblon-
{ gue-tronquée . . . . . *Canescens.* Blanchâtre.
{ Feuilles fraiches assez larges et planes , sèches
{ enroulées ; languette presque aiguë . . . .
{ . . . . *Articulata.* Articulé.

3 { Glumelle externe bifide , ou à 3 dents inégales ;
{ épillets à 2 fleurs sans rudiment poilu d'une 3.me — 4
{ Glumelle à 4-5 dents ; épillets à 2-3 fleurs , la
{ 3.me réduite ord. en un rudiment poilu . . . — 6

4 { Glumelle externe tronquée , à 3 dents inégales.
{ . . . . *Flexuosa.* Flexueuse.
{ Glumelle bifide. . . . . — 5

5 { Panicule en forme d'épi oblong , compacte. .
{ . . . . *Præcox.* Précoce.
{ Panicule à rameaux très-étalés , très-fins. . .
{ . . . . *Caryophyllea.* Caryophyllées.

6 { Feuilles planes ; glumelle externe à 4 dents. .
{ . . . . *Cœspitosa.* en Gazon.
{ Feuilles enroulées , filiformes , piquantes ; glu-
{ melles à 5 dents inégales. *Media.* Intermédiaire.

XXIV **Lagurus.** (Lagure.) *Ovatus.* Queue de Lièvre.

XXV **Avena.** (Avoine.) **Arrhenatherum.** et **Gaudinia.**

1 { Épillets à 2 fleurs , avec le rudiment d'une 3.me ;
{ la supér. seule hermaphrodite , l'autre stami-
{ née. (**Arrhenatherum.**) . *Elatior.* Élevé.
{ Épillets à 2 fleurs et plus , sans rudiment d'une
{ autre ; toutes ou au moins l'infér. hermaphrod. — 2

2 { Glumelle externe terminée par 2 soies ; ovaire
{ glabre ; fleurs petites. . *Flavescens.* Jaunâtre.
{ Glumelle bidentée ou bifide , non terminée par
{ 2 soies ; fleurs grandes. . . . . — 3

3 { Épillets sessiles , en épi. (**Gaudinia.**) . . .
{ . . . . *Fragilis.* Fragile.
{ Épillets plus ou moins pédicellés , en panicule
{ ou en grappe. . . . . — 4

4 {
Épillets assez gros, pendants au moins à la maturité ; glumes supér. à 5-9 nervures. . . . 5
Épillets jamais pendants ; glume supér. à 1-3 nervures 6
}

5 {
Épillets à fleurs ayant toutes leurs glumelles glabres . . . . *Sativa.* Cultivée
Épillets à fleurs ayant toutes leurs glumelles très-velues à la base et toutes aristées. *Fatua.* Folette.
Épillets à glumelles supér. glabres et sans arêtes et les infér. garnies de poils et aristées. . . . . *Sterilis.* Stérile.
}

6 {
Ovaires poilus au sommet ; épillets ayant plus de 1 cent. de long. 7
Ovaires glabres ; épillets ayant moins de 1 cent. de long. . . . . . . *Flavescens.* Jaunâtre.
}

7 {
Rameaux de la panicule solitaires ou géminés ; épillets à 4-5 fleurs ; pédicelles des fleurs à poils courts. . . . . . . *Pratensis.* des Prés.
Rameaux, au moins les inférieurs, réunis par 3-5 ; épillets à 2-3 fleurs ; pédicelles des fleurs supér. à poils égalant presque la moitié des glumelles . . . . . *Pubescens.* Pubescente.
}

XXVI Danthonia. (Danthonie.) ou Triodia. (Triodie.)
. . . . *Decumbens.* Inclinée.

h. FESTUCACÉES.

XXVII Sesleria. (Seslérie.)

1 {
Glumelles externes à 3-5 dents, dont plusieurs ord. aristées. . . . . . *Cœrulea.* Bleuâtre.
Glumelles entières et sans arête. . *Dura.* Dure.
}

XXVIII Melica. (Mélique.)

1 {
Glumelles externes des fleurs infér. des épillets, très-velues ou ciliées. 2
Glumelles glabres. 3
}

2 {
Panicule égale, dense, presque en épi ; glumelles très-ciliées jusqu'au sommet ; fleurs panachées de vert et de blanc et quelques fois de pourpre. . . . . *Ciliata.* Ciliée.
Panicule presque unilatérale, très-lâche ; glumelles non ciliées, mais longuement velues vers les bords, jusqu'aux 2 tiers ; fleurs blanches et pourpres. . . . . . *Bauhini.* de Bauhin.
Panicule presque unilatérale, étalée. glumelles velues sur les 2 nervures latérales ; fleurs d'un vert blanchâtre. . . . . . *Ramosa.* Rameuse.
}

3 { Languette des feuilles allongée, laciniée ; épillets presque unilatéraux, à 4-5 fleurs dont les 2 infér. fertiles ; fleurs d'un vert-blanchâtre. . . . . *Ramosa.* Rameuse.
Languette très-courte ; fleurs rougeâtres ou pourpres. 4

4 { Languette émettant une stipule allongée, très-fine ; panicule rameuse, très-lâche ; pédoncules allongés ; épillets à 1 seule fleur fertile. . . . . *Uniflora.* Uniflore.
Languette n'émettant pas de stipules ; panicule presque simple ; pédoncules courts ; épillets penchés, à 2-4 fleurs fertiles. *Nutans.* Penchée.

XXIX Briza. (Brize.) et Eragrostis. (Eragrostide.) n.° 4

1 { Épillets ovales ou triangulaires à la fin, en cœur à la base ; fruit comprimé ; glume intér. tombant avec l'autre. 2
Épillets linéaires-oblongs, sur un axe persistant ; Fruit globuleux non comprimé ; glume intér. persistant sur l'axe. 4

2 { Glumes plus longues que les fleurs ; languette très-longue, aiguë ; épillets triangulaires ; panicule droite . . . . . . *Minor.* Mineure.
Glumes plus petites que les fleurs ; épillets ovales. 3

3 { Gros épillets en cœur et de 13-23 fleurs ; pédoncules simples ; panicule penchée au sommet. . . . . *Maxima.* à gros Épillet.
Épillets plus petits, à 5-7 fleurs ; pédoncules rameux ; languette très courte et obtuse ; panicule dressée. . . . . . *Media.* Moyenne.

4 { Épillets grands, à 15-25 fleurs ; plante de 13-22 cent. *Eragrostis. Var. Megastachia.* Eragrostide. Var. à longs Epillets.
Épillets petits ; de 5-20 fleurs ; plante petite, maigre. . . . . *Eragrostis. Var. Poœformis.* Éragrostide. Var. Paturin.

XXX Poa. (Paturin.)

1 { Panicule unilatérale ou presque' unilatérale. . 2
Panicule égale nullement unilatérale. 5

2 { Chaume très-comprimé, à 2 tranchants et de 3-5 déc. ; panicule ressérrée. *Compressa.* Comprimé.
Chaume peu ou point comprimé ; panicule lâche. 3

3 { Chaume épaissi, bulbeux à la base. . . . . *Bulbosa.* Bulbeux.
Chaume ni épaissi, ni bulbeux à la base. . . 4

27

4 { Chaume de 3-7 déc. et penché au sommet ; glumelles à 3 nervures. . . *Nemoralis*. des Bois.
Chaume de 8-14 cent. et droit au sommet ; glumelles à 5 nervures. . . . *Annua*. Annuel.

5 { Épillets linéaires , très-glabres , de 7-12 fleurs
appliquées. . . . . . *Pilosa*. à Manchettes.
Épillets ovales arrondis à la base ; fleurs un peu
écartécs , pubescentes ou lanugineuses à la base.   6

6 { Chaume et gaînes des feuilles rudes ; glumelles à
5 nervures aiguës, saillantes ; rameaux étalés ;
languettes aiguës lancéolées. *Trivialis*. Trivial.
Chaume et gaînes lisses ou presque lisses ; languettes obtuses tronquées   7

7 { Glumelles à 3 nervures ; gaînes glabres ; les supér.
bien plus courtes que les feuilles ; languettes
courtes obtuses ; axes des épil. scabres ou pubescents ; plante verte. . *Nemoralis*. des Bois.*
* *Var*. Plante plus ou moins glauque. . . .
. . . . *Glauca*. Glauque.
Glumelles à 5 nervures peu distinctes d'abord ;
gaînes supér. égales aux feuilles ou plus longues
qu'elles.   8

8 { Racines fibreuses ; chaume et gaînes presque
lisses ; feuilles égales à leurs gaînes ; axe des
épil. glabre ; languettes aiguës. . . . .
. . . . *Serotina*. Tardif.
Racines rampantes; chaume et gaînes lisses ; feuilles supér. bien plus courtes que les gaînes ; languettes tronquées. . . *Pratensis*. des Prés.*

* *Var*. Feuilles radicales pliées en long ou enroulées ,
quelquefois presque filiformes , souvent glaucescentes ; panicules resserrées . . . . .
. . . . *Angustifolia*. à Feuilles étoites.

XXXI Kæleria. (Kælérie.)

1 { Épillets dépourvus d'arêtes.   2
Épillets munis d'arêtes courtes.   3

2 { Feuilles infér. ord. planes , ciliées et pubescentes ; chaume toujours glabre ; *Cristata*. à Crête.
Feuilles infér. enroulées et glabres; chaume jeune
très-velu. . . . . . . *Setacea*. Sétacée.

3 { Glumes et glumelles glabres ; fleurs en panicule
grèle , unilatérale, large de 6-7 mil. (Festuca).
. . . . *Macilenta*. Maigre.
Glumes ou glumelles ciliées ou poilues. . . .   4

4 { Glumes presque égales ; arêtes courtes et raides ; épi pubescent ; glumes extér. velues. . . . . *Villosa.* Velue.
Glumes très-inégales; arêtes molles ou épi hérissé ; glumes extér. plus ou moins ciliées ou glabres. 5

5 { Arêtes rudes , rendant l'épi hérissé ; glumelle extér. à 2 dents. . . . . . *Phleoïdes.* Fléole.
Arêtes molles ; glumelle externe non à 2 dents. . . . . *Caudata.* à Queue.

XXXII DACTYLIS. (Dactyle.)

1 { Chaume rampant ; panicule cylindrique , resser-rée ; épillets à 7-11 fleurs glabres. . . . . *Littoralis.* des Rivages.
Chaume articulé, dressé; panicule pyramidale , ou unilatérale; épillets à 3-4 fleurs à glumes ru-des-ciliées. . . . . *Glomerata.* Agglomérée.

XXXIII CYNOSURUS. (Cynosure.)

1 { Épillets à longues arêtes; épi court , ovoïde ; languettes supér. lancéolées , allongées. . . . . *Echinatus.* Hérissé.
Épillets simplement mucronés; épi long, linéaire ; languettes très-courtes. . *Cristatus.* à Crêtes.

XXXIV. FESTUCA. (Fétuque)

1 { Épillets sessiles ou subsessiles , ord. en épi , rar. solitaires ou en grappe. 2
Épillets plus ou moins pédicellés en panicule plus ou moins resserrée. 8

2 { Épillets très-petits ; arête nulle ou terminale. . 3
Épillets allongés ord. cylindriques ; arête insérée un peu au-dessous du sommet. . . . . . 4 *b.*

3 { Gaînes pubescentes ; épillets espacés d'environ leur longueur ; glumelles obtuses , aristées. . . . . *Tenella. Var. Aristata.* Délicate. *Var.* Aristée.
Gaînes peu poilues, ou glabres ; glumelles non aristées , mutiques. . . . . 3 *b.*

3 *b.* { Gaînes un peu poilues : épil. peu espacés ; les supér. sessiles , les infér. brièvement pédicel-lés ; glumelles aiguës , grêles. . . . . *Maritima.* Maritime.
Gaînes glabres ; épil. tous subsessiles ou sessiles. 4

4 { Glumelles obtuses ; épi simple ou seulement rameux à la base.. . *Unilateralis.* fausse Rotbolle.
Glumelles aiguës ; épi rameux dans toute sa longueur. . . . . . . *Hémi-poa.* Hémi-poa.

4 *b.* { Feuilles enroulées et piquantes ; gaînes glabres. 5
Feuilles planes ; gaînes pubescentes ou presque
glabres. 6

5 { Chaume de 6-10 déc. ; fleurs ord. acuminées , fortement mucronées. *Phœnicoïdes.* à Feuilles piquantes·
Chaume de 2-5 déc. ; fleurs ord. tronquées-échan-
crées. . . . . . . *Cœspitosa.* en Gazon.

6 { Languette tronquée-arrondie ; feuilles raides ,
linéaires. . . . . . *Pinnata.* Corniculée.
Languette tronquée , non arrondie, mais carrée
ou dentelée , ou déchirée. 7

7 { Chaume de 6-10 déc. ; languette déchirée ; 8-10
épillets à 6-10 fleurs , à arêtes courtes.. . .
. . . . *Gracilis.* des Forêts.
Chaume de 1-4 déc. ; languette dentelée , ciliée ;
1-6 épillets à 16-20 fleurs , à arêtes longues.
. . . . *Distachya.* Ciliée.

8 { Épillets en panicule très-resserrée et non unilatérale ; épil. violets-noirs ; chaume à 1 seul
nœud vers les racines. . . *Cærulea.* Bleue.
Épillets en grappe ou panicule resserrée et unilatérale. 9
Épillets en panicule plus ou moins étalée ou divariquée , au moins à la fin et rar. unilatérale. 15

9 { Glumelle externe terminée par une arête courte
ou nulle. 10
Glumelle à arête très-longue. 11

10 { Feuilles enroulées ; glumes très-inégales : glumes externes à une petite arête. *Macilenta* Maigre.
Feuilles planes , peu raides ; panicule peu ou point
raide ; glumes presque égales. . . . . .
. . . . *Hémi-poa.* Hémi-poa.
Feuilles planes , raides ; glumes presque égales ;
panicule raide. . . . . . *Rigida.* Raide.

11 { Pédicelles peu ou point dilatés au sommet ; 1
étam . . . . .11 *b.*
Pédicelles très dilatés ou épaissis au sommet ;
3 étam. 13

11 *b*.
{ Panicule courte ; glume infér. égale à la moitié de la supér. ; gaîne tachée de brun et ord. éloignée de la panicule. *Sciuroïdes.* Queue d'écureuil.
Panicule allongée, un peu arquée ; glume infér. n'égalant pas la moitié de la supér. ; gaîne embrassant ord. la panicule. 12

12
{ Panicule pubescente ou glabre ; glume supér. longue de 4-7 mil. . . . *Myuros.* Queue de Rat.
Panicule toute blanche ; à fleurs couvertes de longs poils blancs et soyeux ; glume supér. longue de 12 mil. au moins. . . *Ciliata.* Ciliée.

13
{ Pédicelles épaissis au sommet , en tous sens. . . . . *Incrassata.* à Pédicelles épaissis,
Pédicelles dilatés en épée au sommet ou simplement largement aplatis au sommet. . . . 14

14
{ Glume infér. nulle ou avortée. *Uniglumis.* Univalve.
Glume infér. non avortée. . *Bromoïdes.* Brome.

15
{ Glume infér. obtuse ou tronquée , aristée ou non. 16
Glume infér. aiguë , aristée ou non. . . . 22

16
{ Glumelles externes à 3-5 nervures peu sensibles ou assez sensibles , mais alors plante des lieux maritimes ou plus ou moins secs. . . . . .16 *b*.
Glumelles à 3 ou à 7 nerv. très-sensibles , saillantes ; plante aquatique . . . . . . .17 *b*.

16 *b*.
{ Glum. externes à 3-4 nerv. peu sensibles;panicule à la fin lancéol. unilatérale raide. *Rigida.* Raide.
Glumelles à 3 nerv. peu sensibles ; panicule égale. 17
Glumelles à 5 nerv. plus ou moins sensibles. . 19

17
{ Racine rampante; feuilles ord. presque planes; tige de 3-5 déc. ; épillets de 5-12 fleurs obtuses , barbues à la base , longues de 3 mil. au moins. . . . . . . *Maritima.* Maritime.
Racine fibreuse ; feuil. filiformes ; tige de 1-2 déc. ; épil. à 4 fleurs aiguës, très-petites ; glumes très-inégales. (*Divaricata.*) . . . . *Gouani.* de Gouan.

17 *b*.
{ Glumelles externes à 3 nervures très-sensibles ; styles très-courts. . . . . *Aroïdes.* Canche.
Glumelles à 7 nervures très-sensibles ; styles allongés , divariqués. 18

18
{ Feuilles tachées de brun vers les gaînes ; panicule égale, diffuse, très-rameuse ; épillets oblongs, comprimés. . *Aquatica.* Aquatique.
Feuilles ; non tachées ; panicule d'abord unilatérale ; épillets cylindriques. *Fluitans.* Flottante.

19
{ Chaume tout couvert par les gaînes ; feuilles radicales nulles ; fleurs d'un vert bleu. . . . . *Serotina.* Tardive.
Gaînes écartées , espacées ; feuilles radicales non avortées ; fleurs non d'un vert-bleu. . . 20 }

20
{ Panicule à la fin lancéolée , raide , unilatérale. . . . . *Rigida.* Raide.
Panicule égale , plus ou moins étalée , divariquée. . . . . 21 }

21
{ Rameaux fructifères ou 'murs déjetés ou réfléchis ; glumelles à 5 nervures peu distinctes. . . . . *Distans.* Écartée.
Rameaux fructifères supérieurs dressés , les inf. déjetés ; ou à la fin , tous redressés ; glumelles à 3 nervures peu distinctes. *Maritima.* Maritime· }

22
{ Panicule unilatérale. 23
Panicule égale. . . . . 25 }

23
{ Feuilles planes. 24
Feuilles infér. , au moins , enroulées. . . . 31 }

24
{ Fleurs verdâtres ou rougeâtres ; chaume de 17 cent. au plus ; glumelles internes obtuses , entières ; feuilles raides. . . *Rigida.* Raide.
Fleurs mêlées de blanc , de vert et de pourpre ; chaume de 3-10 déc. ; glumelles internes échancrées ; feuilles molles. . *Pratensis.* des Prés. }

25
{ Glumelles mutiques , sans arête , peu ou point aiguës ; glumes non carénées , très-inégales ; fleurs obtuses , à glumelles internes non ciliées. . . . . *Ci-dessus.* 21
Glumelles ord. aristées , aiguës ; glumes carénées , moins inégales ; fleurs lancéolées à glumelles internes plus ou moins ciliées. . . . 26 }

26
{ Languettes des feuilles lancéolées-aiguës. . . 27
Languettes obtuses , tronquées ou bifides. . . 28 }

27
{ Feuilles enroulées ; panicule égale , penchée ou non. . . . . *Pœformis.* Paturin.
Feuilles planes ; panicule raide, à la fin unilatérale. . . . . *Rigida.* Raide. }

28
{ Feuilles toutes ou seulement une partie , enroulées ou pliées , les inférieures au moins. . . 29
Feuilles, les inférieures au moins, assez larges, planes, étant jeunes. . . . . 36 }

29 { Toutes les feuilles enroulées ou pliées, capillaires ou filiformes. 31
Feuilles inférieures enroulées; les supérieures ord. planes, ou simplement en gouttière, très-peu ou point du tout enroulées. . . . 30

30 { Chaume de 5 déc. au plus; racines rampantes, stolonifères; fleurs 1-2 fois plus longues que les arêtes. . . . . *Rubra*. Rouge.
Chaume de 9 déc. au moins; racines fibreuses, non stolonifères; fleurs égales environ aux arêtes. . . . . . *Heterophylla*. Hétérophylle.

31 { Panicule vraiment unilatérale; languettes très-saillantes, laciniées, ciliées. *Robusta*. Robuste.
Panicule égale ou presque unilatérale; languettes courtes, tronquées, à 2 oreillettes. . . 32

32 { Racines rampantes, stolonifères; feuilles du chaume peu ou point enroulées ou presque en gouttière. . . . . *Rubra*. Rouge.
Racines fibreuses; toutes les feuilles très-enroulées ou pliées. 33

33 { Panicule vraiment unilatérale; languettes très-saillantes, laciniées, ciliées. *Robusta*. Robuste.
Panicule égale ou presque unilatérale; languettes courtes, tronquées à 2 oreillettes. 34

34 { Feuilles pliées, carénées, lisses ou seulement rudes sur les bords. 35
Feuilles toutes enroulées, rudes, sétacées. . . . . *Ovina*. à petites Fleurs.

35 { Plante peu glauque; panicule presque unilatérale; feuilles lisses. . . . . *Duriuscula*. Dure.
Plante très-glauque, cendrée-blanchâtre; panicule égale resserrée. . . . . *Glauca*. Glauque.

36 { Racines fibreuses; languette saillante, à 2 lobes; axe des fleurs lisse; épillets ovales-comprimés. . . . . *Spadicea*. Dorée.
Racines fibreuses; languette courte, tronquée, déchirée, ciliée; axe des fleurs lisse ou rude; épillets linéaires, d'abord cylindriques, puis comprimés, lisses. . . *Pratensis*. des Prés.
Racines fortes, rampantes; languette très-courte, tronquée; axe des fleurs plus ou moins rude; épillets courts et rudes, 4-15 par rameaux. . . . . *Arundinacea*. Roseau.

XXXV Bromus. (Brome.)

1
- Épillets élargis au sommet, au moins après la floraison ; arètes des fleurs latérales plus longues ord. que les arêtes des fleurs supérieures, ou les égalant à peu près. **2**
- Épillets rétrécis et jamais élargis au sommet ; arètes des fleurs latérales n'égalant jamais les arêtes des fleurs supérieures, et quelquefois nulles. **4**

2
- Arêtes beaucoup plus longues que les glumelles ; chaume glabre ; pédoncules peu dilatés. . . . . *Sterilis.* Stérile.
- Arêtes à peu près égales aux glumelles . . . **3**

3
- Pédoncules flexueux, contournés, doux au toucher, peu ou point dilatés au sommet. . . . . *Tectorum.* des Toits.
- Pédoncules inégaux, très dilatés et renflés au sommet. . . . . *Madritensis.* de Madrid. *Var. Maximus.* Var. Élevé.

4
- Feuilles supér. 2-3 fois plus larges que les infér. ; arètes très-courtes. . *Erectus.* Hétérophylle.
- Toutes les feuilles à peu près égales. **5**

5
- Arêtes sensiblement plus long. que les glumelles **6**
- Arêtes environ égales aux glumelles, ou plus courtes qu'elles. **10**

6
- Arêtes toujours droites ; pédoncules dilatés au sommet ; gaînes supér. renflées, très-longues, enveloppant l'épil. jeune. *Madritensis.* de Madrid.
- Arêtes à la fin divariquées, ou plus ou moins divergentes. **7**

7
- Arêtes contournées à la base. **8**
- Arêtes non contournées à la base. **9**

8
- Panicule simple, lâche, ouverte, penchée au sommet ; glumelle externe obtuse un peu échancrée. . . . . *Squarrosus.* Rude.
- Panicule un peu resserrée, droite ; glumelle externe très-aiguë, bifide. *Divaricatus.* Divergent.

9
- Panicule à la fin inclinée unilatéralement ; épillets à fleurs fertiles un peu écartées, laissant voir le jour à leur base. . . *Multiflorus.* Multiflore.
- Panicule mollement inclinée au sommet ; épillets à fleurs fertiles serrées imbriquées. . . . . *Squarrosus.* Rude.

10 { Arêtes toujours droites. 11
{ Quelques arêtes à la fin divergentes; chaume très-
     glabre ; pédoncules longs de 5-17 cent., rudes;
     fleurs verdâtres. . . . *Arvensis.* des Champs.
{ Toutes les arêtes à la fin divergentes. *Ci-dessus.*   7

11 { Pédoncules plus courts que les épillets presque
     sessiles. 12
{ Pédoncules plus longs que les épillets. . . . 14

12 { Épillets allongés, linéaires, rougeâtres ou vio-
     lets. 13
{ Épillets ovales-oblongs, verdâtres. *Mollis.* Mollet.

13 { Panicule ovale, dressée, en faisceau ; chaume
     lisse. . . . . *Rubens.* Rougeâtre.
{ Panicule un peu ouverte ou étalée; chaume pres-
     que lisse. . . . *Polystachyus.* à Épis nombreux.

14 { Panicule toujours dressée. 15
{ Panicule, à la fin penchée au sommet. . . . 16

15 { Épillets linéaires, rougeâtres ou violets. . .
     . . . . *Polystachyus.* à Épis nombrenx.
{ Épillets ovales-oblongs, verdâtres. *Mollis.* Mollet.

16 { Glume externe à 1 nervure; la supér. à 3 ner-
     vures ; glumelle externe à 2 lobes ou presque
     entière ; l'interne velue ou ciliée au bord à
     cils faibles. 17
{ Glume externe à 3-5 nervures ; la supér. à 5 ou
     plus ; glumelle externe, profondément bifide ;
     la supér. ciliée de soies fermes. 18

17 { Panicule lâche, penchée ; feuilles larges à peu
     près égales. . . . . . . *Asper.* Scabre.
{ Panicule droite ou peu penchée; feuilles supér.
     2-3 fois plus larges que les inférieures. . .
     . . . . *Erectus.* Hétérophylle.

18 { Arêtes flexueuses ; gaînes des feuilles glabres. .
     . . . . *Secalinus.* Seigle.
{ Arêtes droites ; gaînes des feuilles infér.; au
     moins, pubescentes. 19

19 { Chaume lisse et glabre, plus ou moins. . . . 20
{ Chaume sensiblement pubescent ou rude. . . 22

20 { Épillets linéaires-lancéolés ; chaume toujours
     très glabre ; fleurs presque luisantes pana-
     chées de vert, de blanc et de pourpre. . . .
     . . . . *Arvensis.* des Champs.
{ Épillets ovales-oblongs ; chaume rar. glabre et
     lisse, ord. un peu rude au sommet; fleurs ver-
     dâtres, rar. purpurines. 21

$$21 \begin{cases} \end{cases}$$ Panicule diffuse ; les 2 glumes obtuses. . . . . *Racemosus.* en Grappe.
Panicule simplement ouverte ; une glume aiguë , l'autre obtuse . . . . . *Pratensis.* des Prés.

$$22 \begin{cases} \end{cases}$$ Épillets très-glabres. . . . . . *Ci-dessus.* 21
Épillets pubescents. . . . . *Mollis.* Mollet.

j. HORDÉACÉES.

XXXVI. Lolium. (Ivraie.)

$$1 \begin{cases} \end{cases}$$ Tige très-rude au toucher ; épillets pourvus d'arêtes droites , plus ou moins longues ; glume égalant ou dépassant l'épillet. . . . . *Temulentum.* Enivrante.
Tige lisse au toucher ; épillets dépourvus d'arêtes ; glume ord. plus courte que l'épillet. . . 2

$$2 \begin{cases} \end{cases}$$ Chaume ferme ; épillets à 5-10 fleurs , et un peu comprimés. . . . . . . *Perenne.* Vivace.
Chaume grêle ; épillets à peu-près cylindriques , exigus , à 3-4 fleurs au haut de l'épi ; et à 1-2 fleurs en bas. . . . . *Tenue.* Menue.

XXXVII. Triticum. (Froment.)

$$1 \begin{cases} \end{cases}$$ Épillets à 1-2 fleurs supérieures stériles ; glumes ventrues , concaves , ovales-oblongues , plus courtes que les fleurs. 2
Épillets à fleurs toutes fertiles ; glumes lancéolées , ou linéaires-oblongues , embrassant les fleurs ; l'inférieure un peu plus courte que l'autre. 3

$$2 \begin{cases} \end{cases}$$ Grains retenus dans la glumelle ; épis imbriqués en tous sens. . . . . . . *Spelta.* Épeautre.
Grains sur 2 rangs, retenus dans la glum. ; axe fragile ; épis comprimés. . *Monococcum.* Locular.
Grains libres , axe tenace ; épis tétragones. . . . . *Sativum.* Cultivé.

$$3 \begin{cases} \end{cases}$$ Axe des épis très-lisse ; feuilles garnies de poils fins , en dessus. . . . . . *Junceum.* Jonc.
Axe plus ou moins rude ; feuilles plus ou moins rudes par dessus. 4

$$4 \begin{cases} \end{cases}$$ Feuilles planes. 5
Feuilles plus ou moins enroulées. 6

$$5 \begin{cases} \end{cases}$$ Glumes égales ; feuilles rudes seulement au bord par dessus ; glumelles sans arêtes , ou arêtes plus courtes qu'elles. . *Repens.* Chien-dent.
Glumes inégales ; feuilles rudes des 2 côtés ; glumelles à arêtes plus longues qu'elles. . . . . *Caninum.* des Buissons.

6 { Glumes et glumelles externes très obtuses ou
échancrées. . . . . . . *Rigidum.* Raide
{ Glumes et glumelles presque aiguës. 7

7 { Feuilles aiguës, mais non piquantes, planes ou
seulement enroulées au sommet, à nervure garnie d'une ligne de petites pointes.. . . . .
. . . . *Pungens.* Piquant.
{ Feuilles piquantes, enroulées; nervure garnie de
plusieurs lignes de poils très-courts. . . .
. . . . *Acutum.* Pointu.

XXXVIII S*ecale*. (Seigle.) *Cereale.* Cultivé.

XXXIX E*lymus*. (Élyme.)

1 { Épillets ternés, à 2 fleurs aristées; glumes égales aux épillets, aristées. *Europœus.* d'Europe.
{ Épil. géminés, uniflores ou rar. biflores; glumes aristées, moins grandes que les épillets. .
. . . . *Crinitus.* Chevelu.

XL H*ordeum*. (Orge.)

1 { Grains gros; plante cultivée. 2
{ Grains maigres petits; plante sauvage. . . . 3

2 { Fleurs sur 6 rangs, dont 2 stériles; grains sur 4
rangs seulement; épi un peu comprimé-allongé.
. . . . *Vulgare.* Commune.
{ Fleurs et grains sur 6 rangs, épi court, épais.
. . . . *Hexastichon.* à 6 Rangs.
{ Fleurs et grains sur 2 rangs. *Distichon.* Distique.

3 { Feuilles supérieures glabres. *Pratense.* des Prés.
{ Feuilles supérieures velues. 4

4 { Gaines inférieures pubescentes; épi court de
3 cent. au plus; pas de glumes ciliées. . . .
. . . . *Maritimum.* Maritime.
{ Gaines inférieures glabres; épi long d'environ
6 cent.; plusieurs glumes ciliés. . . . .
. . . . *Murinum.* queue de Souris.

XLI Æ*gilops*. (Égilope.)

1 { Épi long, cylindrique, grêle à 5-6 épillets assez
écartés, ni imbriqués, ni agglomérés; glumes
à 2-3 arêtes peu ou point divergentes. . . .
. . . . *Triuncialis.* Allongé.
{ Épi oblong, gros, fourni, ressemblant à un épi
de froment; épillets nombreux, imbriqués;
glumes à 2 arêtes droites ou peu ouvertes. .
. . . . *Triticoïdes.* Froment.
{ Épi ovoïde; court, aggloméré à 3-5 épillets;
glume à 2-5 arêtes divergentes, étalées. . . 2

2 {
Épi à 3-4 épillets , d'un vert foncé ; glumes ord.
à 4 arêtes étroit. et hispides à la base. *Ovata*. Ovale.
Épi à 4-5 épillets d'un vert tendre ; glumes ord.
à 3 arêtes larges et glabres à la base. . .
. . . . *Triaristata*. Aminci.
}

XLII Echinaria. (Échinaire.) *Capitata*. en Tête.

k. ROTTBOELLIACÉES.

XLIII Nardus. (Nard.) *Stricta*. Raide.
XLIV Psilurus. (Psilure.) *Nardoïdes*. Faux-nard.
XLV Rottboellia. (Rottbolle.)

1 {
Feuilles planes ; épi courbé : glumes presque
appliquées. . . . . . *Incurvata*. Courbée.
Feuilles enroulées ; épi droit : glumes ouvertes.
. . . . *Filiformis*. Filiforme.
}

2.me SECTION. CRIPTOGAMES *ou* ACROGÈNES.

Fleurs indistinctes ; Organes de la Fructification
invisibles.

106.me *Famille.* CHARACÉES.

1 {
Tiges opaques, à articles composés chacun d'un
tube central entouré d'un rang de tubes semblables , plus étroits. . . . . . . CHARA.   I
Tiges plus ou moins diaphanes , à articles composés chacun d'un seul tube. . . NITELLA.   II
}

I Chara. (Charagne.)

1 {
Plante dioïque (Sporanges et anthéridies sur des
pieds différents.). 2
Plante monoïque. 3
}

2 {
Tige hérissée de soies en faisceau , serrées. . .
. . . . *Crinita*. Chevelue.
Tige un peu hérissée au sommet , grêle. . .
. . . . *Aspera*. Rude.
Tige fortement tordue , cannelée , poudreuse ,
à papilles obtuses , à la fin presque cotonneuses.
. . . . *Tomentosa*. Cotonneuse.
}

3 {
Bractées plus courtes que les fruits : tiges vertes.
. . . . *Fragilis*. Fragile.
Bractées plus longues que les fruits ; tiges grisâ-
tres. 4
}

4 { Tiges robustes, sillonnées-tordues, à papilles nombreuses, surtout supérieurement . . . . *Hispida.* Hérissée.
Tiges grêles, striées, sans papilles ou à papilles peu nombreuses. . . . . *Fœtida.* Fétide.

II Nitella. (Nitelle.)

1 { Plantes dioïques. (Sporanges ou fruits et anthéridies sur des pieds différents. 2
Plantes monoïques. 3

2 { Nœuds infér. de la tige produisant des étoiles endurcies, d'un blanc d'ivoire, à 6 pointes. . . . . *Stelligera.* Étoilée.
Tiges ne produisant jamais de pareilles étoiles. . . . . *Syncarpa.* à Fruits agrégés

3 { Fruits groupés par 3-7 ; ramuscules simples, au moins les stériles. 4
Fruits solitaires ; ramuscules 2-3 fois divisés. . 5

4 { Ramuscules fructifères à 4 articles ; l'article infér. portant 4 bractées. *Glomerata.* Aggloméré.
Ramuscules fructifères très-petits, groupés en tête, terminés chacun par 3 bractées. . . . . *Trans-lucens.* Transparente.

5 { Fruits solitaires ou géminés, arrondis, à 6-9 stries. . . . . . . *Tenuissima.* Menue.
Fruits ternés ou quaternés, ovoïdes, striés en spirale. . . *Batrachosperma.* Batrachosperme.

107.me *Famille.* EQUISETACÉES.

I Equisetum. (Prêle.)

1 { Gaînes laciniées ou à dents profondes ; tiges les unes fertiles, les autres stériles. 2
Gaînes simplement dentées ou crénelées ; tiges toutes semblables et fertiles. 3

2 { Gaînes à 8-12 dents ; tiges stériles vertes, de 21-33 cent. . . . . . *Arvense.* des Champs.
Gaînes à 20-30 dents ; tiges stériles blanches, de 6-13 déc. . . . . *Fluviatile.* des Fleuves.

3 { Gaînes toutes vertes, ou seulement brunâtres ou noirâtres au sommet. 4
Gaînes noirâtres à la base, au limbe ou vers les dents scarieuses et caduques . . . . *Hyemale.* d'Hiver.

28

4
{ Gaînes cylindriques , appliquées , à 15-20 dents
brunes. . . . . . *Limosum.* des Bourbiers.
Gaînes un peu évasées en cloche plus ou moins
dilatée ; moins de 15 dents blanches , au moins
au bord 5

5
{ Gaînes peu évasées , à 6-12 dents brunâtres au
milieu ; épis cylindriques ; rameaux des verticilles à 4-5 angles . . *Palustre.* des Marais.
Gaînes dilatées au sommet , à 6 dents marquées
d'un point noir-triangulaire à la base et terminées par un cil long , fragile , transparent ; rameaux à 6 angles . . . *Multiforme.* Allongé.

108.me *Famille.* FOUGÈRES.

1
{ Fructification très-sensible , en grappe ou épi. 2
Fructification plus ou moins visible , placée sur
la face inférieure des feuilles. 4

2
{ Feuilles très-entières ; fructification en épi grêle
simple. . . . . OPHIOGLOSSUM.   I
Feuilles découpées ; fructification en grappe. . 3

3
{ Une seule feuille pinnatifide , opposée à la grappe
ou épi rameux. . . . . . BOTRYCHIUM.   II
Feuilles grandes , 2 fois ailées , portant la grappe
à leur sommet. . . . . . . OSMUNDA.   III

4
{ Feuilles entières. 5
Feuilles découpées 6

5
{ Feuilles à limbe élargi , lancéolé , cordé à la base;
fructification en lignes parallèles. . . . .
. . . . SCOLOPENDRIUM.   IX
Feuilles très-étroites , souvent à 3 lanières au
sommet. . . . . ASPLENIUM.   VIII

6
{ Fructification contiguë au bord des feuilles. . 7
Fructification rapprochée des bords repliés sur
elle . . . . CHEILANTHES.   XIII
Fructification diversement disposée sur le limbe
inférieur des feuilles ou le couvrant tout entier.. 8

7 {
Plante ord. à tige élevée , solitaire ; feuilles grandes de plus de 3 déc. bi-tripinnées ; fructification en ligne continue ; pétiole gros et vert. . . . . PTERIS. XI
Feuilles radicales , à pétiole mince noirâtre , luisant et lisse , grandes tout au plus de 1-2 déc. ; fructif. en groupes isolés et linéaires , ou en petits points. . . . . . ADIANTHUM. XII
Feuilles radicales , à pétioles écailleux ; fructif. en groupes arrondis placés vers les bords et non contigus aux bords repliés. . CHEILANTHES. XIII

8 {
Fructification couvrant tout le limbe des feuilles d'écailles scarieuses et fugaces. . CETERACH. IV
Fructification groupée en symétrie , en lignes ou points; limbe non couvert entièrement d'écailles brunâtres , scarieuses , fugaces. 9

9 {
Fructification en ligne ou en groupes ovales, couverte d'un tégument. 10
Fructification en groupes oblongs et nue , sans tégument. . . . . GRAMMITIS. V
Fructification en points arrondis 12

10 {
Feuilles uniformes toutes fertiles. 11
Feuilles extérieures stériles pinnatifides à lanières lancéolées , un peu obtuses ; les intérieures fertiles , ailées , à pinules linéaires, aiguës ; fructification à capsules sur 2 lignes parallèles à la côte. . . . . BLECHNUM. X

11 {
Fructification en groupes ovales-oblongs ou arrondis. . . . . ASPIDIUM. VII
Fructification en groupes linéaires. ASPLENIUM. VIII

12 {
Fructification nue ; pas de téguments. . . . . POLYPODIUM. VI
Fructification recouverte par un tégument attaché par le centre ou par un côté. 13

13 {
Fructification rapprochée du bord des feuilles ; celles-ci roulées par le bord sur la fructification. . . . . CHEILANTHES. XIII
Fructification diversement disposée sur la surface inférieure des feuilles. . . . ASPIDIUM. VII

a. OPHIOGLOSSÉES.

I OPHIOGLOSSUM. (Ophioglosse.) *Vulgatum.* Vulgaire.

II BOTRYCHIUM. (Botryche.) *Lunaria.* Lunaire.

b. OSMUNDACÉES.

III Osmunda. (Osmonde.) *Regalis.* Royale.

c. POLYPODIACÉES.

IV Ceterach. (Cétérach.) *Officinarum.* Commun.

V Grammitis. (Grammite.) *Leptophilla.* à Feuilles menues.

VI Polypodium. (Polypode.)

1 { Feuilles simplement pinnées, à pinules non pinnatifides. . . . . . *Vulgare.* Commun.
{ Feuilles bi-pinnées ou à pinules pinnatifides. . **2**

2 { Feuilles comme triangulaires dans leur ensemble, à 3 sections dont les 2 inférieures sont aussi grandes que le reste de la feuille. . . . . *Dryopteris.* Dryoptère.
{ Feuilles n'étant pas comme ternées — à 3 sections. **3**

3 { Lobes des pinules dentés. . *Rhœticum.* de Suisse.
{ Lobes obtus, entiers, ciliés. *Phegopteris.* Cilié.

VII Aspidium. (Aspidie.) ou Polystichium *et* Athyrium.

1 { Fructification en groupes oblongs ; tégument latéral. (Athyrium.) *Filix-fœmina.* Fougère-femelle.
{ Groupes épars, arrondis ; tégument adhérent par la base. . . . . *Fragile.* Fragile.
{ Groupes épars, arrondis ; tégument adhérent par le centre, en bouclier. **2**

2 { Pétiole nu, sans écailles ; souche grêle. . . . . *Oreopteris.* Glanduleuse.
{ Pétiole muni d'écailles ; souche épaisse. . . **3**

3 { Pinules des feuilles mucronées-aristées . . . **4**
{ Pinules mutiques ou mucronées, mais non aristées. **5**

4 { Feuilles molles ; dents des lobes presque égales ; pétioles peu écailleux. . *Cristatum.* à Crêtes.
{ Feuilles raides ; dents terminales des lobes cuspidées et plus longues que les autres. . . . . *Aculeatum.* à Cils raides.

5 { Dents des lobes mutiques, non mucronées. . . **6**
{ Dents des lobes mucronées. *Callipteris.* Calliptère.

6 { Pinules oblongues, crénelées, obtuses ; dentées seulement au sommet ; fructification sur 2 rangs de groupes. . *Filix-mas.* Fougère-mâle.
Pinules linéaires, aiguës, bordées de dentelures ; pétiole écailleux seulement à la base. . .
. . . . *Tanacetifolium.* Tanaisie.

VIII Asplenium. (Doradille.)

1 { Feuilles seulement divisées, non régulièrement ailées. 2
Feuilles 1-3 fois ailées. 3

2 { Feuilles longuement pétiolées, divisées en 2-3 lanières aiguës, ord. à 3 dents. . . . . .
. . . . . . *Septentrionale.* Septentrionale.
Feuilles comme ailées, à folioles presque rhomboïdales, entières, ou à 3 lobes crénelés. . .
. . . . *Ruta-muraria.* rue des Murs.

3 { Feuille une fois ailée, à folioles entières ou lobées. 4
Feuilles 2-3 fois ailées. 6

4 { Folioles entières. . *Ruta-muraria.* rue des Murs.
Folioles crénelées ou incisées. 5

5 { Folioles divisées en 2-3 lanières, irrégulières ; lignes des groupes de la fructification, peu nombreuses. . . . *Germanicum.* à Pinules alternes.
Folioles ovales, arrondies, faiblement crénelées.
. . . . *Trichomane.* Polytric.
Folioles presque rhomboïdales, à 3 lobes crénelés, à la fin couvertes par la fructification. .
. . . . *Ruta-muraria.* rue des Murs.

6 { Feuilles triangulaires dans leur ensemble, presque 3 fois ailées, longues de 16-35 cent. . .
. . . . *Adianthum-nigrum.* Noire.
Feuilles 2 fois ailées et non triangulaires. . . 7

7 { Pinules élargies au sommet, bordées de dents aiguës ; lignes des groupes de la fructification peu nombreuses. . . *Lanceolatum.* Lancéolée.
Pinules entières, ou à 3 lobes crénelés, tout-à-fait couvertes à la fin par la fructification. .
. . . . *Ruta-muraria.* rue des Murs.
Pinules arrondies ou oblongues, raides, transparentes au bord ; 2-6 dents mucronées vers le sommet ; pinules à la fin couvertes par la fructification. . . . . *Halleri.* de Haller.

28*

IX SCOLOPENDRIUM. (Scolopendre.) *Officinale.* Officinale.

X BLECHNUM. (Blechne.) *Spicant.* en Épi.

XI PTERIS. (Aquiline.)

1 { Feuilles de 8-20 déc. ; souche coupée en travers, offrant un X ou un aigle à deux têtes. . . . . *Aquilina.* Impériale.
Feuilles de 3 déc. au plus, formant un triangle allongé. . . . . *Crispa.* Crépue.

XII ADIANTHUM. (Capillaire.) *Capillus-veneris.* Cheveux de Vénus.

XIII CHEILANTHES. (Cheilanthe.) *Odorata.* Odorant.

<h3 align="center">109.me *Famille.* SALVINIACÉES.</h3>

I SALVINIA. (Salvinie.) *Natans.* Nageante

<h3 align="center">110.me *Famille.* LYCOPODIACÉES.</h3>

I LYCOPODIUM. (Lycopode.)

1 { Tige de 3-7 déc. ; fructification en massue terminale ; feuilles éparses, serrées presque unilatérales. . . . . . . *Clavatum.* en Massue.
Tige de 10-22 cent. ; fructification axillaire ; feuilles imbriquées sur 8 rangs irréguliers. . . . . *Selago.* Sélagine.

PLANTES CELLULAIRES OU AGAMES.

Nous ajoutons ici les familles des plantes cellulaires pour donner une idée de l'ensemble du règne végétal.

FIN.

B

C

TABLE DES NOMS FRANÇAIS.

FIN DE LA TABLE.